Bohner
Ihlenburg
Ott
Gerling

Lineare Algebra

Berufskolleg – Berufliches Gymnasium

Bohner
Ihlenburg
Ott
Gerling

Lineare Algebra

Berufskolleg – Berufliches Gymnasium

Merkur
Verlag Rinteln

Wirtschaftswissenschaftliche Bücherei für Schule und Praxis
Begründet von Handelsschul-Direktor Dipl.-Hdl. Friedrich Hutkap †

Die Verfasser:

Kurt Bohner
Oberstudienrat

Dipl.-Phys. Dr. Peter Ihlenburg
Oberstudienrat

Roland Ott
Oberstudienrat

Elke Gerling
Oberstudienrätin

* * * * * * * * * *

4. Auflage 2014

Gesamtherstellung:
MERKUR VERLAG RINTELN Hutkap GmbH & Co. KG, 31735 Rinteln

E-Mail: info@merkur-verlag.de
lehrer-service@merkur-verlag.de
Internet: www.merkur-verlag.de

ISBN 978-3-8120-0452-7

Vorwort

Der vorliegende Band ist ein Arbeitsbuch für das Wahlgebiet „Lineare Algebra“ in allen beruflichen Gymnasien und Berufskollegs der Fachrichtung Wirtschaft und Verwaltung sowie Gesundheit und Soziales.

Der Stoff in den einzelnen Kapiteln wird schrittweise anhand von Musterbeispielen mit ausführlichen Lösungen erarbeitet. Dabei legen die Autoren großen Wert auf die Verknüpfung von Anschaulichkeit und sachgerechter mathematischer Darstellung. Die übersichtliche Präsentation und die methodische Aufarbeitung beeinflusst den Lernerfolg positiv und bietet dem Schüler die Möglichkeit, Unterrichtsinhalte selbstständig zu erschließen bzw. sich anzueignen.

Jede Lerneinheit schließt mit einer ausreichenden Anzahl von Aufgaben ab. Diese sind zur Ergebnissicherung und Übung gedacht, aber auch als Hausaufgaben geeignet. Am Ende eines jeden Kapitels findet der Schüler eine Zusammenfassung, die den Stoff in übersichtlicher Darstellung auf das Wesentliche konzentriert. Aufgaben mit unterschiedlichem Schwierigkeitsgrad, die es dem Schüler ermöglichen, den Stoff zu festigen und zu vertiefen, beenden jedes Kapitel. Beispiele und Aufgaben aus dem Alltag stellen einen praktischen Bezug her. Materialverflechtung, das Leontief-Modell, Stochastische Matrizen und die Lineare Optimierung werden als Anwendungsgebiete ausführlich behandelt.

Um dem Schüler eine schnelle Orientierung über die Inhalte zu ermöglichen, werden Farben als Gestaltungsmittel eingesetzt.

Aufgabenbeispiele und Aufgaben sind grau hinterlegt.

Definitionen, Festlegungen, Merksätze und mathematisch wichtige Grundlagen sind rot hinterlegt.

Bemerkungen, Hinweise und Beachtenswertes sind blau hinterlegt.

Hinweise und Anregungen, die zur Verbesserung beitragen, werden dankbar aufgegriffen.

Die Verfasser

Inhaltsverzeichnis

I. Grundlagen

1 Rechnen mit Matrizen

1.1 Einführung

Beispiele

1) Eine Juniorenfirma in einer Schule verkauft an drei Verkaufsständen Disketten, Schreibblöcke, Kugelschreiber und Bleistifte. Die folgende Tabelle zeigt die Verkaufszahlen für einen Tag.

	Diskette	Schreibblock	Kugelschreiber	Bleistift
Stand 1	15	10	8	7
Stand 2	12	7	5	5
Stand 3	2	4	11	3

Die Zahlen der Tabelle kann man in einem **Zahlenschema** eindeutig darstellen.

$$\begin{pmatrix} 15 & 10 & 8 & 7 \\ 12 & 7 & 5 & 5 \\ 2 & 4 & 11 & 3 \end{pmatrix}$$

Ein solches Zahlenschema heißt **Matrix.**

Da sie aus 3 Zeilen und 4 Spalten besteht, sagt man: Es liegt eine 3 mal 4 Matrix vor.

Sie hat das **Format** (3, 4) bzw. sie ist vom Typ (3, 4).

Die Zahlen in der Matrix heißen **Elemente der Matrix.**

Um die Position der Elemente festzulegen, ordnet man jedem Element zwei Zahlen zu, den **Zeilenindex** und den **Spaltenindex.**

Die Zahl 8 steht in der 1. Zeile und in der 3. Spalte.

8 ist das Element a_{13}: $a_{13} = 8$.

$$\begin{pmatrix} 15 & 10 & 8 & 7 \\ 12 & 7 & 5 & 5 \\ 2 & 4 & 11 & 3 \end{pmatrix}$$

Die Zahl 3 steht in der 3. Zeile und in der 4. Spalte.

3 ist das Element a_{34}: $a_{34} = 3$.

2) In einem Betrieb werden aus den Rohstoffen R_1 und R_2 die Endprodukte E_1, E_2 und E_3 gefertigt. Die folgende **Tabelle** (Matrix) gibt an, wie viel ME der Rohstoffe für je eine ME der Endprodukte gebraucht werden.

Tabelle

	E_1	E_2	E_3
R_1	4	6	8
R_2	3	0	7

Rohstoff-Endprodukt-Matrix $\begin{pmatrix} 4 & 6 & 8 \\ 3 & 0 & 7 \end{pmatrix}$

1.2 Begriffe

Definition einer Matrix:

Ein **Zahlenschema** aus **m** Zeilen und **n** Spalten ($m, n \in \mathbf{N}^*$) nennt man eine **Matrix** vom Format (m, n) bzw. vom Typ (m, n).

Matrizen werden mit **großen Buchstaben** bezeichnet: **A**, **B**, **C**, ...

$$\mathbf{A} = \begin{pmatrix} a_{11} & a_{12} & a_{13} & \cdots & a_{1n} \\ a_{21} & a_{22} & a_{23} & \cdots & a_{2n} \\ \cdots & \cdots & \cdots & \cdots & \cdots \\ a_{m1} & a_{m2} & a_{m3} & \cdots & a_{mn} \end{pmatrix} = (a_{ij})_{mn} \text{ mit } i = 1, ..., m \text{ und } j = 1, ..., n$$

Die Zahlen a_{ij} heißen Elemente von **A.**

i ist der Zeilenindex; j ist der Spaltenindex.

Beispiele

$\mathbf{A} = \begin{pmatrix} 1 & -2 & 3 \\ 17 & 2 & 8 \end{pmatrix}$; Typ(**A**) = (2, 3)

Elemente von **A**, z. B.: $a_{12} = -2$; $a_{21} = 17$

$\mathbf{B} = \begin{pmatrix} 2 \\ -5 \\ 3 \end{pmatrix}$; Typ(**B**) = (3, 1); Element von **B**, z. B.: $a_{31} = 3$

Quadratische Matrix

Eine Matrix **A** vom Typ(**A**) = (m, m) heißt **quadratische Matrix.**

Anzahl der Zeilen = Anzahl der Spalten

$\mathbf{A} = \begin{pmatrix} -3 & 3 & 4 \\ 8 & -7 & 7 \\ -2 & -9 & 1 \end{pmatrix}$ Hauptdiagonale

Diagonalelemente: $a_{11} = -3$; $a_{22} = -7$; $a_{33} = 1$

Besondere quadratische Matrizen

a) **Dreiecksmatrix**

Eine **quadratische** Matrix, in der alle Elemente unterhalb der Hauptdiagonalen null sind, heißt **obere Dreiecksmatrix.**

$\mathbf{A} = \begin{pmatrix} 3 & 2 & -4 \\ 0 & -9 & 8 \\ 0 & 0 & 1 \end{pmatrix}$; $a_{ij} = 0$ für $i > j$

b) **Einheitsmatrix**

Alle Elemente der Hauptdiagonalen sind eins, die anderen Elemente sind null.

$\mathbf{E} = \begin{pmatrix} 1 & 0 \\ 0 & 1 \end{pmatrix}$ bzw. $\mathbf{E} = \begin{pmatrix} 1 & 0 & 0 \\ 0 & 1 & 0 \\ 0 & 0 & 1 \end{pmatrix}$ bzw. $\mathbf{E} = \begin{pmatrix} 1 & 0 & 0 & 0 \\ 0 & 1 & 0 & 0 \\ 0 & 0 & 1 & 0 \\ 0 & 0 & 0 & 1 \end{pmatrix}$

$\mathbf{E} = (e_{ij})$ mit $e_{ij} = 1$ für $i = j$, und $e_{ij} = 0$ für $i \neq j$

Die **Einheitsmatrix** wird mit **E** bezeichnet.

Transponierte Matrix

Die Zeilen werden mit den entsprechenden Spalten getauscht.

Matrix $\mathbf{A} = \begin{pmatrix} 1 & 32 & 4 \\ 17 & -3 & 7 \end{pmatrix}$ Transponierte Matrix $\mathbf{A}^T = \begin{pmatrix} 1 & 17 \\ 32 & -3 \\ 4 & 7 \end{pmatrix}$

Vektoren

Eine Matrix **A** vom Typ(**A**) = (1, n) heißt **Zeilenvektor.**

Eine Matrix **A** vom Typ(**A**) = (m, 1) heißt **Spaltenvektor.**

Spaltenvektor

$\mathbf{A}_{(3,\,1)} = \vec{a} = \begin{pmatrix} 3 \\ 5 \\ 9 \end{pmatrix}$

Zeilenvektor

$\vec{b} = (5 \quad -7 \quad 8)$

Vektoren werden mit kleinen Buchstaben und einem Pfeil bezeichnet.

Ein **transponierter Zeilenvektor** ist ein **Spaltenvektor.** $(5 \quad -7 \quad 8)^T = \begin{pmatrix} 5 \\ -7 \\ 8 \end{pmatrix}$

$\mathbf{A} = \begin{pmatrix} 1 & 32 \\ 17 & -3 \\ -3 & 4 \\ 5 & 7 \end{pmatrix}$ ist eine Matrix vom Typ(**A**) = (4, 2)

mit den Zeilenvektoren $(1 \quad 32)$; $(17 \quad -3)$; $(-3 \quad 4)$ und $(5 \quad 7)$

mit den Spaltenvektoren $\begin{pmatrix} 1 \\ 17 \\ -3 \\ 5 \end{pmatrix}, \begin{pmatrix} 32 \\ -3 \\ 4 \\ 7 \end{pmatrix}$.

Beachten Sie: Eine (m, n)-Matrix besteht aus m **Zeilenvektoren** und **n Spaltenvektoren.**

Gleichheit von Matrizen

Zwei Matrizen $\mathbf{A} = (a_{ij})$ und $\mathbf{B} = (b_{ij})$ sind gleich, wenn sie vom gleichen Typ (m, n) sind und die entsprechenden Elemente gleich sind,

d. h.: $a_{11} = b_{11} \wedge a_{12} = b_{12} \wedge \ldots \wedge a_{mn} = b_{mn}$.

Beispiele

Die Matrizen $\mathbf{A} = \begin{pmatrix} a & 3 \\ b & 7 \end{pmatrix}$ und $\mathbf{B} = \begin{pmatrix} 8 & 3 \\ 0 & 7 \end{pmatrix}$ sind gleich (**A** = **B**), wenn $a = 8 \wedge b = 0$.

Die Vektoren $\vec{a} = \begin{pmatrix} 6 \\ 9 \\ 7 \end{pmatrix}$ und $\vec{b} = \begin{pmatrix} t+3 \\ 3t \\ t^2-2 \end{pmatrix}$ sind gleich für t = 3.

Aufgaben

1. Gegeben sind die Matrizen **A** und **B** mit

$$\mathbf{A} = (a_{ij}) = \begin{pmatrix} 1 & 32 & 4 \\ 17 & -3 & 7 \\ 3 & -2 & 1 \end{pmatrix}; \qquad \mathbf{B} = (b_{ij}) = \begin{pmatrix} 1 & 32 \\ 17 & -3 \\ 3 & -2 \\ 2 & 3 \end{pmatrix}$$

   a) Welche Formate haben die Matrizen **A** und **B**?

   b) Bestimmen Sie die Elemente: a_{21}; a_{33}; b_{11}; b_{42}; b_{32}.

   c) Berechnen Sie: $a_{11} + a_{22} + a_{33}$.

   d) Lösen Sie die Gleichung: $a_{13} \cdot x^2 = a_{23} \cdot x$.

2. Bestimmen Sie die Matrix $\mathbf{A} = (a_{ij})_{(3,3)}$, sodass gilt:

   a) $a_{ij} = \begin{cases} 5 & \text{für } i \neq j \\ 1 & \text{für } i = j \end{cases}$ b) $a_{ij} = \begin{cases} i & \text{für } i > j \\ 2j & \text{für } i \leq j \end{cases}$

   c) $a_{ij} = \begin{cases} 2 & \text{für } i > j \\ -1 & \text{für } i = j \\ 0 & \text{für } i < j \end{cases}$ d) $a_{ij} = \begin{cases} i^2 - j & \text{für } i \neq j \\ i + 2j & \text{für } i = j \end{cases}$

3. Bestimmen Sie die Matrix **A** vom Typ (4, 3), wenn Folgendes bekannt ist:

   $a_{11} = a_{31} = -1$; $a_{23} = 5$; $a_{42} = -0{,}5$; $a_{12} = -0{,}4a_{23}$.

   Alle anderen Elemente von **A** sind null.

4. Gegeben ist die Matrix $\mathbf{A}_t = \begin{pmatrix} 2 & 6 & t-4 \\ t^2-1 & t^2 & 5 \\ 0 & t+1 & 0 \end{pmatrix}$.

   Bestimmen Sie t, sodass $\mathbf{A}_t$ eine obere Dreiecksmatrix ist.

5. Bestimmen Sie die Elemente der Matrix $\mathbf{A} = (a_{ij}) = \begin{pmatrix} a_{23} + a_{31} & -2\,a_{11} & (a_{11})^2 \\ -a_{33} + a_{11} & -1 & -4 \\ 1 - a_{22} & a_{31} \cdot a_{11} & 2\,a_{32} \end{pmatrix}$.

6. Gegeben sind die Matrizen **A** und **B** mit

   $\mathbf{A} = \begin{pmatrix} a & 5 \\ 3d - 20 & a + 2b \end{pmatrix}$ und $\mathbf{B} = \begin{pmatrix} 1 + b & 5 \\ 1 & 16 \end{pmatrix}$; a, b, d $\in$ **R.**

   Bestimmen Sie a, b und d so, dass gilt: **A** = **B.**

7. Bestimmen Sie a_{23} und a_{41} von $\mathbf{A} = (a_{ij})$, wenn $\mathbf{A}^T = \begin{pmatrix} 1 & 4 & 9 & 3 \\ -2 & 2 & -3 & -5 \\ 3 & 7 & -6 & -7 \end{pmatrix}$.

1.3 Addition von Matrizen

Beispiel

Gegeben sind die Matrizen

$$\mathbf{A} = \begin{pmatrix} 15 & 10 & 8 & 7 \\ 12 & 7 & 5 & 5 \\ 2 & 4 & 11 & 3 \end{pmatrix} \text{ und } \mathbf{B} = \begin{pmatrix} 2 & 3 & 1 & 4 \\ 15 & 10 & 6 & 2 \\ 3 & 9 & 5 & 3 \end{pmatrix}.$$

A und **B** geben die Verkaufszahlen der Juniorenfirma für die zwei Verkaufstage einer Woche an. Stellen Sie die Verkaufszahlen für diese Woche in einer Matrix **C** dar.

Lösung

Man erhält die Verkaufszahlen einer Woche durch Addition der entsprechenden Elemente von **A** und **B.**

1. Tag: **A** 2. Tag: **B** Wochenumsatz: **C**

$$\begin{pmatrix} 15 & 10 & 8 & 7 \\ 12 & 7 & 5 & 5 \\ 2 & 4 & 11 & 3 \end{pmatrix} + \begin{pmatrix} 2 & 3 & 1 & 4 \\ 15 & 10 & 6 & 2 \\ 3 & 9 & 5 & 3 \end{pmatrix} = \begin{pmatrix} 15+2 & 10+3 & 8+1 & 7+4 \\ 12+15 & 7+10 & 5+6 & 5+2 \\ 2+3 & 4+9 & 11+5 & 3+3 \end{pmatrix}$$

Die Elemente der Matrix **C** erhält man durch **Addition der entsprechenden Elemente von A und B,** d. h., die Matrix **C** entsteht durch **Addition der Matrizen A und B.**

Matrix $\mathbf{C} = \begin{pmatrix} 17 & 13 & 9 & 11 \\ 27 & 17 & 11 & 7 \\ 5 & 13 & 16 & 6 \end{pmatrix}$ $\mathbf{C = A + B}$

Festlegung: Zwei Matrizen **A** und **B** werden addiert, indem man die **Elemente der Matrizen A und B,** die an der gleichen Position stehen, **addiert.**

$\mathbf{A} + \mathbf{B} = (a_{ij}) + (b_{ij}) = (a_{ij} + b_{ij})$

Beispiele

$$\begin{pmatrix} 2 & 10 \\ -4 & 1 \end{pmatrix} + \begin{pmatrix} -1 & 7 \\ -5 & -6 \end{pmatrix} = \begin{pmatrix} 1 & 17 \\ -9 & -5 \end{pmatrix}; \qquad \begin{pmatrix} 1 & 17 \\ -9 & -5 \end{pmatrix}^T = \begin{pmatrix} 1 & -9 \\ 17 & -5 \end{pmatrix}$$

$\begin{pmatrix} 2 & 10 \\ -4 & 1 \end{pmatrix} + \begin{pmatrix} -1 \\ -6 \end{pmatrix}$ **Keine Addition möglich, da nur Matrizen von gleichem Format addiert werden können.**

Beachten Sie:

$\mathbf{A + O = O + A = A}$	**O: Nullmatrix**
$\mathbf{A^T + B^T = (A + B)^T}$	
$\mathbf{A + B = B + A}$	**Kommutativgesetz**
$\mathbf{(A + B) + C = A + (B + C) = A + B + C}$	**Assoziativgesetz**

1.4 Skalare Multiplikation

Beispiel

Die Juniorenfirma möchte Waren für einen Monat einkaufen. Wie lässt sich, ausgehend von den Verkaufszahlen einer Woche (Matrix **C**), der voraussichtliche Bedarf für vier Wochen errechnen?

Lösung

Verkaufszahlen einer Woche: $\mathbf{C} = \begin{pmatrix} 17 & 13 & 9 & 11 \\ 27 & 17 & 11 & 7 \\ 5 & 13 & 16 & 6 \end{pmatrix}$

Voraussichtlicher Bedarf für 4 Wochen:

$$\begin{pmatrix} 4 \cdot 17 & 4 \cdot 13 & 4 \cdot 9 & 4 \cdot 11 \\ 4 \cdot 27 & 4 \cdot 17 & 4 \cdot 11 & 4 \cdot 7 \\ 4 \cdot 5 & 4 \cdot 13 & 4 \cdot 16 & 4 \cdot 6 \end{pmatrix} = 4 \cdot \begin{pmatrix} 17 & 13 & 9 & 11 \\ 27 & 17 & 11 & 7 \\ 5 & 13 & 16 & 6 \end{pmatrix} = \begin{pmatrix} 68 & 52 & 36 & 44 \\ 108 & 68 & 44 & 28 \\ 20 & 52 & 64 & 24 \end{pmatrix} = 4 \cdot \mathbf{C} = \mathbf{C} \cdot 4$$

Festlegung: Eine Matrix $\mathbf{A} = (a_{ij})$ wird mit einer **reellen Zahl (Skalar) k** multipliziert, indem man jedes Element von **A** mit der reellen Zahl k multipliziert.

$k \cdot \mathbf{A} = k \cdot (a_{ij}) = (ka_{ij});\ k \in \mathbf{R}$

Beispiele

a) $\frac{1}{2}\begin{pmatrix} 2 & 6 & 1 \\ -3 & 8 & -2 \end{pmatrix} = \begin{pmatrix} 1 & 3 & 0{,}5 \\ -1{,}5 & 4 & -1 \end{pmatrix}$

b) $-\begin{pmatrix} 1 & -2 \\ 3 & 1 \\ 5 & 7 \end{pmatrix} = \begin{pmatrix} -1 & 2 \\ -3 & -1 \\ -5 & -7 \end{pmatrix}$

c) $5\begin{pmatrix} 0{,}5 \\ 2 \\ -1 \end{pmatrix} = \begin{pmatrix} 2{,}5 \\ 10 \\ -5 \end{pmatrix};\quad \begin{pmatrix} -4 \\ -8 \\ 16 \end{pmatrix} = 4\begin{pmatrix} -1 \\ -2 \\ 4 \end{pmatrix}$

d) $\begin{pmatrix} \frac{1}{7} & \frac{3}{14} \\ -\frac{3}{7} & \frac{5}{14} \end{pmatrix} = \frac{1}{14}\begin{pmatrix} 2 & 3 \\ -6 & 5 \end{pmatrix}$

e) $3\begin{pmatrix} 1 & 4 \\ -2 & 5 \\ 3 & 6 \end{pmatrix} - 4\begin{pmatrix} -2 & -7 \\ 0 & 1 \\ 1 & -3 \end{pmatrix} = \begin{pmatrix} 3 & 12 \\ -6 & 15 \\ 9 & 18 \end{pmatrix} - \begin{pmatrix} -8 & -28 \\ 0 & 4 \\ 4 & -12 \end{pmatrix} = \begin{pmatrix} 11 & 40 \\ -6 & 11 \\ 5 & 30 \end{pmatrix}$

Beachten Sie: Einen **gemeinsamen Faktor aller Elemente** der Matrix kann man vor die Matrix „ziehen“.

Für $k \in \mathbf{R}$ gilt: $k \cdot \mathbf{A} = \mathbf{A} \cdot k$

$k \cdot (\mathbf{A} + \mathbf{B}) = k \cdot \mathbf{A} + k \cdot \mathbf{B}$

$(k \cdot \mathbf{A})^T = k \cdot \mathbf{A}^T$

Aufgaben

1. Addieren Sie die Matrizen **A** und **B** bzw. die Vektoren $\vec{a}$ und $\vec{b}$.

a) $\mathbf{A} = \begin{pmatrix} 3 & -2 \\ 4 & 5 \end{pmatrix}$; $\mathbf{B} = \begin{pmatrix} -2 & 4 \\ 0 & 9 \end{pmatrix}$

b) $\mathbf{A} = \begin{pmatrix} 1 & -2 \\ -3 & 3 \\ 2 & -5 \end{pmatrix}$; $\mathbf{B} = \begin{pmatrix} 0 & -4 \\ -1 & 3 \\ 5 & 6 \end{pmatrix}$

c) $\mathbf{A} = \begin{pmatrix} 1 & -1 & 0 \\ 4 & 4 & 7 \\ 5 & 1 & -7 \end{pmatrix}$; $\mathbf{B} = \begin{pmatrix} 0 & 1 & 0 \\ 0 & 0 & 0 \\ 1 & 0 & 1 \end{pmatrix}$

d) $\mathbf{A} = \begin{pmatrix} 1 & -2 & 0 \\ 4 & 5 & -1 \end{pmatrix}$; $\mathbf{B} = \begin{pmatrix} 0 & -1 & 6 \\ 8 & 5 & -3 \end{pmatrix}$

e) $\vec{a} = \begin{pmatrix} 1 \\ -2 \end{pmatrix}$; $\vec{b} = \begin{pmatrix} -5 \\ 9 \end{pmatrix}$

f) $\vec{a} = \begin{pmatrix} 1 \\ 2 \\ -4 \end{pmatrix}$; $\vec{b} = 3\begin{pmatrix} 0 \\ 6 \\ -2 \end{pmatrix}$

g) $\mathbf{A} = \begin{pmatrix} t & -4t \\ 4 & 3t \end{pmatrix}$; $\mathbf{B} = \begin{pmatrix} -5t & 4t \\ 5 & -5t \end{pmatrix}$

h) $\mathbf{A} = \begin{pmatrix} 5a & -a & -7a \\ a & 8 & 5 \\ 8 & 3a & a \end{pmatrix}$; $\mathbf{B} = \begin{pmatrix} 1 & 4 & a \\ 0{,}5a & 0 & a \\ 0{,}1a & 0{,}6a & 3a \end{pmatrix}$

i) $\vec{a} = \begin{pmatrix} 3t \\ -2t \\ 6 \end{pmatrix}$; $\vec{b} = \begin{pmatrix} -5 \\ 9t-1 \\ t+5 \end{pmatrix}$

j) $\vec{a} = \begin{pmatrix} 6-2t \\ 5t+3 \\ 8t-7 \end{pmatrix}$; $\vec{b} = (5 \quad t-6 \quad 10t-3)^T$

2. Gegeben sind die Matrizen $\mathbf{A} = \begin{pmatrix} 1 & -4 & 2 \\ -2 & 5 & 3 \\ 0 & -1 & 7 \end{pmatrix}$, $\mathbf{B} = \begin{pmatrix} 2 & -1 & -1 \\ 0 & -5 & 3 \\ -3 & 1 & 4 \end{pmatrix}$

und die Vektoren $\vec{a} = \begin{pmatrix} 1 \\ -2 \\ 3 \end{pmatrix}$, $\vec{b} = \begin{pmatrix} -5 \\ 2 \\ 4 \end{pmatrix}$, $\vec{c} = (2 \quad 7 \quad -8)$.

Berechnen Sie.

a) $2\mathbf{A} + \mathbf{B}$

b) $(\mathbf{A} + \mathbf{B})^T$

c) $3\mathbf{A}^T - \mathbf{B}^T$

d) $5(\mathbf{A} - 6\mathbf{E})$

e) $\mathbf{E} - 0{,}1(\mathbf{A} + \mathbf{B})$

f) $-5\vec{a} - 3\vec{b} + 4\vec{c}^T$

3. Gegeben sind die Vektoren $\vec{a} = \begin{pmatrix} 2t^2 \\ t \\ t^3 \end{pmatrix}$, $\vec{b} = \begin{pmatrix} 5t \\ -4t^2 \\ 3t \end{pmatrix}$ und $\vec{c} = \begin{pmatrix} 1 \\ -6t \\ 1 \end{pmatrix}$.

Bestimmen Sie t so, dass $2\vec{a} - \vec{b} + \vec{c} = \vec{o}$ ist.

4. Gegeben sind die Vektoren $\vec{a} = (-2 \quad 5 \quad 1)$ und $\vec{b} = \begin{pmatrix} 5 \\ -2 \\ -1 \end{pmatrix}$.

Berechnen Sie $\vec{x}$ aus $\vec{a}^T - \vec{b} = \vec{x} + \vec{b}$.

5. Gegeben ist die Matrix $\mathbf{A}_t$ mit $\mathbf{A}_t = \begin{pmatrix} 1-t & -1 & 2 \\ t+1 & 4-t & t^2 \\ 2t & t^2+1 & -t \end{pmatrix}$.

Berechnen Sie $\mathbf{A}_t - \mathbf{A}_0 + \mathbf{A}_1^T$.

6. $\mathbf{A} = \begin{pmatrix} b & 2d \\ -2d & b \end{pmatrix}$ ist für b, d $\in$ **R*** eine (2; 2)-Matrix.

Für welche Werte von b und d gilt $\mathbf{A} + \mathbf{A}^T = \mathbf{E}$?

1.5 Multiplikation von Matrizen

Beispiel

Herbert kauft zum Schuljahresbeginn Schreibwaren ein. Er führt einen Preisvergleich zwischen der Juniorenfirma und einem Schreibwarenladen durch.

Juniorenfirma

Menge	Stückpreis (in €)	Preis (in €)
4 Schreibblöcke	1,10	4 · 1,10 = 4,40
3 Kugelschreiber	0,60	3 · 0,60 = 1,80
5 Bleistifte	0,40	5 · 0,40 = 2,00
Gesamtpreis:		8,20

Schreibwarenladen

Menge	Stückpreis (in €)	Preis (in €)
4 Schreibblöcke	1,20	4 · 1,20 = 4,80
3 Kugelschreiber	0,50	3 · 0,50 = 1,50
5 Bleistifte	0,45	5 · 0,45 = 2,25
Gesamtpreis:		8,55

Den Gesamtpreis kann man mit dem **Schema von Falk** berechnen.

Juniorenfirma

	$\begin{pmatrix} 1{,}10 \\ 0{,}60 \\ 0{,}40 \end{pmatrix}$ Stückpreisvektor
$(4 \quad 3 \quad 5)$	$4 \cdot 1{,}10 + 3 \cdot 0{,}60 + 5 \cdot 0{,}40 = 8{,}20$
Mengen-vektor	**Gesamtpreis**

Zeilenvektor $\vec{a}$ mal **Spaltenvektor $\vec{b}$** ergibt eine Zahl (Skalar).

	$\vec{b}$
$\vec{a}$	$\vec{a} \cdot \vec{b}$ = Zahl

Juniorenfirma/Schreibwarenladen

	$\begin{pmatrix} 1{,}10 & 1{,}20 \\ 0{,}60 & 0{,}50 \\ 0{,}40 & 0{,}45 \end{pmatrix}$ Stückpreis-matrix
$(4 \quad 3 \quad 5)$	$(8{,}20 \quad 8{,}55)$
Mengen-vektor	**Gesamtpreisvektor**

Zeilenvektor $\vec{a}$ mal **Matrix B** ergibt einen Zeilenvektor.

	B
$\vec{a}$	$\vec{a} \cdot \mathbf{B}$ Zeilenvektor

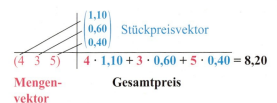

Karl möchte die gleichen Artikel einkaufen wie Herbert, nur braucht er andere Stückzahlen: Mengenvektor $\vec{a} = (7 \quad 5 \quad 2)$.

Er führt auch einen Preisvergleich zwischen der Juniorenfirma mit dem Schreibwarenladen durch. Der Gesamtpreis, den Herbert und Karl bezahlen müssten, kann wieder mit dem **Falk'schen Schema** berechnet werden.

$$
\begin{array}{l|l}
 & \quad\text{Jufi}\quad\text{Laden} \\
 & \begin{pmatrix} 1{,}10 & 1{,}20 \\ 0{,}60 & 0{,}50 \\ 0{,}40 & 0{,}45 \end{pmatrix} \text{ Stückpreismatrix} \\
\hline
\begin{array}{l} \text{Herbert:} \\ \text{Karl:} \end{array} \begin{pmatrix} 4 & 3 & 5 \\ 7 & 5 & 2 \end{pmatrix} & \begin{pmatrix} 8{,}20 & 8{,}55 \\ 11{,}50 & 11{,}80 \end{pmatrix}
\end{array}
$$

Mengenmatrix **Gesamtpreismatrix**

Z. B.: $7 \cdot 1{,}20 + 5 \cdot 0{,}50 + 2 \cdot 0{,}45 = 11{,}80$

Matrix A mal **Matrix B** ergibt eine Matrix:

$$
\begin{array}{c|c}
 & \mathbf{B} \\
\hline
\text{A} & \mathbf{A} \cdot \mathbf{B} \text{ Matrix}
\end{array}
$$

Definition der Matrizenmultiplikation

Das Produkt zweier Matrizen $\mathbf{A} = (a_{ij})$ und $\mathbf{B} = (b_{rs})$ wird nach folgendem Schema berechnet.

$$
\begin{array}{c|c}
 & \begin{pmatrix} b_{11} & b_{12} & \dots & b_{1l} & \dots & b_{1p} \\ b_{21} & b_{22} & \dots & b_{2l} & \dots & b_{2p} \\ \vdots & \vdots & & \vdots & & \\ b_{n1} & b_{n2} & \dots & b_{nl} & \dots & b_{np} \end{pmatrix} = \mathbf{B} \\
\hline
\mathbf{A} = \begin{pmatrix} a_{11} & a_{12} & \dots & a_{1n} \\ a_{21} & a_{22} & \dots & a_{2n} \\ \vdots & \vdots & & \vdots \\ a_{k1} & a_{k2} & \dots & a_{kn} \\ \vdots & \vdots & & \vdots \\ a_{m1} & a_{m2} & \dots & a_{mn} \end{pmatrix} & \begin{pmatrix} c_{11} & c_{12} & \dots & c_{1l} & \dots & c_{1p} \\ c_{21} & c_{22} & \dots & c_{2l} & \dots & c_{2p} \\ \vdots & \vdots & & \boxed{c_{kl}} & & \vdots \\ c_{m1} & c_{m2} & \dots & c_{ml} & \dots & c_{mp} \end{pmatrix} = \mathbf{A} \cdot \mathbf{B}
\end{array}
$$

Berechnung des Elementes c_{kl}:

$$c_{kl} = a_{k1} \cdot b_{1l} + a_{k2} \cdot b_{2l} + \dots + a_{kn} \cdot b_{nl} = \sum_{j=1}^{n} a_{kj} \cdot b_{jl}$$

Beachten Sie: A · B kann nur berechnet werden, wenn die Anzahl der Spalten von **A** mit der Anzahl der Zeilen von **B** übereinstimmt. $\mathbf{A}_{(m,\,n)} \cdot \mathbf{B}_{(n,\,p)} = \mathbf{C}_{(m,\,p)}$

2 Bohner u.a. ISBN 978-3-8120-0452-7

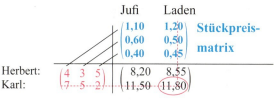

Beispiele

1) Gegeben sind die Matrizen $\mathbf{A} = \begin{pmatrix} 2 & -1 & -1 \\ 5 & -3 & -4 \\ -1 & 0 & 1 \end{pmatrix}$ und $\mathbf{B} = \begin{pmatrix} 2 & -1 & 5 \\ 3 & 0 & -4 \\ 1 & -4 & 0 \end{pmatrix}$.

Berechnen Sie.

a) $\mathbf{A} \cdot \mathbf{B}$ und $\mathbf{B} \cdot \mathbf{A}$

b) $\mathbf{A} \cdot \mathbf{E}$

Lösung

a) $\mathbf{A} \cdot \mathbf{B} = \begin{pmatrix} 0 & 2 & 14 \\ -3 & 11 & 37 \\ -1 & -3 & -5 \end{pmatrix}$ Berechnung im Schema:

	B
A	**A · B**

$\mathbf{B} \cdot \mathbf{A} = \begin{pmatrix} -6 & 1 & 7 \\ 10 & -3 & -7 \\ -18 & 11 & 15 \end{pmatrix}$ Berechnung im Schema:

	A
B	**B · A**

Beachten Sie: $\mathbf{A} \cdot \mathbf{B} \neq \mathbf{B} \cdot \mathbf{A}$ (im Allgemeinen)

Die Matrizenmultiplikation ist **nicht kommutativ.**

b) $\mathbf{A} \cdot \mathbf{E} = \begin{pmatrix} 2 & -1 & -1 \\ 5 & -3 & -4 \\ -1 & 0 & 1 \end{pmatrix} \cdot \begin{pmatrix} 1 & 0 & 0 \\ 0 & 1 & 0 \\ 0 & 0 & 1 \end{pmatrix} = \mathbf{A}$

Beachten Sie: $\mathbf{A} \cdot \mathbf{E} = \mathbf{E} \cdot \mathbf{A} = \mathbf{A}$ **E** steht für Einheitsmatrix.

2) Gegeben sind die Rohstoff-Zwischenprodukt-Tabelle und die Zwischenprodukt-Endprodukt-Tabelle.

	Z_1	Z_2
R_1	4	2
R_2	3	5

	E_1	E_2	E_3
Z_1	2	1	5
Z_2	7	4	7

Berechnen Sie, wie viele ME der Rohstoffe für je eine ME der Endprodukte benötigt werden.

Lösung

Rohstoff-Zwischenprodukt-Matrix: $\mathbf{A} = (R, Z) = \begin{pmatrix} 4 & 2 \\ 3 & 5 \end{pmatrix}$

Zwischenprodukt-Endprodukt-Matrix: $\mathbf{B} = (Z, E) = \begin{pmatrix} 2 & 1 & 5 \\ 7 & 4 & 7 \end{pmatrix}$

Die Rohstoff-Endprodukt-Matrix **C**

erhält man durch Multiplikation: $\mathbf{C} = \mathbf{A} \cdot \mathbf{B} = \begin{pmatrix} 4 & 2 \\ 3 & 5 \end{pmatrix} \cdot \begin{pmatrix} 2 & 1 & 5 \\ 7 & 4 & 7 \end{pmatrix} = \begin{pmatrix} 22 & 12 & 34 \\ 41 & 23 & 50 \end{pmatrix}$

Erläuterung: Für die Produktion von 1 ME E_3 benötigt man 34 ME R_1 und 50 ME R_2.

3) Ein Betrieb produziert aus den drei Rohstoffen R_1, R_2 und R_3 die Produkte P_1 und P_2. Der Materialfluss in Mengeneinheiten (ME) ist der Tabelle (Stückliste) zu entnehmen.

	P_1	P_2
R_1	4	6
R_2	0	8
R_3	5	3

a) Ein Kunde erteilt einen Auftrag über 20 ME von P_1 und 15 ME von P_2. Berechnen Sie, wie viel ME der Rohstoffe von jeder Sorte benötigt werden.

b) Die Rohstoffkosten betragen 7 GE (Geldeinheiten) für 1 ME R_1, 3 GE für 1 ME R_2 und 2 GE für 1 ME R_3. Berechnen Sie die gesamten Rohstoffkosten für die Produktion von 120 ME von P_1 und 80 ME von P_2.

Lösung

a) Aus der Tabelle erhält man die Rohstoff-Endprodukt-Matrix $\mathbf{A} = \begin{pmatrix} 4 & 6 \\ 0 & 8 \\ 5 & 3 \end{pmatrix}$.

Die **1. Spalte** der Matrix gibt an, wie viel ME der einzelnen Rohstoffe R_1, R_2 und R_3 für die Herstellung von **1 ME P_1** benötigt werden: 4 ME R_1 und 5 ME R_3.

Die **1. Zeile** der Matrix gibt an, wie viel ME des Rohstoffes R_1 für die Herstellung von **1 ME von P_1 bzw. P_2** benötigt werden.

Berechnung des **Rohstoffbedarfs** am Beispiel von R_1:

			P_1	20
	P_1	P_2	P_2	15
R_1	4	6		$4 \cdot 20 + 6 \cdot 15 = 170$

Für die Herstellung von 20 ME von P_1 und 15 ME von P_2 braucht man 170 ME R_1.

Multiplikation mit dem **Produktionsvektor (als Spaltenvektor)** ergibt die benötigte Menge an Rohstoffen.

$$\begin{pmatrix} 4 & 6 \\ 0 & 8 \\ 5 & 3 \end{pmatrix} \begin{pmatrix} 20 \\ 15 \end{pmatrix} = \begin{pmatrix} 170 \\ 120 \\ 145 \end{pmatrix}$$

Für die Herstellung von 20 ME von P_1 und 15 ME von P_2 braucht man 170 ME von R_1, 120 ME von R_2 und 145 ME von R_3.

Beachten Sie: $\mathbf{A} \cdot \vec{p} = \vec{r}$ mit $\mathbf{A}$ = (R, P)-Matrix

$\vec{p}$ ist der Produktionsvektor

$\vec{r}$ ist der Rohstoffvektor

Beachten Sie auch die **Formate:** $\mathbf{A}_{(3,2)} \cdot \vec{p}_{(2,1)} = \vec{r}_{(3,1)}$

b) Berechnung der **Rohstoffkosten** für zum Beispiel 1 ME von P_1:

In 1 ME von P_1 sind enthalten

				R_1	4
				R_2	0
Kosten für 1 ME	R_1	R_2	R_3	R_3	5
	7	3	2		$7 \cdot 4 + 3 \cdot 0 + 2 \cdot 5 = 38$

Die Rohstoffkosten für 1 ME von P_1 betragen 38 GE.

Multiplikation von links mit dem **Kostenvektor** $\vec{k}$ **(als Zeilenvektor)** ergibt die Rohstoffkosten für je eine ME der Produkte.

$$(7 \quad 3 \quad 2)\begin{pmatrix} 4 & 6 \\ 0 & 8 \\ 5 & 3 \end{pmatrix} = (38 \quad 72)$$

Für die Herstellung **von 1 ME von P_1** betragen die Rohstoffkosten 38 GE,
für 1 ME von P_2 betragen die Rohstoffkosten 72 GE.

Rohstoffkosten für die Produktion von 120 ME von P_1 und 80 ME von P_2:
Multiplikation von Rohstoffkosten je ME P_1 und P_2 mit dem Produktionsvektor ergibt die **Gesamtrohstoffkosten** (eine Zahl).

			P_1	120
Kosten für 1 ME	P_1	P_2	P_2	80
	38	72		$38 \cdot 120 + 72 \cdot 80 = 10320$

In Matrixschreibweise: $(38 \quad 72) \cdot \begin{pmatrix} 120 \\ 80 \end{pmatrix} = 10320$

Rohstoffkosten-vektor $\vec{k}$ | **Produktions-vektor $\vec{p}$** | **Gesamtrohstoff-kosten**

Oder: $\begin{pmatrix} 4 & 6 \\ 0 & 8 \\ 5 & 3 \end{pmatrix} \cdot \begin{pmatrix} 120 \\ 80 \end{pmatrix} = \begin{pmatrix} 960 \\ 640 \\ 840 \end{pmatrix}$ **Gesamtrohstoffbedarf**

$(7 \quad 3 \quad 2) \cdot \begin{pmatrix} 960 \\ 640 \\ 840 \end{pmatrix} = 10320$ **Gesamtrohstoffkosten**

Bemerkung: **Kostenvektoren** sind **Zeilenvektoren,**
Verbrauchsvektoren und **Produktionsvektoren** sind **Spaltenvektoren.**

Was man wissen sollte... über das Rechnen mit Matrizen

Addition von Matrizen: A + B

Es können nur Matrizen vom **gleichen Typ** addiert werden.

$$\mathbf{A} + \mathbf{B} = (a_{ij}) + (b_{ij}) = (a_{ij} + b_{ij})$$

Eigenschaften

$\mathbf{A}^T + \mathbf{B}^T = (\mathbf{A} + \mathbf{B})^T$	
$\mathbf{A} + \mathbf{O} = \mathbf{O} + \mathbf{A} = \mathbf{A}$	**O: Nullmatrix**
$\mathbf{A} + \mathbf{B} = \mathbf{B} + \mathbf{A}$	**Kommutativgesetz**
$(\mathbf{A} + \mathbf{B}) + \mathbf{C} = \mathbf{A} + (\mathbf{B} + \mathbf{C}) = \mathbf{A} + \mathbf{B} + \mathbf{C}$	**Assoziativgesetz**

Skalare Multiplikation: k · A

Multiplikation einer Zahl $k \in \mathbf{R}$ (Skalar) mit einer Matrix.

$$k \cdot \mathbf{A} = k \cdot (a_{ij}) = (k \cdot a_{ij});\ k \in \mathbf{R}$$

Eigenschaften ($k \in \mathbf{R}$)

$k \cdot \mathbf{A} = \mathbf{A} \cdot k$

$k \cdot (\mathbf{A} + \mathbf{B}) = k \cdot \mathbf{A} + k \cdot \mathbf{B}$

$(k \cdot \mathbf{A})^T = k \cdot \mathbf{A}^T$

Multiplikation zweier Matrizen: A · B

Die Spaltenzahl der Matrix **A** muss mit der Zeilenzahl der Matrix **B** übereinstimmen.

Ist **A** eine (m, n)- und **B** eine (n, p)-Matrix, dann gilt für das Format der Ergebnismatrix: **(m, n) · (n, p) → (m, p)**

Die Matrizenmultiplikation ist **nicht kommutativ,** d. h., $\mathbf{A} \cdot \mathbf{B} \neq \mathbf{B} \cdot \mathbf{A}$ (im Allg.)

Eigenschaften ($k \in \mathbf{R}$)

$(\mathbf{A} \cdot \mathbf{B}) \cdot \mathbf{C} = \mathbf{A} \cdot (\mathbf{B} \cdot \mathbf{C}) = \mathbf{A} \cdot \mathbf{B} \cdot \mathbf{C}$	**Assoziativgesetz**
$(\mathbf{A} + \mathbf{B}) \cdot \mathbf{C} = \mathbf{A} \cdot \mathbf{C} + \mathbf{B} \cdot \mathbf{C}$	**Distributivgesetz**
$\mathbf{A} \cdot (\mathbf{B} + \mathbf{C}) = \mathbf{A} \cdot \mathbf{B} + \mathbf{A} \cdot \mathbf{C}$	
$\mathbf{A} \cdot \mathbf{O} = \mathbf{O} \cdot \mathbf{A} = \mathbf{O}$	**O: Nullmatrix**
$\mathbf{A} \cdot \mathbf{E} = \mathbf{E} \cdot \mathbf{A} = \mathbf{A}$	**E: Einheitsmatrix**

$k \cdot (\mathbf{A} \cdot \mathbf{B}) = (k \cdot \mathbf{A}) \cdot \mathbf{B} = \mathbf{A} \cdot (k \cdot \mathbf{B}) = (\mathbf{A} \cdot \mathbf{B}) \cdot k$

$(k \cdot \mathbf{A})^2 = k^2 \cdot \mathbf{A}^2$ mit $\mathbf{A}^2 = \mathbf{A} \cdot \mathbf{A}$

Multiplikation zweier Vektoren: $\vec{a} \cdot \vec{b}$

Zeilenvektor mal Spaltenvektor ergibt eine **Zahl.**

Beachten Sie: Die Division zweier Matrizen ist nicht definiert.

Aufgaben

1. Gegeben sind die Matrizen **A** und **B** und die Vektoren $\vec{a}$ und $\vec{b}$ durch

$$\mathbf{A} = \begin{pmatrix} 2 & -3 & 0 \\ -1 & 2 & -5 \\ 0 & -5 & 1 \end{pmatrix}, \mathbf{B} = \begin{pmatrix} 1 & -4 & 1 \\ 3 & 0 & -1 \\ -2 & 2 & 5 \end{pmatrix}, \vec{a} = \begin{pmatrix} -1 \\ 2 \\ 1 \end{pmatrix}, \vec{b} = (2 \quad 3 \quad -4).$$

Berechnen Sie.

a) $\frac{1}{5} \cdot \mathbf{A} \cdot \mathbf{B}$ b) $\vec{b} \cdot \mathbf{A} \cdot \mathbf{B}$ c) $4\mathbf{A}^2$

d) $(\mathbf{B} + \mathbf{E}) \cdot \mathbf{A}$ e) $\frac{1}{20} \cdot \mathbf{A} \cdot \vec{a}$ f) $\vec{b} \cdot \vec{a}$

2. Gegeben sind die Matrizen **A**, **B** und **C** durch

$$\mathbf{A} = \begin{pmatrix} 2 & 3 & 0 \\ -1 & 5 & 2 \end{pmatrix}, \mathbf{B} = \begin{pmatrix} 3 & -3 \\ -1 & 1 \\ 0 & 1 \end{pmatrix}, \mathbf{C} = \begin{pmatrix} 0 & 4 & 0 \\ 2 & 1 & -1 \end{pmatrix}.$$

Berechnen Sie.

a) $2\mathbf{A} + \mathbf{C} - \mathbf{B}^T$ b) $\mathbf{A} \cdot (\mathbf{B} + \mathbf{C}^T)$ c) $(\mathbf{A} \cdot \mathbf{B})^T + \mathbf{A} \cdot \mathbf{A}^T$

3. Multiplizieren Sie aus.

a) $(\mathbf{A} + \mathbf{E}) \cdot (\mathbf{A} + \mathbf{B})$ b) $(\mathbf{A} + \mathbf{B})^2$ c) $(\mathbf{A} + \mathbf{E}) \cdot (\mathbf{A} - \mathbf{E})$

4. Gegeben ist die Matrix $\mathbf{A} = \begin{pmatrix} 1 & -2 & 1 \\ 3 & 1 & 0 \\ 2 & 5 & 1 \end{pmatrix}$. Berechnen Sie.

a) $\mathbf{A} \cdot \begin{pmatrix} t \\ -1 \\ t \end{pmatrix}$ b) $\frac{1}{5} \mathbf{A} \cdot \mathbf{A}^T \cdot \begin{pmatrix} t \\ t \\ t^2 \end{pmatrix}$ c) $0{,}25\mathbf{A}^2 \cdot \begin{pmatrix} t \\ -1 \\ t \end{pmatrix}$

5. Bestimmen Sie a und b so, dass für die Matrix $\mathbf{A} = \begin{pmatrix} 1 & a \\ 2 & b \end{pmatrix}$ gilt: $\mathbf{A}^2 = \mathbf{E}$.

6. Berechnen Sie x, sodass

$$(2{,}5 \quad 0{,}75 \quad 0{,}5 \quad 0{,}25)\begin{pmatrix} x \\ x \\ x \\ x \end{pmatrix} + (12 \quad 15 \quad 16 \quad 20)\begin{pmatrix} x \\ x \\ x \\ x \end{pmatrix} + 50 = 251 \text{ ergibt.}$$

7. Gegeben ist die Matrix **A** durch $\mathbf{A} = \begin{pmatrix} 1 & 0 \\ 2 & 1 \end{pmatrix}$. Bestimmen Sie $(\mathbf{A}^T)^3$ und $(\mathbf{A}^T)^n$.

8. Gegeben sind die Matrizen $\mathbf{A} = \begin{pmatrix} 1 & 1 & 1 & 2 \\ 2 & 6 & -8 & -1 \end{pmatrix}$ und $\mathbf{B} = \frac{1}{5}\begin{pmatrix} 5 & -5 \\ 4 & 4 \\ 2 & -3 \\ -1 & 1 \end{pmatrix}$.

Berechnen Sie $\mathbf{A} \cdot \mathbf{B}$ und $\mathbf{B} \cdot \mathbf{A}$. Vergleichen Sie.

9. Gegeben sind die Vektoren $\vec{k} = (2 \;\; 1 \;\; 3)$, $\vec{p} = \begin{pmatrix} -3 \\ 1 \\ 5 \end{pmatrix}$ und die Matrix $\mathbf{C} = \begin{pmatrix} 2 & 1 & 1 \\ 1 & 3 & 1 \\ 4 & 2 & 1 \end{pmatrix}$.

   Berechnen Sie $\vec{k} \cdot \vec{p}$ und $\vec{k} \cdot \mathbf{C} \cdot \vec{p}$.

10. Klammmern Sie einen gemeinsamen Faktor aus.

    a) $\mathbf{A} = \begin{pmatrix} 0{,}8 & -0{,}3 & 0{,}4 \\ -0{,}1 & -0{,}2 & 0 \\ -0{,}3 & 0{,}8 & -0{,}3 \end{pmatrix}$ b) $\vec{b} = \begin{pmatrix} \frac{1}{24} \\ -\frac{5}{48} \end{pmatrix}$ c) $\mathbf{B} = \begin{pmatrix} \frac{1}{12} & \frac{5}{12} \\ \frac{1}{3} & \frac{2}{3} \end{pmatrix}$

11. Gegeben sind die Matizen **A** und **B** durch

    $\mathbf{A} = \begin{pmatrix} 4 & 1 & -8 & 5 \\ 2 & 10 & -4 & -1 \\ -5 & 9 & 7 & 3 \\ 4 & 4 & -6 & 7 \end{pmatrix}$ und $\mathbf{B} = \begin{pmatrix} -4 & 2 \\ 3 & -1 \\ 0 & 6 \\ 4 & -8 \end{pmatrix}$.

    a) Berechnen Sie die Elemente c_{31} und c_{42} des Matrizenproduktes $\mathbf{C} = \mathbf{A} \cdot \mathbf{B}$.

    b) Das Element a_{31} der Matrix **A** wird geändert zu k; das Element b_{22} der Matrix **B** wird geändert zu $(k - 1)$.

    Berechnen Sie nun das neue Element c_{32} des Matrizenproduktes $\mathbf{C} = \mathbf{A} \cdot \mathbf{B}$.

12. Für jedes $t \in \mathbf{R}$ sind die Vektoren $\vec{a}_t$ und $\vec{b}_t$ gegeben durch

    $$\vec{a}_t = \begin{pmatrix} 1 \\ 3t \\ t-1 \end{pmatrix} \text{ und } \vec{b}_t = \begin{pmatrix} -1 \\ 2 \\ t-2 \end{pmatrix}.$$

    Die Funktion f ist gegeben durch $f(t) = t(\vec{a}_t^{\,T} \cdot \vec{b}_t - 4t)$.

    Zeigen Sie, dass f streng monoton wachsend ist.

    Wo hat das Schaubild von f die kleinste Steigung?

13. Ein Betrieb stellt aus den zwei Rohstoffen R_1 und R_2 die Produkte E_1, E_2 und E_3 her. Der Materialfluss in Mengeneinheiten (ME) ist der Tabelle zu entnehmen.

	E_1	E_2	E_3
R_1	2	1	3
R_2	4	0	2

    a) Berechnen Sie, wie viel ME der Rohstoffe für die Produktion von 80 ME von E_1, 60 ME von E_2 und 110 ME von E_3 benötigt werden.

    b) Die Materialkosten je ME eines Rohstoffes sind gegeben durch $\vec{k}_R = (1{,}2 \quad 0{,}8)$.

    Berechnen Sie die Kosten für die Herstellung je einer ME der drei Produkte.

    Wie hoch sind die Materialkosten für den Auftrag aus Teilaufgabe a)?

14. Gegeben sind die Rohstoff-Zwischenprodukt-Matrix $\mathbf{A} = \begin{pmatrix} 1 & 3 & 6 \\ 2 & 5 & 4 \end{pmatrix}$ und die Zwischenprodukt-Endprodukt-Matrix $\mathbf{B} = \begin{pmatrix} 3 & 1 & 7 \\ 5 & 4 & 6 \\ 2 & 2 & 3 \end{pmatrix}$.

    Berechnen Sie $\mathbf{C} = (c_{ij}) = \mathbf{A} \cdot \mathbf{B}$ und interpretieren Sie das Element c_{21}.

2 Lineare Gleichungssysteme

Lineare Gleichungssysteme haben eine zentrale Bedeutung in verschiedenen Bereichen der Mathematik. Nicht nur zur Bestimmung einer Gleichung einer Parabel stellen wir ein lineares Gleichungssystem auf. Mit einem linearen Gleichungssystem lassen sich auch zahlreiche Probleme aus Technik und Wirtschaft modellieren und damit lösen. Aus dem Wissen über die unbekannten Größen, die bei diesen Problemen auftauchen, leiten wir Gleichungen her. Eine zentrale Aufgabe der linearen Algebra ist die **Lösung linearer Gleichungssysteme.**

2.1 Einführung

1) Ein Obstbauer liefert Äpfel der Sorten Boskop (B), Jonathan (J) und Elstar (E) an den Großmarkt. Die Lieferungen der letzten 3 Tage (in kg) lassen sich aus der Tabelle ablesen.

	B	J	E
T_1	40	36	100
T_2	175	50	30
T_3	60	220	40

Der Großhändler überweist für die Lieferung am 1. Tag (T_1) 305 €, für die Lieferung am 2. Tag (T_2) 385 € und für die Lieferung am 3. Tag (T_3) 445 €.
Welche Gleichungen müssen die Preise pro kg erfüllen?
Zeigen Sie, dass die Preise für Boskop (B) 1,5 €/kg, Jonathan (J) 1,25 €/kg und Elstar (E) 2 €/kg betragen.

Lösung

Man setzt für den Preis in € pro kg B x_1, pro kg J x_2 und pro kg E x_3.
Der Bauer bekommt $40x_1$ € für 40 kg B, $36x_2$ € für 36 kg J und $100x_3$ € für 100 kg E,
insgesamt 305 €: $40x_1 + 36x_2 + 100x_3 = 305$

Für die Lieferung aller 3 Tage ergibt sich ein **lineares Gleichungssystem (LGS):**

Bedingungen für die Preise:

$$\begin{aligned} 40x_1 + 36x_2 + 100x_3 &= 305 \\ 175x_1 + 50x_2 + 30x_3 &= 385 \\ 60x_1 + 220x_2 + 40x_3 &= 445 \end{aligned}$$

Einsetzen von $x_1 = 1{,}5$; $x_2 = 1{,}25$ und $x_3 = 2$ in die drei Gleichungen führt zu drei wahre Aussagen.

Bemerkungen:

Das LGS hat die Lösung $x_1 = 1{,}5$; $x_2 = 1{,}25$; $x_3 = 2$.

Lösungsvektor $\vec{x} = \begin{pmatrix} x_1 \\ x_2 \\ x_3 \end{pmatrix} = \begin{pmatrix} 1{,}5 \\ 1{,}25 \\ 2 \end{pmatrix}$

2) Welcher der Vektoren $\begin{pmatrix}-3\\2\\0\end{pmatrix}$ und $\begin{pmatrix}1\\4\\6\end{pmatrix}$ ist Lösung

des linearen Gleichungssystems $x_1 + x_2 - x_3 = -1$ und $-x_1 + 4x_2 + x_3 = 11$?

Lösung

Eine Lösung erfüllt **alle Gleichungen** eines linearen Gleichungssystems (LGS).

$\begin{pmatrix}-3\\2\\0\end{pmatrix}$ ist Lösung, denn $-3 + 2 - 0 = -1$ w. A.

$-(-3) + 4 \cdot 2 + 0 = 11$ w. A.

$\begin{pmatrix}1\\4\\6\end{pmatrix}$ ist keine Lösung, denn $1 + 4 - 6 = -1$ w. A.

$-1 + 16 + 6 = 11$ f. A.

3) Gegeben ist das lineare Gleichungssystem in Stufenform

$$\begin{aligned} x_1 + x_2 - x_3 &= 2 \\ x_2 - 0{,}5x_3 &= 4 \\ x_3 &= -1 \end{aligned}$$

Bestimmen Sie die Lösung des LGS.

Lösung

Einsetzen von $x_3 = -1$ in $x_2 - 0{,}5x_3 = 4$ ergibt $x_2 = 3{,}5$.

Einsetzen von $x_3 = -1$ und $x_2 = 3{,}5$ in $x_1 + x_2 - x_3 = 2$ ergibt $x_1 = -2{,}5$.

Lösung des LGS: $x_1 = -2{,}5;\ x_2 = 3{,}5;\ x_3 = -1$

Lösungsvektor: $\vec{x} = \begin{pmatrix}-2{,}5\\3{,}5\\-1\end{pmatrix}$

Beachten Sie: Lineares Gleichungssystem mit m Gleichungen und n Unbekannten $x_1, x_2, x_3, ..., x_n$

$$\begin{aligned} a_{11}x_1 + a_{12}x_2 + a_{13}x_3 + \dots + a_{1n}x_n &= b_1 \\ a_{21}x_1 + a_{22}x_2 + a_{23}x_3 + \dots + a_{2n}x_n &= b_2 \\ \vdots \quad\quad \vdots \quad\quad \vdots \quad\quad & \vdots \quad \vdots \\ a_{m1}x_1 + a_{m2}x_2 + a_{m3}x_3 + \dots + a_{mn}x_n &= b_m \end{aligned}$$

Bemerkung: a_{ij} heißen Koeffizienten.

Eine **Lösung eines LGS** mit n Unbekannten besteht aus n Zahlen, die **allen Gleichungen** genügen.

Bemerkungen: Aus der Stufenform (siehe Beispiel 3)) lässt sich die Lösung leicht bestimmen. Welche Umformungen sind geeignet, um diese günstige Stufenform zu erzeugen? Wie erhält man die Lösungen eines linearen Gleichungssystems?

2.2 Lösung von linearen Gleichungssystemen

2.2.1 Das LGS ist eindeutig lösbar

Beispiele

1) Lösen Sie das lineare Gleichungssystem
$-x_1 - x_2 - 2x_3 = -3 \wedge -12x_1 - 7x_2 - 18x_3 = -2 \wedge 5x_1 + x_2 + 6x_3 = -9.$

Lösung mit dem Gauß'schen Eliminationsverfahren
Um eine Stufenform zu erreichen, müssen zwei Unbekannte eliminiert werden.

Wir eliminieren x_1:

$$\begin{array}{rcll} -x_1 - x_2 - 2x_3 &=& -3 & | \cdot (-12) \\ -12x_1 - 7x_2 - 18x_3 &=& -2 & \\ \hline 12x_1 + 12x_2 + 24x_3 &=& 36 & \\ -12x_1 - 7x_2 - 18x_3 &=& -2 & \end{array}$$

$$\begin{array}{rcll} -x_1 - x_2 - 2x_3 &=& -3 & | \cdot (5) \\ 5x_1 + x_2 + 6x_3 &=& -9 & \\ \hline -5x_1 - 5x_2 - 10x_3 &=& -15 & \\ 5x_1 + x_2 + 6x_3 &=& -9 & \end{array}$$

Addition ergibt: $5x_2 + 6x_3 = 34$ $\qquad -4x_2 - 4x_3 = -24$

Wir eliminieren x_2:

$$\begin{array}{rcll} 5x_2 + 6x_3 &=& 34 & | \cdot (4) \\ -4x_2 - 4x_3 &=& -24 & | \cdot (5) \\ \hline 20x_2 + 24x_3 &=& 136 & \\ -20x_2 - 20x_3 &=& -120 & \end{array}$$

Addition der beiden Gleichungen: $\qquad 4x_3 = 16 \Leftrightarrow x_3 = 4$

Einsetzen von $x_3 = 4$ in $5x_2 + 6x_3 = 34$ ergibt $x_2 = 2$.

Einsetzen von $x_3 = 4$ und $x_2 = 2$ in $-x_1 - x_2 - 2x_3 = -3$ ergibt $x_1 = -7$.

$(-7 \quad 2 \quad 4)$ ist die **Lösung des LGS.** Das LGS hat **genau eine Lösung.**

Verkürzte Darstellung

$$\begin{array}{rcll} -x_1 - x_2 - 2x_3 &=& -3 & \cdot(-12) \text{ (+ zu Zeile 2)};\ \cdot 5 \text{ (+ zu Zeile 3)} \\ -12x_1 - 7x_2 - 18x_3 &=& -2 & \\ 5x_1 + x_2 + 6x_3 &=& -9 & \\ \hline -x_1 - x_2 - 2x_3 &=& -3 & \\ 5x_2 + 6x_3 &=& 34 & \cdot 4 \\ -4x_2 - 4x_3 &=& -24 & \cdot 5 \ (+) \\ \hline -x_1 - x_2 - 2x_3 &=& -3 & \\ 5x_2 + 6x_3 &=& 34 & \\ 4x_3 &=& 16 & \end{array}$$

$$\begin{array}{rrr|r} -1 & -1 & -2 & -3 \\ -12 & -7 & -18 & -2 \\ 5 & 1 & 6 & -9 \\ \hline -1 & -1 & -2 & -3 \\ 0 & 5 & 6 & 34 \\ 0 & -4 & -4 & -24 \\ \hline -1 & -1 & -2 & -3 \\ 0 & 5 & 6 & 34 \\ 0 & 0 & 4 & 16 \end{array}$$

(Zeile 1 $\cdot(-12)$ + Zeile 2; Zeile 1 $\cdot 5$ + Zeile 3; dann Zeile 2 $\cdot 4$ + Zeile 3 $\cdot 5$)

Dreiecksform

Beachten Sie: Die zulässigen Elementarumformungen, um die Dreiecksform zu erreichen, sind die **Multiplikation einer Gleichung mit einer Zahl** ungleich null und die **Addition von Gleichungen.**

2) Gegeben ist ein LGS

$$\begin{array}{rcrcrcl} x_1 & & & - & x_3 & = & 1 \\ x_1 & + & 2x_2 & & & = & 3 \\ -4x_1 & + & 2x_2 & + & x_3 & = & -10. \end{array}$$

Berechnen Sie den Lösungsvektor $\vec{x}$.

Lösung

Mit dem Gauß'schen Eliminationsverfahren

$$\begin{array}{rcrcrcl} x_1 & & & - & x_3 & = & 1 \\ x_1 & + & 2x_2 & & & = & 3 \\ -4x_1 & + & 2x_2 & + & x_3 & = & -10 \end{array}$$

$$\begin{array}{rcrcrcl} x_1 & & & - & x_3 & = & 1 \\ & & 2x_2 & + & x_3 & = & 2 \\ & + & 2x_2 & - & 3x_3 & = & -6 \end{array}$$

$$\begin{array}{rcrcrcl} x_1 & & & - & x_3 & = & 1 \\ & & 2x_2 & + & x_3 & = & 2 \\ & & & - & 4x_3 & = & -8 \end{array}$$

Aus der Gleichung

$$-4x_3 = -8$$

erhält man $\quad x_3 = 2.$

Einsetzen ergibt: $2\,x_2 + 1 \cdot 2 = 2$

$$x_2 = 0$$

Entsprechend berechnet man x_1: $x_1 = 3$

Der **Lösungsvektor** lautet $\vec{x} = \begin{pmatrix} 3 \\ 0 \\ 2 \end{pmatrix}$.

Matrixschreibweise ($\hookleftarrow$ heißt Addition)

$$\begin{array}{ccc} x_1 & x_2 & x_3 \end{array}$$

$$\left(\begin{array}{ccc|c} 1 & 0 & -1 & 1 \\ 1 & 2 & 0 & 3 \\ -4 & 2 & 1 & -10 \end{array}\right) \begin{array}{l} \urcorner \cdot(-1) \urcorner \cdot 4 \\ \leftarrow \\ \qquad\quad \leftarrow \end{array}$$

$$\left(\begin{array}{ccc|c} 1 & 0 & -1 & 1 \\ 0 & 2 & 1 & 2 \\ 0 & 2 & -3 & -6 \end{array}\right) \begin{array}{l} \\ \urcorner \cdot(-1) \\ \leftarrow \end{array}$$

$$\left(\begin{array}{ccc|c} 1 & 0 & -1 & 1 \\ 0 & 2 & 1 & 2 \\ 0 & 0 & -4 & -8 \end{array}\right) \quad \textbf{Dreiecksform}$$

Die letzte Zeile der erweiterten Dreiecksmatrix entspricht $\quad -4x_3 = -8$

$$x_3 = 2$$

Die zweite Zeile entspricht $\quad 2x_2 + x_3 = 2$

$$2x_2 + 1 \cdot 2 = 2$$

$$x_2 = 0$$

$$x_1 = 3$$

Bemerkung: Die Matrix $\begin{pmatrix} 1 & 0 & -1 \\ 1 & 2 & 0 \\ -4 & 2 & 1 \end{pmatrix}$ heißt **Koeffizientenmatrix.**

Die Matrix $\left(\begin{array}{ccc|c} 1 & 0 & -1 & 1 \\ 1 & 2 & 0 & 3 \\ -4 & 2 & 1 & -10 \end{array}\right)$ heißt **erweiterte Koeffizientenmatrix.**

Jede Zeile in der erweiterten Koeffizientenmatrix entspricht einer Gleichung.

Beachten Sie: Ein LGS ist **eindeutig lösbar,** wenn **alle Diagonalelemente in der Dreiecksform ungleich null** sind.

$\vec{x} = (x_1 \quad x_2 \quad x_3)^T$ ist Lösung des LGS, wenn das Einsetzen in **alle Gleichungen** des LGS jeweils eine wahre Aussage ergibt.

Was man beim Auflösen von linearen Gleichungssystemen beachten sollte

1. Additionsverfahren

a) Das LGS ist gegeben durch die erweiterte Koeffizientenmatrix:

$$\left(\begin{array}{ccc|c} 2 & -2 & 4 & 2 \\ 0 & -2 & 1 & 4 \\ -3 & 3 & -5 & -2 \end{array}\right) \begin{array}{l} \cdot (3) \\ \cdot (2) \end{array}$$

Auflösung durch Additionsverfahren

$$\left(\begin{array}{ccc|c} 2 & -2 & 4 & 2 \\ 0 & -2 & 1 & 4 \\ 0 & 0 & 1 & 1 \end{array}\right)$$

Das LGS hat den Lösungsvektor $\vec{x} = \begin{pmatrix} -2{,}5 \\ -1{,}5 \\ 1 \end{pmatrix}$.

Beachten Sie: Das **Vielfache einer Gleichung (Zeile)** darf zu einer anderen Gleichung (Zeile) addiert werden.

b) Das LGS ist gegeben durch die erweiterte Koeffizientenmatrix:

$$\left(\begin{array}{ccc|c} 2 & 1 & 1 & -3 \\ 17 & 2 & 0 & 13 \\ 9 & 5 & -1 & 2 \end{array}\right)$$

Auflösung durch Additionsverfahren:

$$\left(\begin{array}{ccc|c} 2 & 1 & 1 & -3 \\ 17 & 2 & 0 & 13 \\ 11 & 6 & 0 & -1 \end{array}\right) \cdot (-3)$$

Umformung in die erweiterte Dreiecksform:

$$\left(\begin{array}{ccc|c} 2 & 1 & 1 & -3 \\ 17 & 2 & 0 & 13 \\ -40 & 0 & 0 & -40 \end{array}\right)$$

Das LGS hat den Lösungsvektor $\vec{x} = \begin{pmatrix} 1 \\ -2 \\ -3 \end{pmatrix}$.

Elimination von x_3 bedeutet einen **geringeren Rechenaufwand.**

2. Was man bei der Multiplikation mit null beachten sollte

Beispiel: Das gegebene LGS ist eindeutig **lösbar.**

$$\left(\begin{array}{ccc|c} 2 & -2 & 4 & 2 \\ 0 & -2 & 1 & 4 \\ -3 & 3 & -5 & -2 \end{array}\right) \cdot 0$$

$$\left(\begin{array}{ccc|c} 2 & -2 & 4 & 2 \\ 0 & -2 & 1 & 4 \\ -3 & 3 & -5 & -2 \end{array}\right)$$

Das LGS **bleibt eindeutig lösbar.**
Erlaubte Umformung, Äquivalenzumformung

$$\left(\begin{array}{ccc|c} 2 & -2 & 4 & 2 \\ 0 & -2 & 1 & 4 \\ -3 & 3 & -5 & -2 \end{array}\right) \cdot 0$$

$$\left(\begin{array}{ccc|c} 2 & -2 & 4 & 2 \\ 0 & -2 & 1 & 4 \\ 0 & -2 & 1 & 4 \end{array}\right)$$

Das neue LGS ist **mehrdeutig lösbar.**
Keine Äquivalenzumformung!

3. Zeilentausch

Das LGS ist gegeben durch

$$\left(\begin{array}{ccc|c} 0 & -1 & 1 & 2 \\ 3 & -2 & 3 & 0 \\ -4 & 2 & 5 & 8 \end{array}\right)$$

Zur **Umformung** in die erweiterte obere Dreiecksform ist ein **Zeilentausch** notwendig.

$$\left(\begin{array}{ccc|c} 3 & -2 & 3 & 0 \\ 0 & -1 & 1 & 2 \\ -4 & 2 & 5 & 8 \end{array}\right)$$

$$\left(\begin{array}{ccc|c} 3 & -2 & 3 & 0 \\ 0 & -1 & 1 & 2 \\ 0 & 0 & 5 & 4 \end{array}\right)$$

Schreibweisen für lineare Gleichungssysteme (LGS)

I. Lineares Gleichungssystem: 3 Gleichungen für die Unbekannten x_1, x_2 und x_3

$$\begin{aligned} x_1 + x_2 + x_3 &= 3 \\ x_1 + 2x_2 &= 1 \\ x_1 + 2x_2 - 2x_3 &= -1 \end{aligned}$$

II. LGS in der Form der **erweiterten Koeffizientenmatrix $(A \mid \vec{b})$**

$$\left(\begin{array}{ccc|c} 1 & 1 & 1 & 3 \\ 1 & 2 & 0 & 1 \\ 1 & 2 & -2 & -1 \end{array}\right)$$

Bemerkung: Jede Zeile in der erweiterten Koeffizientenmatrix entspricht einer Gleichung.

III. Lineares Gleichungssystem **als Matrizengleichung**

$$\begin{pmatrix} 1 & 1 & 1 \\ 1 & 2 & 0 \\ 1 & 2 & -2 \end{pmatrix} \cdot \begin{pmatrix} x_1 \\ x_2 \\ x_3 \end{pmatrix} = \begin{pmatrix} 3 \\ 1 \\ -1 \end{pmatrix}$$

In Kurzform: $A \cdot \vec{x} = \vec{b}$

A ist die **Koeffizientenmatrix;** $\vec{x}$ ist der **Lösungsvektor.**

Zur Lösung mit dem **Eliminationsverfahren nach Gauß** wird $(A \mid \vec{b})$ in die **erweiterte Dreiecksform** $(A^* \mid \vec{b}^*)$ umgeformt: $\left(\begin{array}{ccc|c} 1 & 1 & 1 & 3 \\ 0 & 1 & -1 & -2 \\ 0 & 0 & 2 & 2 \end{array}\right)$

Aufgaben

1. Bestimmen Sie den Lösungsvektor.

a) $\left(\begin{array}{ccc|c} 1 & -2 & 1 & -2 \\ 0 & 1 & 2 & 2 \\ 0 & 0 & 4 & 22 \end{array}\right)$ b) $\left(\begin{array}{ccc|c} 0 & -2 & 1 & -2 \\ 2 & 1 & 2 & 0 \\ 0 & 0 & 4 & 0 \end{array}\right)$ c) $\left(\begin{array}{ccc|c} 0 & -2 & 1 & -2 \\ 0 & 0 & 2 & 9 \\ 1 & 0 & 4 & -1 \end{array}\right)$

2. Welcher der Vektoren $(-3 \quad -3 \quad 0)$ oder $(0 \quad -3 \quad -1)$ ist Lösung von

$$\left| \begin{aligned} x_1 - 4x_2 + 3x_3 &= 9 \\ 3x_1 - 2x_2 + 9x_3 &= -3 \\ 2x_1 - 3x_2 + 6x_3 &= 3 \end{aligned} \right| \ ?$$

3. Stellen Sie ein LGS aus zwei Gleichungen mit 2 Unbekannten auf, das nur die Lösung $(4 \quad -2)$ hat.

4. Lösen Sie mit dem Gaußverfahren.

a) $\begin{aligned} -2x_1 - 4x_2 &= -6 \\ x_1 + 2x_2 - 6x_3 &= 0 \\ -2x_1 + 4x_2 - 6x_3 &= -4 \end{aligned}$

b) $\begin{aligned} 3x_1 + 3x_2 - 3x_3 &= 9 \\ x_2 - 3x_3 &= -12 \\ 6x_1 + x_2 - x_3 &= 18 \end{aligned}$

c) $\begin{aligned} x_1 + x_2 + 2x_3 &= 5 \\ 3x_1 - x_2 - 2x_3 &= -1 \\ -2x_1 + 2x_2 + 2x_3 &= 1 \end{aligned}$

d) $\begin{aligned} x_2 - x_3 &= 0 \\ 2x_1 + 3x_2 + x_3 &= 6 \\ x_2 + x_3 &= 3 \end{aligned}$

e) $\begin{aligned} x + 2y + 2z &= 5 \\ 2x + y + z &= 4 \\ 2x + 4y + 3z &= 9 \end{aligned}$

f) $\begin{aligned} x + y + z &= 3 \\ 3x + 4y + 3z &= 9 \\ 2x + 2y + 3z &= 5 \end{aligned}$

5. Bestimmen Sie den Lösungsvektor.

a) $\begin{aligned} 5x_1 + x_2 &= 1 \\ 2x_1 + 2x_2 &= -0{,}4 \end{aligned}$

b) $\begin{aligned} 0{,}8x_1 - 0{,}25x_2 &= 38 \\ -0{,}3x_1 + 0{,}875x_2 &= 17 \end{aligned}$

c) $\begin{aligned} 5x_1 + 5x_3 &= 10 \\ -x_2 - x_3 &= -4 \\ 2x_1 + 2x_2 &= 10 \end{aligned}$

d) $\begin{aligned} 8x_1 - 2x_2 - 4x_3 &= 240 \\ -2x_1 + 8x_2 - 4x_3 &= 120 \\ -2x_1 - 2x_2 + 8x_3 &= 336 \end{aligned}$

e) $\begin{aligned} 3x_1 + x_2 - 2x_3 &= 400 \\ -x_1 + 5x_2 + 4x_3 &= 900 \\ x_1 + 3x_2 &= 500 \end{aligned}$

f) $\begin{aligned} x_1 + 2x_2 + 6x_3 &= 17 \\ -5x_1 + x_2 - x_3 &= 4 \\ 3x_2 &= x_3 + 2 \end{aligned}$

g) $\begin{aligned} 3x + y &= -2x + 4 \\ -x + 5y &= 4y - 2 \end{aligned}$

h) $\begin{aligned} 4(x + 5) &= 3(y + 5) \\ 3x - 3 &= 2y - 2 \end{aligned}$

6. Bestimmen Sie die Lösung in Abhängigkeit von t.

a) $\begin{aligned} 4x_1 + 3x_2 &= t \\ x_1 + x_2 &= 1 \end{aligned}$

b) $\begin{aligned} -x_1 + 2x_2 + x_3 &= 0 \\ 2x_1 - 3x_2 + 2x_3 &= t \\ x_1 - x_2 - x_3 &= 1 \end{aligned}$

c) $\begin{aligned} -2x_1 + x_2 + x_3 &= 4t \\ -2x_2 + x_3 &= -2t \\ -2x_1 + 9x_2 &= t \end{aligned}$

7. Es sind $\mathbf{A} = \begin{pmatrix} 1 & -2 & 1 \\ 3 & 2 & 0 \end{pmatrix}$ und $\mathbf{B} = \begin{pmatrix} a & -a \\ b & c \\ c & 0{,}5b \end{pmatrix}$ zwei Matrizen ($a, b, c \in \mathbf{R}$).

Welche Werte müssen für a, b und c gewählt werden, damit $\mathbf{A} \cdot \mathbf{B} = \begin{pmatrix} -9 & 3 \\ 5 & 3 \end{pmatrix}$?

8. Bestimmen Sie alle Lösungen der Gleichung $2x + y + z - 3 = 0$, die nur aus nichtnegativen ganzen Zahlen bestehen.

9. Für folgende Matrizen gilt: $\begin{pmatrix} 2 & 2 & 2 & 2 \\ 4 & 8 & 4 & 6 \\ 4 & 16 & 10 & 12 \\ 3 & 2 & 2 & 1 \end{pmatrix} \begin{pmatrix} a & b & c & d \\ 0 & c & b & a \\ b & 0 & a & a \\ 0 & b & 0 & a \end{pmatrix} = \begin{pmatrix} 6 & 10 & 12 & 20 \\ 12 & 34 & 28 & 52 \\ 18 & 64 & 48 & 92 \\ 8 & 10 & 15 & 22 \end{pmatrix}$.

Berechnen Sie die Werte a, b, c und d.

2.2.2 Das LGS ist unlösbar

Beispiele

1) Gegeben ist das LGS
$$\begin{aligned} -2x_1 + x_2 &= 3 \\ 12x_1 - 6x_2 &= 0 \end{aligned}$$

Untersuchen Sie das LGS auf Lösbarkeit.

Lösung

Erweiterte Koeffizientenmatrix auf Dreiecksform bringen: $\left(\begin{array}{cc|c} -2 & 1 & 3 \\ 12 & -6 & 0 \end{array}\right) \sim \left(\begin{array}{cc|c} -2 & 1 & 3 \\ 0 & 0 & 18 \end{array}\right)$

Beachten Sie: Ein Diagonalelement der umgeformten Koeffizientenmatrix ist gleich null, d. h., das LGS ist nicht eindeutig lösbar.

Aus der letzten Zeile der erweiterten Dreiecksmatrix folgt $0 \cdot x_1 + 0 \cdot x_2 = 18$.
Man erhält eine falsche Aussage, d. h., das LGS ist unlösbar.

Lösungsmenge $L = \emptyset$

2) Gegeben ist das Gleichungssystem
$$\begin{aligned} 2x_1 - x_2 + 3x_3 &= 1 \\ 4x_1 - 2x_2 + x_3 &= -3 \\ -2x_1 + x_2 + 5x_3 &= 3 \end{aligned}$$

Zeigen Sie, dass das Gleichungssystem unlösbar ist.

Lösung

Die erweiterte Koeffizientenmatrix auf die erweiterte Dreiecksform bringen:

$$\left(\begin{array}{ccc|c} 2 & -1 & 3 & 1 \\ 4 & -2 & 1 & -3 \\ -2 & 1 & 5 & 3 \end{array}\right) \sim \left(\begin{array}{ccc|c} 2 & -1 & 3 & 1 \\ 0 & 0 & -5 & -5 \\ 0 & 0 & 8 & 4 \end{array}\right) (*) \sim \left(\begin{array}{ccc|c} 2 & -1 & 3 & 1 \\ 0 & 0 & -5 & -5 \\ 0 & 0 & 0 & -20 \end{array}\right)$$

Aus der letzten Zeile der erweiterten Dreiecksmatrix folgt $0 \cdot x_1 + 0 \cdot x_2 + 0 \cdot x_3 = -20$.
Man erhält eine falsche Aussage, d. h., das LGS ist **unlösbar.**

Alternative: Aus (*) erhält man: $x_3 = 1$ und $x_3 = 0{,}5$. Dies ist ein Widerspruch.
Dieser Widerspruch bedeutet: Das **LGS ist unlösbar.**

Aufgaben

1. Zeigen Sie: Das lineare Gleichungssystem ist unlösbar.

a) $$\begin{aligned} x_1 - 3x_2 + 2x_3 &= 2 \\ 3x_1 + 3x_2 - 2x_3 &= 1 \\ x_1 - 6x_2 + 4x_3 &= 3 \end{aligned}$$

b) $$\begin{aligned} 2x_1 - 6x_2 + 9x_3 &= 1 \\ 3x_2 - 2x_3 &= -1 \\ -10x_1 \qquad - 25x_3 &= 3 \end{aligned}$$

2. Bestimmen Sie ein lineares Gleichungssystem für die Unbekannten x_1 und x_2 mit der Lösungsmenge $L = \emptyset$.

2.2.3 Das LGS ist mehrdeutig lösbar

Beispiele

1) Gegeben ist das LGS

$$\begin{aligned} -x_1 + x_2 + x_3 &= -1 \\ -7x_2 + 7x_3 &= 14 \\ -x_1 + 3x_2 - x_3 &= -5. \end{aligned}$$

Berechnen Sie die Lösungsmenge.

Lösung

Die erweiterte Koeffizientenmatrix in die erweiterte Dreiecksform bringen:

$$\left(\begin{array}{ccc|c} -1 & 1 & 1 & -1 \\ 0 & -7 & 7 & 14 \\ -1 & 3 & -1 & -5 \end{array}\right) \sim \left(\begin{array}{ccc|c} -1 & 1 & 1 & -1 \\ 0 & -1 & 1 & 2 \\ 0 & 2 & -2 & -4 \end{array}\right) \sim \left(\begin{array}{ccc|c} -1 & 1 & 1 & -1 \\ 0 & -1 & 1 & 2 \\ 0 & 0 & 0 & 0 \end{array}\right)$$

Beachten Sie: Ein Diagonalelement der umgeformten Koeffizientenmatrix ist gleich null, d. h., das LGS ist **nicht eindeutig** lösbar.

Die letzte Zeile der erweiterten Dreiecksform entspricht der Gleichung $0 \cdot x_1 + 0 \cdot x_2 + 0 \cdot x_3 = 0.$

Diese Gleichung ist eine **wahre Aussage** für alle $x_1, x_2, x_3 \in \mathbf{R}$.

Die 2. Zeile entspricht der Gleichung $-x_2 + x_3 = 2.$

Diese Gleichung mit 2 Unbekannten ist mehrdeutig lösbar:

Wir wählen z. B. $x_3 = 1$ und erhalten durch Einsetzen: $x_2 = -1$

$x_3 = -4$ und erhalten durch Einsetzen: $x_2 = -6$

Um alle Lösungen zu erhalten, setzt man $x_3 = r;\ r \in \mathbf{R}$. x_3 ist frei wählbar.

Durch Einsetzen berechnet man x_2 in Abhängigkeit von r: $-x_2 + r = 2$

$$x_2 = r - 2$$

Einsetzen in die 1. Zeile ergibt:

$$\begin{aligned} -x_1 + x_2 + x_3 &= -1 \\ -x_1 + (r-2) + r &= -1 \\ x_1 &= -1 + 2r \end{aligned}$$

Das LGS ist **mehrdeutig lösbar,** hat also unendlich viele Lösungen.

Lösungsvektor: $\vec{x} = \begin{pmatrix} x_1 \\ x_2 \\ x_3 \end{pmatrix} = \begin{pmatrix} -1 + 2r \\ r - 2 \\ r \end{pmatrix};\ r \in \mathbf{R}$

Lösungsmenge: $L = \{\vec{x} \mid \vec{x} = \begin{pmatrix} -1 + 2r \\ r - 2 \\ r \end{pmatrix};\ r \in \mathbf{R}\}$

2) Gegeben sind die folgenden Gleichungen

$$2x_1 + 4x_2 - 6x_3 = 8 \qquad (1)$$
$$3x_1 + 6x_2 - 8x_3 = 14 \qquad (2)$$
$$-2x_1 - 4x_2 + 3x_3 = -14 \qquad (3)$$
$$x_1 - x_2 - 2x_3 = 0. \qquad (4)$$

a) Berechnen Sie die Lösung des linearen Gleichungssystems, das aus den Gleichungen (1), (2) und (3) besteht.

b) Wie lautet die Lösung des linearen Gleichungssystems, das aus allen vier Gleichungen besteht?

Lösung

a) Die erweiterte Koeffizientenmatrix in die erweiterte Dreiecksform bringen:

$$\left(\begin{array}{ccc|c} 2 & 4 & -6 & 8 \\ 3 & 6 & -8 & 14 \\ -2 & -4 & 3 & -14 \end{array}\right) \sim \left(\begin{array}{ccc|c} 2 & 4 & -6 & 8 \\ 0 & 0 & 2 & 4 \\ 0 & 0 & -3 & -6 \end{array}\right) \sim \left(\begin{array}{ccc|c} 2 & 4 & -6 & 8 \\ 0 & 0 & 2 & 4 \\ 0 & 0 & 0 & 0 \end{array}\right)$$

Beachten Sie: Ein Diagonalelement der umgeformten Koeffizientenmatrix ist gleich null, d. h., das LGS ist **nicht eindeutig** lösbar.

Aus der 2. Zeile der erweiterten Dreiecksform $x_3 = 2$

Einsetzen von $x_3 = 2$ in die 1. Zeile $2x_1 + 4x_2 - 6x_3 = 8$

ergibt: $x_1 + 2x_2 = 10$

Zur Lösung dieser Gleichung mit 2 Unbekannten setzt man: $x_2 = t;\ t \in \mathbf{R}$

(**x_2 ist frei wählbar.**)

Durch Einsetzen berechnet man x_1

in Abhängigkeit von t : $x_1 + 2t = 10$

$$x_1 = 10 - 2t$$

Lösungsvektor $\vec{x} = \begin{pmatrix} 10-2t \\ t \\ 2 \end{pmatrix};\ t \in \mathbf{R}$

Das LGS ist mehrdeutig lösbar, hat also unendlich viele Lösungen.

Bemerkung: Die Lösung eines mehrdeutig lösbaren LGS (enthält einen **Parameter)** wird auch als **allgemeine Lösung** des LGS bezeichnet.

b) Einsetzen der allgemeinen Lösung aus a) in die Gleichung (4) ergibt:

$$10 - 2t - t - 2 \cdot 2 = 0 \iff t = 2$$

t = 2 einsetzen in $\vec{x} = \begin{pmatrix} 10-2t \\ t \\ 2 \end{pmatrix}$ ergibt $\vec{x} = \begin{pmatrix} 6 \\ 2 \\ 2 \end{pmatrix}$.

Das LGS aus allen vier Gleichungen ist **eindeutig lösbar.**

3 Bohner u.a. ISBN 978-3-8120-0452-7

3) Lösen Sie das folgende lineare Gleichungssystem: $2x_1 + 3x_2 - x_3 = 2$
$5x_1 + x_2 = -3$

Lösung

Die erweiterte Koeffizientenmatrix $\left(\begin{array}{ccc|c} 2 & 3 & -1 & 2 \\ 5 & 1 & 0 & -3 \end{array}\right)$ lässt sich nicht weiter umformen.

Das LGS aus 2 Gleichungen für 3 Unbekannte ist **mehrdeutig lösbar.**

Aus der 2. Zeile der erweiterten Dreiecksform erhält man $5x_1 + x_2 = -3$.

In dieser Gleichung mit 2 Unbekannten ist eine Unbekannte frei wählbar, z. B. x_1.

(Die Wahl von x_1 ermöglicht eine Rechnung ohne Brüche.)

Man wählt: $x_1 = r;\ r \in \mathbf{R}$

Durch Einsetzen lässt sich x_2 in Abhängigkeit von r berechnen.

$5x_1 + x_2 = -3 \Rightarrow x_2 = -3 - 5r$

Einsetzen in die 1. Zeile ergibt: $2r + 3(-3 - 5r) - x_3 = 2$

$x_3 = -11 - 13r$

Allgemeine Lösung: $\vec{x} = \begin{pmatrix} r \\ -3 - 5r \\ -11 - 13r \end{pmatrix};\ r \in \mathbf{R}$

4) Bestimmen Sie alle Lösungen der Gleichung $x_1 - 3x_2 + x_3 = -1$.

Lösung

Zur Lösung dieser Gleichung mit 3 Unbekannten sind **2 Unbekannte frei wählbar.**

Man wählt z. B. $x_2 = r$ und $x_3 = s$ und erhält x_1 durch Einsetzen in $x_1 - 3x_2 + x_3 = -1$.

$x_1 - 3r + s = -1 \Rightarrow x_1 = -1 + 3r - s$

Lösungsvektor: $\vec{x} = \begin{pmatrix} -1 + 3r - s \\ r \\ s \end{pmatrix};\ r, s \in \mathbf{R}$

Aufgaben

1. Bestimmen Sie den Lösungsvektor.

a) $\left(\begin{array}{ccc|c} -1 & 2 & 0 & 4 \\ 0 & -1 & 2 & 4 \\ 0 & 0 & 0 & 0 \end{array}\right)$ b) $\left(\begin{array}{ccc|c} -1 & 2 & 0 & 4 \\ 0 & 0 & 2 & 4 \\ 0 & 0 & 0 & 0 \end{array}\right)$ c) $\left(\begin{array}{ccc|c} 0 & 1 & 2 & 5 \\ 0 & -2 & 0 & -2 \\ 0 & 0 & 4 & 8 \end{array}\right)$ d) $\left(\begin{array}{ccc|c} 1 & 1 & 2 & 5 \\ 0 & 0 & 0 & 0 \\ 0 & 0 & 0 & 0 \end{array}\right)$

2. Gegeben ist das LGS $\left(\begin{array}{ccc|c} 0 & 1 & -1 & 1 \\ 0 & 1 & 0 & 2 \\ 0 & 0 & 2 & 2 \end{array}\right)$.

Untersuchen Sie auf Lösbarkeit. Ändern Sie eine Zahl so ab, dass sich die Lösbarkeit ändert. Bestimmen Sie gegebenenfalls den Lösungsvektor.

3. Bestimmen Sie ein LGS so, dass gilt:

a) Das LGS ist unlösbar.

b) Das LGS ist mehrdeutig lösbar.

c) Das LGS ist eindeutig lösbar.

d) Das LGS hat die Lösung (3 – 1).

4. Zeigen Sie, dass das folgende LGS unlösbar ist.

$$\begin{aligned} x_1 - 3x_2 + 2x_3 &= 2 \\ 3x_1 + 3x_2 - 2x_3 &= 1 \\ x_1 - 6x_2 + 4x_3 &= 3 \end{aligned}$$

5. Gegeben ist das lineare Gleichungssystem

$$\begin{aligned} 2x_1 - x_2 + 5x_3 &= 7 \\ 3x_1 + 2x_2 - 4x_3 &= 4 \\ 5x_1 + x_2 + x_3 &= 11. \end{aligned}$$

Bestimmen Sie die Lösungsmenge.

Ändern Sie eine der drei Gleichungen so ab, dass das entstehende lineare Gleichungssystem dann – genau eine Lösung,
– keine Lösung hat.

Begründen Sie Ihre Wahl.

6. Gegeben ist das lineare Gleichungssystem

$$\begin{aligned} x_1 + 3x_2 &= 1 \\ 2x_1 + 4x_2 - x_3 &= 0 \\ 2x_1 + 2x_2 - 2x_3 &= -2. \end{aligned}$$

a) Untersuchen Sie, ob $(3 \quad 2 \quad -1)$ und $(-0{,}5 \quad 0{,}5 \quad 1)$ Lösungen des linearen Gleichungssystems sind.
b) Bestimmen Sie die allgemeine Lösung des Gleichungssystems.
c) Geben Sie eine ganzzahlige Lösung an.
d) Gibt es einen Lösungsvektor, bei dem alle drei Komponenten gleich sind?

7. Berechnen Sie die Lösungsmenge.

a) $$\begin{aligned} x_1 - 3x_2 + 2x_3 &= 2 \\ 2x_1 - 6x_2 + 5x_3 &= 11 \\ 3x_1 + 11x_2 - 9x_3 &= 1 \end{aligned}$$

b) $$\begin{aligned} 8x_2 - 4x_3 &= 4 \\ x_1 + 2x_2 - 3x_3 &= 2 \\ -3x_1 - 4x_2 + 8x_3 &= -5 \end{aligned}$$

c) $2x_2 + x_3 = -1$

d) $$\begin{aligned} 2x_1 + 4x_2 + 6x_3 &= 0 \\ 3x_1 + 2x_2 + x_3 &= 1 \\ 2x_2 + 4x_3 &= -0{,}5 \end{aligned}$$

e) $$\begin{aligned} 2x_1 + 5x_2 - x_3 &= 25 \\ x_1 + 7x_3 &= 10 \\ x_1 + 2x_2 + x_3 &= 12 \end{aligned}$$

f) $3x_1 - 7x_2 + x_3 = 0$

g) $$\begin{aligned} x_1 + 2x_2 + x_3 &= 0 \\ -2x_1 - x_2 + 3x_3 &= -1 \end{aligned}$$

h) $$\begin{aligned} 3x_1 - 5x_2 &= 2 \\ x_1 + 3x_3 &= 3 \end{aligned}$$

i) $$\begin{aligned} 2x_1 + 2x_2 - x_3 &= 0 \\ 2x_3 &= -1 \end{aligned}$$

8. Bestimmen Sie den Lösungsvektor des Gleichungssystems.

a) $$\begin{aligned} x_1 + 8x_2 &= -1 \\ x_1 + 2x_2 &= 2 \\ 2x_1 + 6x_2 &= 3 \end{aligned}$$

b) $$\begin{aligned} 2x_1 - 6x_2 + x_3 &= 0 \\ -x_1 + 6x_2 - x_3 &= 0 \\ 5x_1 + 2x_2 + 7x_3 &= 4t \end{aligned}$$

c) $$\begin{aligned} x_1 - 3x_2 + x_3 &= 2 \\ 4x_1 - 2x_2 + 3x_3 &= 4 \\ 3x_1 + x_2 + 2x_3 &= 2 \\ -4x_1 + 2x_2 - x_3 &= -2 \end{aligned}$$

2.3 Homogene lineare Gleichungssysteme

Beispiele

1) Gegeben ist das LGS
$$\begin{aligned} -2x_1 + 3x_2 + 4x_3 &= 0 \\ x_1 \qquad\quad + x_3 &= 0 \\ x_1 + 2x_2 + 5x_3 &= 0. \end{aligned}$$

Berechnen Sie den Lösungsvektor $\vec{x}$.

Lösung

Die erweiterte Koeffizientenmatrix auf die erweiterte Dreiecksform bringen:

$$\left(\begin{array}{ccc|c} -2 & 3 & 4 & 0 \\ 1 & 0 & 1 & 0 \\ 1 & 2 & 5 & 0 \end{array}\right) \sim \left(\begin{array}{ccc|c} -2 & 3 & 4 & 0 \\ 0 & 3 & 6 & 0 \\ 0 & 2 & 4 & 0 \end{array}\right) \sim \left(\begin{array}{ccc|c} -2 & 3 & 4 & 0 \\ 0 & 3 & 6 & 0 \\ 0 & 0 & 0 & 0 \end{array}\right)$$

Mit $x_3 = t$ erhält man durch Einsetzen $x_2 = -2t$ und $x_1 = -t$ und damit den

Lösungsvektor: $\vec{x} = \begin{pmatrix} -t \\ -2t \\ t \end{pmatrix} = t \begin{pmatrix} -1 \\ -2 \\ 1 \end{pmatrix}$; $t \in \mathbf{R}$

Beachten Sie: Da das **Einsetzen von $x_1 = 0$, $x_2 = 0$ und $x_3 = 0$ in dieses LGS immer** eine **wahre Aussage** ergibt, nennt man den Nullvektor $\vec{x} = \begin{pmatrix} 0 \\ 0 \\ 0 \end{pmatrix} = \vec{o}$ die **triviale Lösung.**

Definition: Ein **lineares Gleichungssystem $\mathbf{A} \cdot \vec{x} = \vec{o}$** heißt **homogen,** ein lineares Gleichungssystem $\mathbf{A} \cdot \vec{x} = \vec{b}$ mit $\vec{b} \neq \vec{o}$ heißt **inhomogen.**

2) Gegeben ist das LGS
$$\begin{aligned} 2x_1 + 2x_2 + 2x_3 &= 0 \\ 5x_1 + x_2 \qquad &= 0 \\ 4x_2 + 8x_3 &= 0. \end{aligned}$$

Berechnen Sie den Lösungsvektor $\vec{x}$.

Lösung

Aus der letzten Zeile der umgeformten Matrix $\left(\begin{array}{ccc|c} 2 & 2 & 2 & 0 \\ 0 & 8 & 10 & 0 \\ 0 & 0 & 6 & 0 \end{array}\right)$ folgt $x_3 = 0$.

Einsetzen ergibt: $x_2 = 0$; $x_1 = 0$

Als Lösungsvektor erhält man den **Nullvektor** $\vec{x} = \begin{pmatrix} 0 \\ 0 \\ 0 \end{pmatrix} = \vec{o}$.

Dieses LGS ist nur **trivial lösbar**, d. h., nur der Nullvektor ist Lösungsvektor.

Beachten Sie: Ein **homogenes** LGS $\mathbf{A} \cdot \vec{x} = \vec{o}$ ist entweder

eindeutig lösbar	**oder**	mehrdeutig lösbar
(nur trivial lösbar)		(nicht nur trivial lösbar)
$\vec{x} = \vec{o}$ ist **einzige** Lösung		$\vec{x} = t\,\vec{a}$ (Vielfaches einer Lösung $\vec{a}$)

3) Gegeben ist das LGS
$$\begin{aligned} 3x_1 + x_2 \phantom{{}-x_3} &= 0 \\ 4x_1 + x_2 - x_3 &= 0 \\ x_2 + 3x_3 &= 0. \end{aligned}$$

Zeigen Sie: $(-t \quad 3t \quad -t)$ ist für jedes $t \in \mathbf{R}$ eine Lösung.

Lösung

$(-t \quad 3t \quad -t)$ ist eine Lösung, wenn das Einsetzen in jede Gleichung eine wahre Aussage ergibt.
$$\begin{aligned} 3(-t) + 3t &= 0 \\ 4(-t) + 3t - (-t) &= 0 \\ 3t + 3(-t) &= 0 \quad \text{wahre Aussage} \end{aligned}$$

Bemerkung: $(-1 \quad 3 \quad -1)$ ist Lösung des Gleichungssystems;
$(-t \quad 3t \quad -t)$ beschreibt alle Vielfachen von $(-1 \quad 3 \quad -1)$.

Bemerkung: Die Frage, ob damit alle Lösungen des Gleichungssystems bestimmt sind, lässt sich erst nach Umformung der Koeffizientenmatrix in die Dreiecksform
$$\begin{pmatrix} 3 & 1 & 0 \\ 0 & -1 & -3 \\ 0 & 0 & 0 \end{pmatrix}$$
beantworten.

Eine Nullzeile bedeutet: **Eine Unbekannte ist frei wählbar.**

Aufgaben

1. Bestimmen Sie den Lösungsvektor.

a) $\left(\begin{array}{ccc|c} -1 & 2 & 5 & 0 \\ 0 & -1 & 3 & 0 \\ 0 & 0 & 0 & 0 \end{array}\right)$ b) $\left(\begin{array}{ccc|c} -1 & 2 & 5 & 0 \\ 0 & 0 & 3 & 0 \\ 0 & 0 & 0 & 0 \end{array}\right)$ c) $\left(\begin{array}{ccc|c} -1 & 2 & 5 & 0 \\ 0 & -1 & 0 & 0 \\ 0 & 0 & 0 & 0 \end{array}\right)$

2. Gegeben ist das LGS
$$\begin{aligned} 2x_1 + x_2 - 3x_3 &= 0 \\ x_1 - x_2 + x_3 &= 0 \\ -x_1 + x_2 - x_3 &= 0. \end{aligned}$$

   a) Bestimmen Sie die Lösungsmenge.
   b) Bestimmen Sie eine ganzzahlige Lösung dieses homogenen Gleichungssystems.
   c) Wie lautet derjenige Lösungsvektor, dessen erste Komponente $x_1 = 7$ ist?

3. Ein homogenes LGS hat die Lösung $(1 \quad 0 \quad 1)$. Wie viele Lösungen hat das LGS? Geben Sie die Lösungen an, falls eine Unbekannte frei wählbar ist.

4. Gegeben ist das LGS
$$\begin{aligned} 3x_1 - x_2 + x_3 &= 4 \\ -x_1 + 2x_2 - 2x_3 &= 2 \\ 3x_1 + 4x_2 - 4x_3 &= 14. \end{aligned}$$
   Geben Sie den allgemeinen Lösungsvektor und zwei spezielle Lösungsvektoren an. Für welchen Lösungsvektor ist die Summe der Komponenten gleich 10? Wie lautet der Lösungsvektor des zugehörigen homogenen Gleichungssystems?

2.4 Rang einer Matrix

Bei der Untersuchung eines linearen Gleichungssystems auf Lösbarkeit formt man die erweiterte Koeffizientenmatrix $(\mathbf{A} \mid \vec{b})$ in eine erweiterte Dreiecksform um.

Die Lösbarkeit des Gleichungssystems ist bestimmt durch die **Anzahl der Nicht-Nullzeilen.**

Diese Anzahl heißt **Rang der Matrix $(\mathbf{A} \mid \vec{b})$.**

Definition: Der **Rang einer Matrix** ist die **Anzahl der Nicht-Nullzeilen** nach einer vollständigen Umformung in „Richtung" einer Dreiecksform.
Schreibweise für den Rang der Matrix **A:** Rg(**A**)

Beispiele zur Bestimmung des Rangs

a) $\mathbf{A} = \begin{pmatrix} 1 & 2 & -3 \\ 0 & -2 & 1 \\ 2 & 1 & 4 \end{pmatrix}$ **A** umformen: $\begin{pmatrix} 1 & 2 & -3 \\ 0 & -2 & 1 \\ 2 & 1 & 4 \end{pmatrix} \sim \ldots \sim \begin{pmatrix} 1 & 2 & -3 \\ 0 & -2 & 1 \\ 0 & 0 & -17 \end{pmatrix}$

Die umgeformte Matrix hat **drei Nicht-Nullzeilen;** d. h., $\text{Rg}(\mathbf{A}) = 3$.

b) $\mathbf{A} = \begin{pmatrix} 1 & -2 & 2 & 1 \\ 0 & -4 & 3 & 1 \\ 0 & 0 & 0 & 0 \end{pmatrix}$ $\text{Rg}(\mathbf{A}) = 2$

c) $\mathbf{A} = \begin{pmatrix} 1 & -2 & 2 \\ 0 & 0 & 0 \\ 0 & 0 & 0 \end{pmatrix}$ $\text{Rg}(\mathbf{A}) = 1$

d) $(\mathbf{A} \mid \vec{b}) = \left(\begin{array}{ccc|c} -1 & 1 & 0 & -2 \\ 0 & 2 & 5 & 5 \\ 0 & 0 & 0 & 3 \end{array}\right)$ $\text{Rg}(\mathbf{A}) = 2$, aber $\text{Rg}(\mathbf{A} \mid \vec{b}) = 3$

Untersuchung eines LGS auf Lösbarkeit durch Rangbetrachtung

Beispiele

Anzahl der Lösungsvariablen n = 3

$(\mathbf{A} \mid \vec{b}) = \left(\begin{array}{ccc|c} -2 & -1 & 0 & -2 \\ 0 & 2 & 3 & 8 \\ 0 & 0 & 3 & 7 \end{array}\right)$

$\text{Rg}(A) = \text{Rg}(A \mid \vec{b}) = 3$

LGS ist eindeutig lösbar.

$(\mathbf{A} \mid \vec{b}) = \left(\begin{array}{ccc|c} -2 & -1 & 0 & -2 \\ 0 & 2 & 3 & 8 \\ 0 & 0 & 0 & 0 \end{array}\right)$

$\text{Rg}(A) = 2 = \text{Rg}(A \mid \vec{b}) < 3$

LGS ist mehrdeutig lösbar.

$(\mathbf{A} \mid \vec{b}) = \left(\begin{array}{ccc|c} -2 & -1 & 0 & -2 \\ 0 & 2 & 3 & 8 \\ 0 & 0 & 0 & 5 \end{array}\right)$

$\text{Rg}(A) = 2 < \text{Rg}(A \mid \vec{b}) = 3$

LGS ist unlösbar.

Aufgaben

1. Bestimmen Sie den Rang der Matrix **A.**

a) $\mathbf{A} = \begin{pmatrix} 1 & -3 & 2 \\ 3 & 3 & -2 \\ 1 & -6 & 5 \end{pmatrix}$ b) $\mathbf{A} = \begin{pmatrix} 1 & 3 & -2 & -2 \\ 0 & 0 & 1 & -1 \\ 0 & 0 & 7 & -7 \end{pmatrix}$ c) $\mathbf{A} = \begin{pmatrix} 1 & 3 & 2 \\ 0 & 0 & 1 \\ 0 & 0 & -1 \\ 0 & 0 & 5 \end{pmatrix}$

2. Bestimmen die Lösbarkeit des LGS $(\mathbf{A} \mid \vec{b})$ mithilfe des Rangs.

a) $\left(\begin{array}{ccc|c} 2 & 2 & 0 & 7 \\ 0 & 1 & 1 & 1 \\ 0 & 3 & 2 & 4 \end{array}\right)$ b) $\left(\begin{array}{ccc|c} 4 & -2 & 6 & 2 \\ 4 & -2 & 1 & -3 \\ -2 & 1 & 5 & 3 \end{array}\right)$ c) $\left(\begin{array}{ccc|c} 4 & 8 & -12 & 16 \\ 3 & 6 & -8 & 14 \\ -2 & -4 & 3 & -14 \end{array}\right)$

Was man wissen sollte ... über die Lösbarkeit eines linearen Gleichungssystems

Untersuchung in zwei Schritten (am Beispiel von 3 Gleichungen für 3 Unbekannte):

1. Umformung der erweiterten Koeffizientenmatrix mit dem Gauß-Verfahren in die **erweiterte Dreiecksform** ($\mathbf{A}^*| \vec{b}^*$): $\left(\begin{array}{ccc|c} \bullet & \bullet & \bullet & \bullet \\ 0 & \bullet & \bullet & \bullet \\ 0 & 0 & \bullet & \bullet \end{array}\right)$, darunter: $\mathbf{A}^*$

2. Untersuchung der **Diagonalelemente** von **A***

Alle **Diagonalelemente** von **A*** sind ungleich null.

↓

Das LGS ist **eindeutig** lösbar.

$\mathbf{Rg(A) = Rg(A \mid \vec{b}) = 3}$

Mindestens ein **Diagonalelement** von **A*** ist gleich null.

↓

Das LGS ist **nicht eindeutig** lösbar.

$\mathbf{Rg(A) < 3}$

Die rechte Seite entscheidet:

Das homogene LGS ist nur trivial lösbar.

$$\vec{x} = \begin{pmatrix} 0 \\ 0 \\ 0 \end{pmatrix} = \vec{o}$$

Das LGS ist **mehrdeutig** lösbar, wenn Nullzeile in ($\mathbf{A}^* \mid \vec{b}^*$):

$$\left(\begin{array}{ccc|c} a & \bullet & \bullet & \bullet \\ 0 & b & \bullet & \bullet \\ 0 & 0 & 0 & 0 \end{array}\right) \quad a, b \neq 0$$

$\mathbf{Rg(A) = 2}$

$\mathbf{Rg(A) = Rg(A \mid \vec{b}) < 3}$

Das LGS ist **unlösbar,** wenn Nullzeile **nur** in **A***

$$\left(\begin{array}{ccc|c} a & \bullet & \bullet & \bullet \\ 0 & b & \bullet & \bullet \\ 0 & 0 & 0 & \neq 0 \end{array}\right)$$

$\mathbf{Rg(A) = 2}$

$\mathbf{Rg(A) < Rg(A \mid \vec{b}) = 3}$

Bemerkung: Das homogene LGS $\mathbf{A} \cdot \vec{x} = \vec{o}$ ist entweder eindeutig lösbar mit dem Nullvektor als triviale Lösung ($\vec{x} = \vec{o}$) oder mehrdeutig (nicht nur trivial) lösbar.

Bemerkung: Ein **Sonderfall** ($\mathbf{A} \cdot \vec{x} = \vec{b}$ ist **nicht eindeutig** lösbar) liegt vor, wenn mindestens ein Diagonalelement von **A*** gleich null ist.

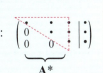

2.5 Aufgabenbeispiele

1) Gegeben ist das lineare Gleichungssystem

$$\begin{aligned} 2x_1 - 2x_2 + 2x_3 &= x_1 \\ -x_1 + x_2 + x_3 &= x_2 \\ 4x_1 - 2x_2 &= x_3. \end{aligned}$$

a) Zeigen Sie: (2 3 2) ist Lösung.

b) Berechnen Sie alle Lösungen.

Lösung

a) Einsetzen von (2 3 2) in alle drei Gleichungen ergibt jeweils eine wahre Aussage.

b) Umformung des LGS

$$\begin{aligned} 2x_1 - 2x_2 + 2x_3 &= x_1 \quad | - x_1 \\ -x_1 + x_2 + x_3 &= x_2 \quad | - x_2 \\ 4x_1 - 2x_2 &= x_3 \quad | - x_3 \end{aligned}$$

ergibt ein homogenes LGS

$$\begin{aligned} x_1 - 2x_2 + 2x_3 &= 0 \\ -x_1 + x_3 &= 0 \\ 4x_1 - 2x_2 - x_3 &= 0 \end{aligned}$$

Umformung der Koeffizientenmatrix

in eine Dreiecksform: $\begin{pmatrix} 1 & -2 & 2 \\ -1 & 0 & 1 \\ 4 & -2 & -1 \end{pmatrix} \sim \begin{pmatrix} 1 & -2 & 2 \\ 0 & -2 & 3 \\ 0 & 6 & -9 \end{pmatrix} \sim \begin{pmatrix} 1 & -2 & 2 \\ 0 & -2 & 3 \\ 0 & 0 & 0 \end{pmatrix}$

Beachten Sie: Ein **Diagonalelement** ist **gleich null,** d. h., das homogene LGS ist nichttrivial lösbar.

Mit $x_3 = t$ erhält man durch Einsetzen $x_2 = 1{,}5t$ und $x_1 = t$ und damit den

Lösungsvektor: $\vec{x} = \begin{pmatrix} t \\ 1{,}5t \\ t \end{pmatrix} = t \begin{pmatrix} 1 \\ 1{,}5 \\ 1 \end{pmatrix}$; $t \in \mathbf{R}$.

Bemerkung: $\vec{x} = \begin{pmatrix} 2 \\ 3 \\ 2 \end{pmatrix}$ ist Lösung für t = 2.

Beachten Sie: Ist $\vec{x}_1$ Lösung eines homogenen LGS $\mathbf{A} \cdot \vec{x} = \vec{o}$, so sind alle Vielfachen von $\vec{x}_1$ auch Lösung dieses Gleichungssystems, falls eine Unbekannte frei wählbar ist.
Lösungsvektor: $\vec{x} = t \cdot \vec{x}_1$; $t \in \mathbf{R}$.

2) Gegeben ist das LGS

$$\begin{aligned} x_1 + 2x_2 - x_3 &= 1 \\ 3x_1 + 2x_2 - 2x_3 &= a \\ 2x_1 + 8x_2 - 3x_3 &= 2a. \end{aligned}$$

Wie muss a gewählt werden, damit das LGS lösbar ist?
Bestimmen Sie den Lösungsvektor.

Lösung

Erweiterte Koeffizientenmatrix auf die erweiterte Dreiecksform bringen:

$$\left(\begin{array}{ccc|c} 1 & 2 & -1 & 1 \\ 3 & 2 & -2 & a \\ 2 & 8 & -3 & 2a \end{array}\right) \sim \left(\begin{array}{ccc|c} 1 & 2 & -1 & 1 \\ 0 & -4 & 1 & -3+a \\ 0 & 4 & -1 & 2a-2 \end{array}\right) \sim \left(\begin{array}{ccc|c} 1 & 2 & -1 & 1 \\ 0 & -4 & 1 & -3+a \\ 0 & 0 & 0 & 3a-5 \end{array}\right)$$

Beachten Sie: Ein Diagonalelement der umgeformten Koeffizientenmatrix ist gleich null, d. h., das LGS ist **nicht eindeutig** lösbar.

Das LGS ist **unlösbar,** wenn $3a - 5 \neq 0$ ist, also für $a \neq \frac{5}{3}$.

Für $a = \frac{5}{3}$ ist das gegebene LGS $\left(\begin{array}{ccc|c} 1 & 2 & -1 & 1 \\ 0 & -4 & 1 & -\frac{4}{3} \\ 0 & 0 & 0 & 0 \end{array}\right)$ **mehrdeutig** lösbar.

Bestimmung des Lösungsvektors

Mit $x_2 = s$ erhält man

durch Einsetzen in $-4x_2 + x_3 = -\frac{4}{3}$: $\quad -4s + x_3 = -\frac{4}{3}$

$$x_3 = -\frac{4}{3} + 4s$$

Einsetzen in $x_1 + 2x_2 - x_3 = 1$ ergibt: $\quad x_1 = -\frac{1}{3} + 2s$

Lösungsvektor: $\quad \vec{x} = \begin{pmatrix} -\frac{1}{3} + 2s \\ s \\ -\frac{4}{3} + 4s \end{pmatrix}; \; s \in \mathbf{R}$

Bemerkung: Mit $x_3 = r$ erhält man $\quad \vec{x} = \begin{pmatrix} \frac{1}{3} + \frac{1}{2}r \\ \frac{1}{3} + \frac{1}{4}r \\ r \end{pmatrix}; \; r \in \mathbf{R}.$

3) In einem Betrieb werden in einem zweistufigen Produktionsprozess aus den Rohstoffen R_1, R_2 und R_3 die Endprodukte E_1, E_2 und E_3 hergestellt. Die nebenstehende Tabelle beschreibt den Materialfluss pro Mengeneinheit (ME).

	E_1	E_2	E_3
R_1	11	8	13
R_2	8	20	26
R_3	11	8	13

Der Betrieb hat zurzeit 785 ME von R_1 bzw. R_3 und 1410 ME von R_2 am Lager. Wie viele Endprodukte kann man damit produzieren, wenn von E_2 und E_3 zusammen 55 ME hergestellt werden sollen.

Lösung

Der Betrieb produziert x ME E_1, y ME E_2 und z ME E_3.

Für die Herstellung von x ME E_1 benötigt man 11x ME R_1.

Für die Herstellung von y ME E_2 benötigt man 8y ME R_1.

Für die Herstellung von z ME E_3 benötigt man 13z ME R_1.

785 ME R_1 werden verbraucht für 11x ME R_1 und 8y ME R_1 und 13z ME R_1:

$$11x + 8y + 13z = 785$$

Die Überlegung für R_2 führt zu $8x + 20y + 26z = 1410.$

Die Überlegung für R_3 führt zu $11x + 8y + 13z = 785.$

LGS für den Produktionsvektor $\begin{pmatrix} x \\ y \\ z \end{pmatrix}$: $\left(\begin{array}{ccc|c} 11 & 8 & 13 & 785 \\ 8 & 20 & 26 & 1410 \\ 11 & 8 & 13 & 785 \end{array}\right)$

Umformung in die erweiterte Dreiecksform: $\left(\begin{array}{ccc|c} 11 & 8 & 13 & 785 \\ 0 & 156 & 182 & 9230 \\ 0 & 0 & 0 & 0 \end{array}\right)$

Das LGS ist **mehrdeutig lösbar.**

Nebenbedingung: $y + z = 55 \iff y = 55 - z$

Die 2. Zeile liefert: $156\,y + 182\,z = 9230$

Einsetzen ergibt: $156(55 - z) + 182\,z = 9230$

$$26\,z = 650 \Rightarrow z = 25$$

Einsetzen in die Nebenbedingung ergibt: $y = 55 - z = 30$

Einsetzen in die 1. Zeile: $11x + 8 \cdot 30 + 13 \cdot 25 = 785 \Rightarrow x = 20$

Ergebnis: Es können 20 ME von E_1, 30 ME von E_2 und 25 ME von E_3 hergestellt werden.

Bemerkung: Zusammenhang von Rohstoff-Endproduktmatrix (R, E), Produktionsvektor $\vec{x}$ und Rohstoffvektor $\vec{r}$: $(R, E)\,\vec{x} = \vec{r}$.

Aufgaben

1. Untersuchen Sie, ob das lineare Gleichungssystem keine Lösung, eine Lösung oder unendlich viele Lösungen besitzt.
   Bestimmen Sie gegebenenfalls den Lösungsvektor.

   a) $\begin{aligned} x_1 + x_2 + x_3 &= 0 \\ 2x_1 + 4x_2 - 2x_3 &= 4 \\ x_1 \qquad + 4x_3 &= 0 \end{aligned}$
   b) $\begin{aligned} x_1 + x_2 + 2x_3 &= 4 \\ x_2 + x_3 &= 2 \\ -4x_1 \qquad - 4x_3 &= -8 \end{aligned}$
   c) $\begin{aligned} x_2 - 2x_3 &= x_1 \\ -x_2 + x_3 &= x_2 \\ -2x_1 + 4x_2 - 4x_3 &= x_3 \end{aligned}$

2. Gegeben ist das lineare Gleichungssystem
   $$\begin{aligned} x_1 - 4x_2 - 5x_3 &= 1 \\ x_1 - x_2 - x_3 &= 4 \\ -x_1 - 2x_2 - 3x_3 &= -7. \end{aligned}$$

   a) Geben Sie eine Lösung mit $x_1 = 1$ und eine weitere Lösung mit $x_2 = 5$ an.

   b) Gibt es eine Lösung, in der die Summe der Komponenten 1 ist?

3. Bestimmen Sie den Lösungsvektor in Abhängigkeit von t.

   a) $\begin{aligned} -2x_1 - x_2 \qquad &= 3 \\ x_1 + 2x_2 + 3x_3 &= 0 \\ x_1 + x_2 + 3x_3 &= t+1 \end{aligned}$
   b) $\begin{aligned} x_1 + 2x_2 \qquad &= t \\ 2x_1 + x_2 + 3x_3 &= t-1 \\ 3x_1 + 3x_2 + 5x_3 &= t+1 \end{aligned}$

4. Bestimmen Sie a so, dass das LGS lösbar ist. Geben Sie für diesen Fall den Lösungsvektor an.
   Geben Sie $Rg(\mathbf{A})$ und $Rg(\mathbf{A} \mid \vec{b})$ für a = 12 an.

   a) $(\mathbf{A} \mid \vec{b}) = \left(\begin{array}{cc|c} -2 & 8 & a \\ 3 & 2 & a-4 \\ 2 & 6 & a+2 \end{array}\right)$
   b) $(\mathbf{A} \mid \vec{b}) = \left(\begin{array}{ccc|c} 1 & 3 & -2 & a-1 \\ 2 & 10 & -5 & 2a \\ -2 & -2 & 3 & a^2+1 \end{array}\right)$

5. Gegeben ist das lineare Gleichungssystem
   $$\begin{aligned} 2tx_2 + (1+t)\,x_3 &= 1 \qquad (1) \\ 2tx_1 \qquad + (t^2-2)x_3 &= 0 \qquad (2) \\ -x_1 - (3+3t)\,x_2 + (t-7)x_3 &= 2. \qquad (3) \end{aligned}$$
   Es sei t = 2.
   Bestimmen Sie die Lösung des LGS aus den drei Gleichungen (1), (2) und (3).
   Wie lautet die Lösungsmenge des LGS, das nur aus den Gleichungen (1) und (2) besteht? Geben Sie die Lösung der Gleichung (1) an.

6. Gegeben ist das LGS $2x_1 - x_2 + x_3 = -2 \wedge -x_1 + x_2 + x_3 = 2 \wedge x_1 + x_2 + 5x_3 = 2.$
   Bestimmen Sie den allgemeinen Lösungsvektor.
   Prüfen Sie, ob $(-15 \quad -22 \quad 8)$ eine Lösung ist.
   Bestimmen Sie eine spezielle Lösung mit $x_1 + x_2 + x_3 = 1.$

7. Lösen Sie mit dem GTR.

a) $24x_1 + 39x_2 - 40x_3 = -46{,}3$
$69{,}4x_1 + 27{,}56x_2 - 51x_3 = 129$
$-0{,}11x_1 + 0{,}46x_2 + 0{,}66x_3 = -6$

b) $x_1 + 5x_2 - 4x_3 = 2$
$2 - x_1 - 3x_3 = 0$
$2x_1 + 2{,}5x_2 = x_3 + 1$

8. Bestimmen Sie r, s und t so, dass $4 + r + 2s = 4t + 2$
$3 + 3r + 2s = 2t - 1$
$1 + 4r + 4s = 4t$ ist.

9. Gegeben ist das LGS $x_1 - 2x_3 = a \wedge 2x_1 + 3x_2 - 10x_3 = b \wedge 2x_1 - x_2 - 2x_3 = 0$.

a) Berechnen Sie für a = b = 0 die Lösungsmenge.
Untersuchen Sie, ob das LGS für a = 2 und b = 1 lösbar ist.

b) Wie hängt b von a ab, wenn das LGS lösbar ist?
Bestimmen Sie die Lösungsmenge in Abhängigkeit von a.

10. Gegeben ist das LGS $\left(\begin{array}{ccc|c} 1 & 0 & 2 & x \\ 2 & 9 & 10 & y \\ -1 & 3 & 0 & z \end{array}\right)$.

a) Ist das LGS lösbar für x = y = z = 0? Wenn ja, geben Sie den Lösungsvektor an.

b) Ist das LGS lösbar für x = y = 0 und z = 1? Wenn ja, geben Sie die Lösung an.

c) Welche Beziehung besteht zwischen x, y und z, wenn das LGS lösbar ist?

11. Für ein Klassenfest kaufen drei Schüler S_1, S_2 und S_3 im gleichen Getränkemarkt Sprudel (A), Saft (B) und Cola (C) ein. Die nebenstehende Tabelle gibt die Anzahl der gekauften Gebinde an.

	A	B	C
S_1	2	4	5
S_2	3	2	6
S_3	2	5	5

Die Einkäufer legen der Klassenkasse Belege über 80 Euro, 75 Euro und 89 Euro vor. Wie viel Gewinn erwirtschaftet die Klasse, wenn alle Getränke verkauft werden und der Verkaufspreis von A 20 %, der von B 30 % und der von C 25 % über dem jeweiligen Einkaufspreis liegt.

12. Ein Betrieb stellt aus den Fertigteilen F1, F2 und F3 die Endprodukte E1, E2 und E3 her. Der Verbrauch an Fertigteilen je ME Endprodukt ist der Tabelle zu entnehmen. Wie viel Endprodukte lassen sich aus 370 ME F1, 330 ME F2 und 460 ME F3 herstellen?

	E1	E2	E3
F1	1	3	2
F2	4	2	1
F3	5	2	3

2.6 Lineare Gleichungssysteme mit Parameter

Beispiele

1) Gegeben ist das lineare Gleichungssystem
$$\begin{aligned} 2x_1 + 2x_2 + x_3 &= 1 \\ 4x_1 + 5x_2 \quad &= -1 \\ (a^2-3)x_2 + ax_3 &= -3;\ a \in \mathbf{R}. \end{aligned}$$

Für welche Werte von a hat das LGS keine Lösung, unendlich viele Lösungen, genau eine Lösung?

Lösung

Umformung der erweiterten Koeffizientenmatrix $(\mathbf{A}_a \mid \vec{b})$ in die erweiterte Dreiecksform.

$$\left(\begin{array}{ccc|c} 2 & 2 & 1 & 1 \\ 4 & 5 & 0 & -1 \\ 0 & a^2-3 & a & -3 \end{array}\right)$$

$$\left(\begin{array}{ccc|c} 2 & 2 & 1 & 1 \\ 0 & 1 & -2 & -3 \\ 0 & a^2-3 & a & -3 \end{array}\right)$$

$$\left(\begin{array}{ccc|c} 2 & 2 & 1 & 1 \\ 0 & 1 & -2 & -3 \\ 0 & 0 & 2a^2+a-6 & 3a^2-12 \end{array}\right)$$

Untersuchung auf Lösbarkeit

Ein **Sonderfall** liegt vor, wenn ein Diagonalelement null ist, also $\text{Rg}(\mathbf{A}_a) < 3$.

$-6 + a + 2a^2 = 0$ für $a = -2 \lor a = 1{,}5$

Einsetzen von $a = -2$ in die erweiterte Dreiecksform: $\left(\begin{array}{ccc|c} 2 & 2 & 1 & 1 \\ 0 & 1 & -2 & -3 \\ 0 & 0 & 0 & 0 \end{array}\right)$

3\. Zeile: $0x_1 + 0x_2 + 0x_3 = 0$ **wahre Aussage** für alle $x_1, x_2, x_3 \in \mathbf{R}$.

Das LGS ist für $a = -2$ **mehrdeutig lösbar.**

Rangbetrachtung: $\text{Rg}(\mathbf{A}_{-2}) = \text{Rg}(\mathbf{A}_{-2} \mid \vec{b}) = 2 < 3$ => LGS ist mehrdeutig lösbar.

Einsetzen von $a = 1{,}5$ in die erweiterte Dreiecksform: $\left(\begin{array}{ccc|c} 2 & 2 & 1 & 1 \\ 0 & 1 & -2 & -3 \\ 0 & 0 & 0 & -5{,}25 \end{array}\right)$

3\. Zeile: $0x_1 + 0x_2 + 0x_3 = -5{,}25$ **falsche Aussage** für alle $x_1, x_2, x_3 \in \mathbf{R}$.

Das LGS ist für $a = 1{,}5$ **unlösbar.**

Rangbetrachtung: $\text{Rg}(\mathbf{A}_{1,5}) = 2 < \text{Rg}(\mathbf{A}_{1,5} \mid \vec{b}) = 3$ => LGS ist unlösbar.

Die Anzahl der Lösungen hängt vom Parameter a ab.

Für $a \in \mathbf{R}\setminus\{-2; 1{,}5\}$ ist das LGS **eindeutig lösbar,** da für diese a-Werte alle Diagonalelemente ungleich null sind. $\text{Rg}(\mathbf{A}_a) = \text{Rg}(\mathbf{A}_a \mid \vec{b}) = 3$.

Für $a \in \{-2; 1{,}5\}$ gilt: Mindestens ein Diagonalelement ist gleich null.

Das LGS ist nicht eindeutig lösbar. $\text{Rg}(\mathbf{A}_a) < 3$

Für $a = 1{,}5$ hat das LGS keine Lösung, für $a = -2$ unendlich viele Lösungen.

2) Für jedes $t \in \mathbf{R}$ sind die folgenden linearen Gleichungen gegeben:

$$\begin{aligned} x_1 + tx_2 \quad + \quad (2-3t)\,x_3 &= 1-t \\ tx_2 \quad + \quad (1-3t)x_3 &= -t \\ -2x_1 - 2tx_2 \quad + \quad (7t-7)x_3 &= t-2 \end{aligned}$$

a) Untersuchen Sie das Gleichungssystem auf Lösbarkeit.

b) Bestimmen Sie die Lösung für $t = -2$ und $t = 0$.

Lösung

a) Die Untersuchung auf Lösbarkeit erfordert eine Umformung der erweiterten Koeffizientenmatrix $(\mathbf{A}_t \mid \vec{b}_t)$ in die erweiterte Dreiecksform.

$$\left(\begin{array}{ccc|c} 1 & t & 2-3t & 1-t \\ 0 & t & 1-3t & -t \\ -2 & -2t & 7t-7 & t-2 \end{array}\right) \sim \left(\begin{array}{ccc|c} 1 & t & 2-3t & 1-t \\ 0 & t & 1-3t & -t \\ 0 & 0 & t-3 & -t \end{array}\right)$$

Untersuchung auf Lösbarkeit

Beachten Sie: Das LGS ist **unlösbar** oder **mehrdeutig lösbar,** wenn in der Diagonalen der Dreiecksform mindestens eine Null steht.

Die Anzahl der Lösungen (die Lösbarkeit des LGS) hängt vom Parameter t ab.

Diagonalelemente auf null untersuchen: $t - 3 = 0$ oder $t = 0$

Ein Diagonalelement ist null für $t_1 = 3;\ t_2 = 0$

Für $t \in \mathbf{R}\backslash\{3; 0\}$ ist das LGS **eindeutig lösbar,** da für diese t-Werte **alle Diagonalelemente ungleich null** sind.

Für $t \in \{3; 0\}$ ist **mindestens ein Diagonalelement** gleich null, das LGS ist **nicht eindeutig lösbar.**

Die Entscheidung, ob **mehrdeutig oder unlösbar,** treffen wir durch Einsetzen.

Einsetzen von **t = 3** in die Dreiecksform: $\left(\begin{array}{ccc|c} 1 & 3 & -7 & -2 \\ 0 & 3 & -8 & -3 \\ 0 & 0 & 0 & -3 \end{array}\right)$

3. Zeile: $0x_1 + 0x_2 + 0x_3 = -3$ **falsche Aussage** für alle $x_1, x_2, x_3 \in \mathbf{R}$.

Das LGS ist für $t = 3$ **unlösbar.**

Einsetzen von **t = 0** in die Dreiecksform: $\left(\begin{array}{ccc|c} 1 & 0 & 2 & 1 \\ 0 & 0 & 1 & 0 \\ 0 & 0 & -3 & 0 \end{array}\right) \sim \left(\begin{array}{ccc|c} 1 & 0 & 2 & 1 \\ 0 & 0 & 1 & 0 \\ 0 & 0 & 0 & 0 \end{array}\right)$

3. Zeile: $0x_1 + 0x_2 + 0x_3 = 0$ wahre Aussage für alle $x_1, x_2, x_3 \in \mathbf{R}$.

Das LGS ist für $t = 0$ **mehrdeutig lösbar.**

Ergebnis: Für $t \in \mathbf{R}\backslash\{3; 0\}$ hat das LGS genau eine Lösung. $Rg(\mathbf{A}_t) = Rg(\mathbf{A}_t \mid \vec{b}_t) = 3$.

Für $t = 3$ hat das LGS keine Lösung. $Rg(\mathbf{A}_3) = 2 < Rg(\mathbf{A}_3 \mid \vec{b}_3) = 3$.

Für $t = 0$ hat das LGS unendlich viele Lösungen. $Rg(\mathbf{A}_0) = Rg(\mathbf{A}_0 \mid \vec{b}_0) = 2$.

b) **Bestimmung der Lösungsvektoren**

Für t = – 2

Alle Diagonalelemente sind ungleich null, d. h., das LGS ist **eindeutig lösbar.**

Lösungsvektor: $\vec{x} = \frac{1}{5}\begin{pmatrix} 7 \\ -12 \\ -2 \end{pmatrix}$

Für t = 0

Das LGS ist mehrdeutig lösbar. $\left(\begin{array}{ccc|c} 1 & 0 & 2 & 1 \\ 0 & 0 & 1 & 0 \\ 0 & 0 & 0 & 0 \end{array}\right)$

Eine Variable ist frei wählbar, jedoch nicht x_3.

Aus der 2. Zeile folgt: $x_3 = 0$

1\. Zeile: $1x_1 + 0x_2 + 2 \cdot 0 = 1$

x_2 ist frei wählbar: $x_2 = r$

Einsetzen in die Dreiecksform ergibt: $x_1 = 1$

Lösungsvektor: $\vec{x} = \begin{pmatrix} 1 \\ r \\ 0 \end{pmatrix}$; $r \in \mathbf{R}$

Vorgehensweise bei der Untersuchung eines LGS $\mathbf{A}_t \cdot \vec{x} = \vec{b_t}$ auf Lösbarkeit

1. Umformung der erweiterten Koeffizientenmatrix $(\mathbf{A}_t \mid \vec{b_t})$ mit dem Gauß-Verfahren in die erweiterte Dreiecksform $(\mathbf{A}_t{}^* \mid \vec{b_t}{}^*)$.

2. Untersuchung der **Sonderfälle**
   Ein **Sonderfall** liegt vor, wenn **mindestens ein Diagonalelement** in der Dreiecksform $\mathbf{A}_t{}^*$ gleich null ist.
   Das LGS ist nicht eindeutig lösbar.
   Durch **Einsetzen des t-Wertes** wird geprüft, ob das LGS mehrdeutig lösbar oder unlösbar ist.

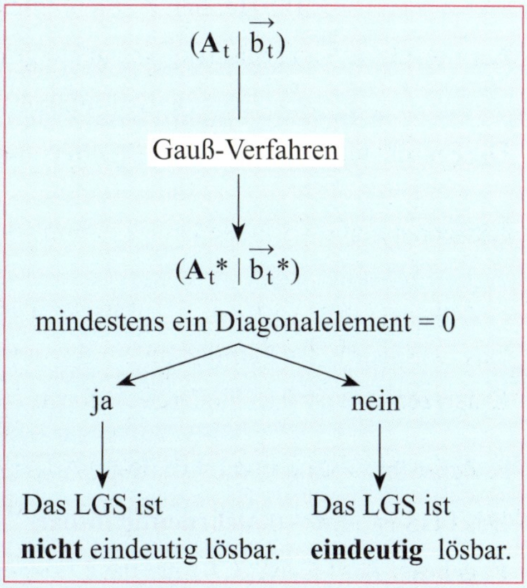

3) Gegeben ist für jedes reelle t das homogene lineare Gleichungssystem

$$\left| \begin{array}{l} x_1 + (t+1)x_2 = 0 \\ 2x_1 + 2tx_2 - tx_3 = 0 \\ tx_1 + t^2x_2 - 2x_3 = 0 \end{array} \right|.$$

Für welche Werte von t ist das homogene lineare Gleichungssystem nichttrivial lösbar? Geben Sie für diesen Fall den Lösungsvektor an.

Lösung

Bemerkung: Ein homogenes LGS ist nichttrivial lösbar heißt: Das LGS hat unendlich viele Lösungen (mehrdeutig lösbar).

Umformung der erweiterten Koeffizientenmatrix $(\mathbf{A}_t \mid \vec{o})$ mit dem Gauß-Verfahren in die erweiterte Dreiecksform:

$$\left(\begin{array}{ccc|c} 1 & t+1 & 0 & 0 \\ 2 & 2t & -t & 0 \\ t & t^2 & -2 & 0 \end{array}\right) \sim \left(\begin{array}{ccc|c} 1 & t+1 & 0 & 0 \\ 0 & 2 & t & 0 \\ 0 & t & 2 & 0 \end{array}\right) \sim \left(\begin{array}{ccc|c} 1 & t+1 & 0 & 0 \\ 0 & 2 & t & 0 \\ 0 & 0 & t^2-4 & 0 \end{array}\right)$$

Untersuchung auf Lösbarkeit

Ein Sonderfall liegt vor, wenn ein
Diagonalelement null wird: $t^2 - 4 = 0$ für $t = \pm 2$.

Für $t \in \mathbf{R} \setminus \{ \pm 2 \}$ ist das homogene lineare Gleichungssystem (LGS) eindeutig lösbar.

Das LGS hat nur die triviale Lösung $\vec{x} = \vec{o}$.

Da die rechte Seite immer null ist, gilt für $t = \pm 2$:

Das LGS ist **mehrdeutig (nichttrivial) lösbar.**

Für $t = 2$: $\left(\begin{array}{ccc|c} 1 & 3 & 0 & 0 \\ 0 & 2 & 2 & 0 \\ 0 & 0 & 0 & 0 \end{array}\right)$ Lösungsvektor $\vec{x} = r \cdot \begin{pmatrix} 3 \\ -1 \\ 1 \end{pmatrix}$

Rangbetrachtung: $Rg(\mathbf{A}_2) = Rg(\mathbf{A}_2 \mid \vec{o}) = 2 < 3$ => Das LGS $(\mathbf{A}_2 \mid \vec{o})$ ist mehrdeutig lösbar.

Für $t = -2$: $\left(\begin{array}{ccc|c} 1 & -1 & 0 & 0 \\ 0 & 2 & -2 & 0 \\ 0 & 0 & 0 & 0 \end{array}\right)$ Lösungsvektor $\vec{x} = s \cdot \begin{pmatrix} 1 \\ 1 \\ 1 \end{pmatrix}$

Beachten Sie: Ein **homogenes lineares Gleichungssystem** $\mathbf{A}\vec{x} = \vec{o}$ ist entweder **eindeutig lösbar** mit dem Nullvektor als trivialer Lösung oder mehrdeutig (nichttrivial) lösbar.
$\vec{x} = \vec{o}$ ist immer eine Lösung von $\mathbf{A}\vec{x} = \vec{o}$.

Hinweise zur Optimierung der Rechenarbeit

Zur Untersuchung der Lösbarkeit eines LGS wird die erweiterte Koeffizientenmatrix $(\mathbf{A}_t \mid \vec{b}_t)$ in eine erweiterte Dreiecksform umgeformt. Hierzu einige Hinweise.

1. Zeilentausch

Beispiel

Gegeben ist ein LGS in Form der erweiterten Koeffizientenmatrix

$$\left(\begin{array}{ccc|c} 2t & 4 & 1 & t-2 \\ t+1 & 4 & t & t \\ -1 & -t & -4 & 8 \end{array}\right) \quad \begin{array}{l} \cdot (t+1) \\ \cdot (-2t) \\ \cdot (2t);\ t \neq 0 \end{array}$$

Nach Tausch von 1. und 3. Zeile wird die Rechnung einfacher.

$$\left(\begin{array}{ccc|c} \boxed{-1} & -t & -4 & 8 \\ t+1 & 4 & t & t \\ 2t & 4 & 1 & t-2 \end{array}\right) \quad \begin{array}{l} \cdot (t+1) \\ \cdot (2t) \end{array}$$

Bemerkung: Wenn möglich, wählt man die 1. Zeile so, dass der Koeffizient im Kasten keinen Parameter enthält.

2. Multiplikation mit einem Faktor, der den Parameter t enthält

$$\left(\begin{array}{ccc|c} 2t & t & 1 & t \\ 1 & 0 & 1 & 1 \\ 2 & 3 & -t & -t \end{array}\right) \begin{array}{l} \cdot (-2t) \\ \cdot (-t) \\ t \neq 0 \end{array} {}^{*}\!\sim \left(\begin{array}{ccc|c} 2t & t & 1 & t \\ 0 & t & -2t+1 & -t \\ 0 & -2t & t^2+1 & t^2+t \end{array}\right) \cdot 2 \sim \left(\begin{array}{ccc|c} 2t & t & 1 & t \\ 0 & t & -2t+1 & -t \\ 0 & 0 & t^2-4t+3 & t^2-t \end{array}\right)$$

Für $t = 0$ darf die Lösung nicht aus der Dreiecksform bestimmt werden.

(* keine Äquivalenzumformung für t = 0.)

Lösbarkeit für t = 0 aus $(\mathbf{A} \mid \vec{b}) = \left(\begin{array}{ccc|c} 0 & 0 & 1 & 0 \\ 1 & 0 & 1 & 1 \\ 2 & 3 & 0 & 0 \end{array}\right)$; das LGS ist **eindeutig lösbar.**

Hinweis: Einsetzen von $t = 0$ in die Dreiecksform $\left(\begin{array}{ccc|c} 0 & 0 & 1 & 0 \\ 0 & 0 & 1 & 0 \\ 0 & 0 & 3 & 0 \end{array}\right)$ ergibt:

LGS ist allgemein (mehrdeutig) lösbar, **aber dies ist falsch,** wegen der Multiplikation mit null für $t = 0$.

Abhilfe durch **Zeilentausch:** $\left(\begin{array}{ccc|c} 1 & 0 & 1 & 1 \\ 2 & 3 & -t & -t \\ 2t & t & 1 & t \end{array}\right) \begin{array}{l} \cdot (-2) \\ \cdot (-2t) \end{array} \sim \left(\begin{array}{ccc|c} 1 & 0 & 1 & 1 \\ 0 & 3 & -t-2 & -t \\ 0 & 0 & t^2-4t+3 & t^2-t \end{array}\right)$

LGS ist **eindeutig lösbar** für $t = 0$, d. h., $t = 0$ ist also kein Sonderfall.

4 Bohner u.a. ISBN 978-3-8120-0452-7

Aufgaben

1. Untersuchen Sie die folgenden linearen Gleichungssysteme auf Lösbarkeit.

a) $\left(\begin{array}{ccc|c} 2 & 4 & t-1 & 5 \\ 0 & 5t-5 & 4 & 1 \\ 0 & 0 & t^2-16 & 2t+8 \end{array}\right)$ b) $\left(\begin{array}{ccc|c} t & 2 & 2t & 2t \\ 0 & t-2 & 4 & -5 \\ 0 & 0 & t^2+3t-10 & t^2-2t \end{array}\right)$

c) $\left(\begin{array}{ccc|c} 1 & -1 & 1 & 3 \\ 0 & 1 & 3t & 4t \\ 0 & 0 & t^2-4t+3 & t^2-1 \end{array}\right)$ d) $\left(\begin{array}{ccc|c} 2 & -1 & t & 0 \\ 0 & t+1 & 2t & 0 \\ 0 & 0 & t^2+t-2 & 0 \end{array}\right)$

2. Gegeben ist das LGS
$$\left|\begin{array}{l} x_1 - tx_2 = -2 \\ -x_1 + 2tx_2 + (t-1)x_3 = 2 \\ 2x_1 - 3tx_2 + (2t+4)x_3 = t^2 - 5 \end{array}\right|.$$

a) Zeigen Sie: Der Vektor $\vec{x} = (-1 \quad -1 \quad 0{,}5)^T$ ist Lösung für $t = -1$.

b) Bestimmen Sie die Lösungsmenge für $t = -2$.

c) Untersuchen Sie: Für welche Werte von $t \in \mathbf{R}$ hat das lineare Gleichungssystem genau eine Lösung, keine Lösung bzw. unendlich viele Lösungen?

3. Gegeben ist das lineare Gleichungssystem
$$\left|\begin{array}{l} x_1 + tx_2 + (t+2)x_3 = t \\ 2t\,x_2 + (t-6)x_3 = t-3 \\ 2x_2 - tx_3 = -(t+1) \end{array}\right|.$$

Geben Sie für $t = -3$ die Lösungsmenge an.

Für welche Werte von t hat dieses lineare Gleichungssystem mehr als eine Lösung?

4. a) Für welche Werte von $t \in \mathbf{R}$ hat das LGS
$$(\mathbf{A}_t \mid \vec{b}_t) = \left(\begin{array}{ccc|c} 3 & 6 & 9 & 3 \\ -1 & 4 & t & 0 \\ t & 0 & 0 & 2t-8 \end{array}\right)$$
keine Lösung, genau eine Lösung bzw. unendlich viele Lösungen?
Argumentieren Sie mit den Rangkriterien.
Machen Sie Aussagen über die Lösbarkeit des zugehörigen homogenen LGS.

b) Erläutern Sie allgemein die Lösungskriterien bei inhomogenen linearen Gleichungssystemen.

5. Für welche Werte von t ist das folgende LGS nichttrivial lösbar?
$$\begin{array}{l} 2x_1 = 0 \\ -2x_1 + 5(t-1)x_2 + 2x_3 = 0 \\ (t-1)x_1 + (t^2-16)\,x_3 = 0 \end{array}$$

6. Für welche Werte von t hat das lineare Gleichungssystem genau eine Lösung?
$$\begin{array}{l} x_1 = tx_1 \\ x_2 + 2x_3 = tx_2 \\ 2x_2 - 2x_3 = tx_3. \end{array}$$

3 Inverse Matrix und Matrizengleichungen

3.1 Inverse Matrix

3.1.1 Berechnung der inversen Matrix

Lösung der Gleichung A · X = E

Beispiele

1) Gegeben ist die Matrix **A** mit $\mathbf{A} = \begin{pmatrix} 2 & 5 \\ 1 & 3 \end{pmatrix}$.
Gesucht ist eine Matrix **X,** die folgende Gleichung erfüllt: **A · X = E**
Berechnen Sie **X.**

Lösung

Ansatz: $\mathbf{X} = \begin{pmatrix} x_1 & x_3 \\ x_2 & x_4 \end{pmatrix}$

A · X	$\begin{pmatrix} x_1 & x_3 \\ x_2 & x_4 \end{pmatrix}$
$\begin{pmatrix} 2 & 5 \\ 1 & 3 \end{pmatrix}$	$\begin{pmatrix} 2x_1 + 5x_2 & 2x_3 + 5x_4 \\ x_1 + 3x_2 & x_3 + 3x_4 \end{pmatrix} = \begin{pmatrix} 1 & 0 \\ 0 & 1 \end{pmatrix}$

Aus **A · X = E** folgen

4 Gleichungen mit **4 Unbekannten**

bzw. **zwei Gleichungssysteme** mit der **gleichen Koeffizientenmatrix.**

$$2x_1 + 5x_2 = 1 \qquad 2x_3 + 5x_4 = 0$$
$$x_1 + 3x_2 = 0 \qquad x_3 + 3x_4 = 1$$

Lösung: $x_1 = 3$; $x_2 = -5$; $x_3 = -1$; $x_4 = 2$

Matrixschreibweise:

$$\begin{matrix} x_1 & x_2 & & \\ \end{matrix} \qquad\qquad \begin{matrix} x_3 & x_4 & & \\ \end{matrix}$$
$$\left(\begin{array}{cc|c} 2 & 5 & 1 \\ 1 & 3 & 0 \end{array}\right) \qquad \left(\begin{array}{cc|c} 2 & 5 & 0 \\ 1 & 3 & 1 \end{array}\right)$$
$$\left(\begin{array}{cc|c} 1 & 0 & 3 \\ 0 & 1 & -5 \end{array}\right) \qquad \left(\begin{array}{cc|c} 1 & 0 & -1 \\ 0 & 1 & 2 \end{array}\right)$$

Lösung: $x_1 = 3$; $x_2 = -5$
$x_3 = -1$; $x_4 = 2$

$x_3\ x_4$
$x_1\ x_2$ ↓ ↓

Zusammengefasste Ausgangsmatrix: $\left(\begin{array}{cc|cc} 2 & 5 & 1 & 0 \\ 1 & 3 & 0 & 1 \end{array}\right)$ **(A | E)**

↓

Zielmatrix: $\left(\begin{array}{cc|cc} 1 & 0 & 3 & -1 \\ 0 & 1 & -5 & 2 \end{array}\right)$ **(E | X)**

Gesuchte Matrix **X:** $\mathbf{X} = \begin{pmatrix} 3 & -1 \\ -5 & 2 \end{pmatrix}$

Eine Matrix **X,** welche die Gleichung **A · X = E** löst, nennt man die **inverse Matrix von A** und man bezeichnet sie mit $\mathbf{A}^{-1}$.

Festlegung:

A sei eine **quadratische Matrix.** Die **inverse Matrix von A** wird mit $\mathbf{A}^{-1}$ bezeichnet.

Eigenschaft der Inversen: $\mathbf{A} \cdot \mathbf{A}^{-1} = \mathbf{A}^{-1} \cdot \mathbf{A} = \mathbf{E}$

Besitzt **A** eine Inverse, so heißt **A invertierbar.**

2) Bestimmen Sie die Inverse von $\mathbf{A} = \begin{pmatrix} 0 & 4 & 2 \\ -1 & 3 & -3 \\ 2 & -1 & 6 \end{pmatrix}$.

Lösung

A mit **E** erweitern, d. h., (**A** | **E**):

$$\left(\begin{array}{ccc|ccc} 0 & 4 & 2 & 1 & 0 & 0 \\ -1 & 3 & -3 & 0 & 1 & 0 \\ 2 & -1 & 6 & 0 & 0 & 1 \end{array}\right) \quad \begin{array}{l} \leftarrow \\ \\ \leftarrow \end{array}$$

Zeilentausch:

$$\left(\begin{array}{ccc|ccc} 2 & -1 & 6 & 0 & 0 & 1 \\ -1 & 3 & -3 & 0 & 1 & 0 \\ 0 & 4 & 2 & 1 & 0 & 0 \end{array}\right) \quad \begin{array}{l} \urcorner \\ \leftarrow \cdot 2 \\ \\ \end{array}$$

$$\left(\begin{array}{ccc|ccc} 2 & -1 & 6 & 0 & 0 & 1 \\ 0 & 5 & 0 & 0 & 2 & 1 \\ 0 & 4 & 2 & 1 & 0 & 0 \end{array}\right) \quad \begin{array}{l} \\ \cdot(-4) \\ \leftarrow \cdot 5 \end{array}$$

A in Dreiecksform umgeformt:

$$\left(\begin{array}{ccc|ccc} 2 & -1 & 6 & 0 & 0 & 1 \\ 0 & 5 & 0 & 0 & 2 & 1 \\ 0 & 0 & 10 & 5 & -8 & -4 \end{array}\right) \quad \begin{array}{l} \leftarrow \cdot 5 \\ \\ \cdot(-3) \end{array}$$

$$\left(\begin{array}{ccc|ccc} 10 & -5 & 0 & -15 & 24 & 17 \\ 0 & 5 & 0 & 0 & 2 & 1 \\ 0 & 0 & 10 & 5 & -8 & -4 \end{array}\right) \quad \begin{array}{l} \leftarrow \\ \lrcorner \\ \\ \end{array}$$

$$\left(\begin{array}{ccc|ccc} 10 & 0 & 0 & -15 & 26 & 18 \\ 0 & 5 & 0 & 0 & 2 & 1 \\ 0 & 0 & 10 & 5 & -8 & -4 \end{array}\right) \quad \begin{array}{l} :10 \\ :5 \\ :10 \end{array}$$

($\mathbf{E} \mid \mathbf{A}^{-1}$):

$$\left(\begin{array}{ccc|ccc} 1 & 0 & 0 & -1{,}5 & 2{,}6 & 1{,}8 \\ 0 & 1 & 0 & 0 & 0{,}4 & 0{,}2 \\ 0 & 0 & 1 & 0{,}5 & -0{,}8 & -0{,}4 \end{array}\right)$$

Inverse von A:

$$\mathbf{A}^{-1} = \begin{pmatrix} -1{,}5 & 2{,}6 & 1{,}8 \\ 0 & 0{,}4 & 0{,}2 \\ 0{,}5 & -0{,}8 & -0{,}4 \end{pmatrix}$$

Ausklammern ergibt:

$$\mathbf{A}^{-1} = \frac{1}{10}\begin{pmatrix} -15 & 26 & 18 \\ 0 & 4 & 2 \\ 5 & -8 & -4 \end{pmatrix}$$

Probe: $\mathbf{A} \cdot \mathbf{A}^{-1} = \begin{pmatrix} 0 & 4 & 2 \\ -1 & 3 & -3 \\ 2 & -1 & 6 \end{pmatrix} \cdot \begin{pmatrix} -1{,}5 & 2{,}6 & 1{,}8 \\ 0 & 0{,}4 & 0{,}2 \\ 0{,}5 & -0{,}8 & -0{,}4 \end{pmatrix} = \begin{pmatrix} 1 & 0 & 0 \\ 0 & 1 & 0 \\ 0 & 0 & 1 \end{pmatrix} = \mathbf{E}$

Bemerkung: Zur Berechnung der Inversen von **A** dürfen in (**A** | **E**) zwar Zeilen, jedoch **keine Spalten vertauscht** werden.

Beachten Sie: Umformung zur Bestimmung der Inversen von A

$(\mathbf{A} \mid \mathbf{E}) \longrightarrow (\mathbf{E} \mid \mathbf{A}^{-1})$

3) Gegeben ist die Matrix $\mathbf{A}^{-1}$ mit $\mathbf{A}^{-1} = \begin{pmatrix} 6 & -2 & 3 \\ 14 & -4 & 6 \\ 6 & -3 & 4 \end{pmatrix}$.

a) Bestimmen Sie die Matrix **A.**

b) Die Matrix **B** ist festgelegt durch $\mathbf{B} = \left(\frac{1}{3} \cdot \mathbf{A}\right)^{-1}$.

Geben Sie **B** an.

Lösung

a) Es gilt: $\mathbf{A} = (\mathbf{A}^{-1})^{-1}$

Bestimmung der **Inversen von $\mathbf{A}^{-1}$**

Für **A** erhält man: $\mathbf{A} = (\mathbf{A}^{-1})^{-1} = \begin{pmatrix} -1 & 0{,}5 & 0 \\ 10 & -3 & -3 \\ 9 & -3 & -2 \end{pmatrix}$

b) Es gilt: $\mathbf{B} = \left(\frac{1}{3} \cdot \mathbf{A}\right)^{-1} = \left(\frac{1}{3}\right)^{-1} \cdot \mathbf{A}^{-1} = 3 \cdot \mathbf{A}^{-1}$

Ergebnis: $\mathbf{B} = 3 \cdot \begin{pmatrix} 6 & -2 & 3 \\ 14 & -4 & 6 \\ 6 & -3 & 4 \end{pmatrix}$

4) Für die invertierbaren Matrizen **A** und **B** gilt: **A · B = 5E**

Bestimmen Sie $\mathbf{A}^{-1}$.

Lösung

Aus **A · B** = 5**E** folgt: $\mathbf{A} \cdot \frac{1}{5}\mathbf{B} = \mathbf{E}$

D. h., $\frac{1}{5}\mathbf{B}$ ist die Inverse von **A.** $\mathbf{A}^{-1} = \frac{1}{5}\mathbf{B}$

5) Zeigen Sie, dass $\mathbf{A} = \begin{pmatrix} 1 & 1 \\ t & 1 \end{pmatrix}$ die Inverse von $\mathbf{B} = \frac{1}{t-1}\begin{pmatrix} -1 & 1 \\ t & -1 \end{pmatrix}$; $t \neq 1$ ist.

Lösung

Wenn **A** die Inverse von **B** ist, gilt: **A · B = E**

Multiplikation: $\begin{pmatrix} 1 & 1 \\ t & 1 \end{pmatrix} \cdot \begin{pmatrix} -1 & 1 \\ t & -1 \end{pmatrix} \frac{1}{t-1}$

$= \begin{pmatrix} t-1 & 0 \\ 0 & t-1 \end{pmatrix} \frac{1}{t-1} = \begin{pmatrix} 1 & 0 \\ 0 & 1 \end{pmatrix} = \mathbf{E}$

Die Matrix **A** erfüllt die Eigenschaft **A · B = E.**

A ist somit die **Inverse von B.**

Eigenschaften:

$\mathbf{A} \cdot \mathbf{A}^{-1} = \mathbf{A}^{-1} \cdot \mathbf{A} = \mathbf{E}$

$(\mathbf{A}^{-1})^{-1} = \mathbf{A}$ Die Inverse von $\mathbf{A}^{-1}$ ist wieder **A.**

$(k \cdot \mathbf{A})^{-1} = \frac{1}{k} \cdot \mathbf{A}^{-1}$; $k \neq 0$

$\mathbf{E}^{-1} = \mathbf{E}$

Aufgaben

1. Berechnen Sie die Inverse von **A**.

a) $\mathbf{A} = \begin{pmatrix} 1 & 6 \\ 2 & 3 \end{pmatrix}$ b) $\mathbf{A} = \begin{pmatrix} 7 & -2 \\ 1 & -3 \end{pmatrix}$ c) $\mathbf{A} = \begin{pmatrix} 5 & 4 \\ 0 & 1 \end{pmatrix}$

d) $\mathbf{A} = \begin{pmatrix} 4 & -5 & 3 \\ -1 & 2 & -1 \\ -3 & 4 & -2 \end{pmatrix}$ e) $\mathbf{A} = \begin{pmatrix} 4 & 1 & 2 \\ -1 & 0 & 0 \\ 2 & -3 & 1 \end{pmatrix}$ f) $\mathbf{A} = \begin{pmatrix} 0 & 0 & 2 \\ 0 & -2 & 0 \\ 1 & 0 & 0 \end{pmatrix}$

g) $\mathbf{A} = \frac{1}{8}\begin{pmatrix} 1 & 0 & 1 \\ 3 & 2 & 2 \\ 4 & 3 & 1 \end{pmatrix}$ h) $\mathbf{A} = \begin{pmatrix} 6 & 3 & 2 \\ -2 & 3 & 1 \\ -3 & 4 & 2 \end{pmatrix}$ i) $\mathbf{A} = \begin{pmatrix} 2 & 0 & 0 \\ 0 & 4 & 0 \\ 0 & 0 & 5 \end{pmatrix}$

2. Berechnen Sie $\mathbf{A}^{-1}$ und $(\mathbf{E} - \mathbf{A})^{-1}$ für $\mathbf{A} = \begin{pmatrix} 0 & 1 & -1 \\ 2 & 2 & -4 \\ 4 & -1 & 0 \end{pmatrix}$.

3. Zeigen Sie, dass für die gegebene Matrix **A** gilt: $\mathbf{A}^{-1} = \mathbf{A}^{T}$.

a) $\mathbf{A} = \frac{1}{5}\begin{pmatrix} 3 & 4 \\ -4 & 3 \end{pmatrix}$ b) $\mathbf{A} = \begin{pmatrix} 0 & 1 & 0 \\ 1 & 0 & 0 \\ 0 & 0 & 1 \end{pmatrix}$

4. Bestimmen Sie **A,** wenn $\mathbf{A}^{-1} = \frac{1}{4}\begin{pmatrix} 2 & 10 & -7 \\ 0 & 4 & -2 \\ 0 & -8 & 6 \end{pmatrix}$ ist.

5. Bestimmen Sie r und s so, dass gilt: $r \cdot \mathbf{B} + s \cdot \mathbf{B}^{-1} = 2\mathbf{E}$ mit $\mathbf{B} = \begin{pmatrix} 3 & -1 \\ 2 & 0 \end{pmatrix}$.

6. Gegeben sind die Matrizen **A** und **B** durch $\mathbf{A} = \begin{pmatrix} 3 & -3 & 0 \\ 2 & 5 & -1 \\ 4 & -1 & 1 \end{pmatrix}$ und $\mathbf{B} = \frac{1}{30}\begin{pmatrix} 4 & 3 & 3 \\ -6 & 3 & 3 \\ -22 & -9 & 21 \end{pmatrix}$.

   Zeigen Sie, dass **B** die inverse Matrix von **A** ist, ohne die inverse Matrix zu berechnen.

7. Gegeben sind die Vektoren $\vec{k} = (2 \quad 1 \quad 4)$, $\vec{p} = \begin{pmatrix} 5 \\ 2 \\ 1 \end{pmatrix}$ und die Matrix $\mathbf{A} = \begin{pmatrix} 1 & 2 & 1 \\ 2 & 1 & 3 \\ 4 & 1 & 5 \end{pmatrix}$.

   Berechnen Sie.

   a) $\vec{k} \cdot \vec{p}$ b) $\vec{k} \cdot \mathbf{A}^{-1} \cdot \vec{p}$ c) $\mathbf{A}^{-1} \cdot \begin{pmatrix} 2t \\ 0 \\ t \end{pmatrix}$ d) $(t \quad 1 \quad -1) \cdot \mathbf{A}^{-1}$

8. Zeigen Sie, dass die Matrizen $\mathbf{A} = \begin{pmatrix} 1 & 4 & 2 \\ 2 & 3 & 5 \\ 2 & 5 & 5 \end{pmatrix}$ und $\mathbf{B} = \begin{pmatrix} 5 & 5 & -7 \\ 0 & -0{,}5 & 0{,}5 \\ -2 & -1{,}5 & 2{,}5 \end{pmatrix}$

   invers zueinander sind und leiten Sie mithilfe des Gauß-Algorithmus ausgehend von **A** die inverse Matrix **B** her.

3.1.2 Existenz der inversen Matrix

Beispiele

1) Gegeben sind die quadratischen Matrizen **A** und **B** durch

$$\mathbf{A} = \begin{pmatrix} 1 & 2 & -3 \\ 0 & 2 & 4 \\ 1 & 2 & -2 \end{pmatrix} \text{ und } \mathbf{B} = \begin{pmatrix} 1 & 2 & -3 \\ 0 & 2 & 4 \\ 1 & 2 & -3 \end{pmatrix}.$$

Überprüfen Sie, ob die Matrizen **A** und **B** inverse Matrizen besitzen.

Lösung

Berechnung der Inversen von **A**

$(\mathbf{A} \mid \mathbf{E})$

$$\left(\begin{array}{ccc|ccc} 1 & 2 & -3 & 1 & 0 & 0 \\ 0 & 2 & 4 & 0 & 1 & 0 \\ 1 & 2 & -2 & 0 & 0 & 1 \end{array}\right)$$

$$\left(\begin{array}{ccc|ccc} 1 & 2 & -3 & 1 & 0 & 0 \\ 0 & 2 & 4 & 0 & 1 & 0 \\ 0 & 0 & 1 & -1 & 0 & 1 \end{array}\right)$$

Durch **weitere Umformung** erhält man auf der linken Seite die **Einheitsmatrix.**

Umformung auf $(\mathbf{E} \mid \mathbf{A}^{-1})$ ist möglich.

$$\left(\begin{array}{ccc|ccc} 1 & 0 & 0 & -6 & -1 & 7 \\ 0 & 1 & 0 & 2 & 0{,}5 & -2 \\ 0 & 0 & 1 & -1 & 0 & 1 \end{array}\right)$$

Die **Inverse von A existiert.**

Berechnung der Inversen von **B**

$(\mathbf{B} \mid \mathbf{E})$

$$\left(\begin{array}{ccc|ccc} 1 & 2 & -3 & 1 & 0 & 0 \\ 0 & 2 & 4 & 0 & 1 & 0 \\ 1 & 2 & -3 & 0 & 0 & 1 \end{array}\right)$$

$$\left(\begin{array}{ccc|ccc} 1 & 2 & -3 & 1 & 0 & 0 \\ 0 & 2 & 4 & 0 & 1 & 0 \\ 0 & 0 & 0 & -1 & 0 & 1 \end{array}\right)$$

Es gibt keine Umformung, sodass man auf der linken Seite die Einheitsmatrix erhält.

Umformung auf $(\mathbf{E} \mid \quad)$ ist **nicht** möglich.

Die **Inverse von B existiert nicht.**

Kriterium für die Existenz der inversen Matrix

Die inverse Matrix einer quadratischen (n, n)-Matrix **A** existiert, wenn die Umformung von **A** in die Dreiecksform keine Nullzeile ergibt: $\text{Rg}(\mathbf{A}) = n$.

Beispiele für Matrizen, die keine inverse Matrix besitzen.

a) $\mathbf{A} = \begin{pmatrix} 2 & 0 & -1 \\ -3 & 0 & 3 \\ 1 & 0 & 8 \end{pmatrix} \sim \begin{pmatrix} 2 & 0 & -1 \\ 0 & 0 & 3 \\ 0 & 0 & 0 \end{pmatrix}$

Matrizen mit einer Nullzeile oder einer Nullspalte sind **nicht invertierbar.**

b) $\mathbf{B} = \begin{pmatrix} 5 & -4 \\ -4 & 1 \\ 2 & -3 \end{pmatrix}; \mathbf{C} = \begin{pmatrix} 3 & -4 & -4 \\ 1 & 2 & -3 \end{pmatrix}$

Nichtquadratische Matrizen sind **nicht invertierbar.**

2) Gegeben sind die Matrix **A** und der Vektor $\vec{b}$ durch

$$\mathbf{A} = \begin{pmatrix} 1 & 0 & 2 \\ -2 & 2 & -3 \\ 3 & 0 & 5 \end{pmatrix} \text{ und } \vec{b} = \begin{pmatrix} 3 \\ -4 \\ 6 \end{pmatrix}.$$

Überprüfen Sie, ob die Inverse von **A** existiert.

Untersuchen Sie das Gleichungssystem $\mathbf{A}\vec{x} = \vec{b}$ auf Lösbarkeit.

Lösung

Umformung von **A** in eine Dreiecksform: $\begin{pmatrix} 1 & 0 & 2 \\ -2 & 2 & -3 \\ 3 & 0 & 5 \end{pmatrix} \sim \begin{pmatrix} 1 & 0 & 2 \\ 0 & 2 & 1 \\ 0 & 0 & -1 \end{pmatrix}$

Die Umformung von **A** in eine Dreiecksform ergibt keine Nullzeile.

Die Inverse von A existiert.

Lösbarkeit von $\mathbf{A}\vec{x} = \vec{b}$.

Umformung von $(\mathbf{A} \mid \vec{b})$ in eine Dreiecksform: $\left(\begin{array}{ccc|c} 1 & 0 & 2 & 3 \\ 0 & 2 & 1 & 2 \\ 0 & 0 & -1 & -3 \end{array}\right)$

Das LGS ist eindeutig lösbar.

3) Gegeben ist die Matrix $\mathbf{A} = \begin{pmatrix} 1 & 1 & 1 \\ 3 & 2 & 1 \\ 2 & 1 & 0 \end{pmatrix}$.

Überprüfen Sie, ob die Inverse von **A** existiert.

Untersuchen Sie das Gleichungssystem $\mathbf{A}\vec{x} = \vec{b}$ auf Lösbarkeit. Nehmen Sie Stellung.

Lösung

Umformung von **A** in eine Dreiecksform: $\begin{pmatrix} 1 & 1 & 1 \\ 3 & 2 & 1 \\ 2 & 1 & 0 \end{pmatrix} \sim \begin{pmatrix} 1 & 0 & -2 \\ 0 & 1 & 2 \\ 0 & 0 & 0 \end{pmatrix}$

Die Umformung von **A** in eine Dreiecksform ergibt eine Nullzeile.

Die Inverse von A existiert nicht.

Das Gleichungssystem $\mathbf{A}\vec{x} = \vec{b}$ ist **nicht eindeutig lösbar.**

Die Inverse von A existiert nicht und das LGS $(\mathbf{A} \mid \vec{b})$ ist nicht eindeutig lösbar.

Zusammenhang zwischen der Existenz von $\mathbf{A}^{-1}$ und der Lösbarkeit des LGS $\mathbf{A}\vec{x} = \vec{b}$ für eine quadratische Matrix **A.**

Die Inverse von **A** **existiert.** <=> $\mathbf{A}\vec{x} = \vec{b}$ ist **eindeutig lösbar.** <=> $\vec{x} = \mathbf{A}^{-1}\vec{b}$

Oder:

Die Inverse von **A** **existiert nicht.** <=> $\mathbf{A}\vec{x} = \vec{b}$ ist **nicht eindeutig lösbar.**

Beachten Sie: Nach der Umformung einer Matrix **A** in eine **Dreiecksform** erkennt man, ob die Inverse von **A** existiert.

4) Gegeben ist die Matrix $\mathbf{A_t}$ durch $\mathbf{A_t} = \begin{pmatrix} 1 & 2 & 2 \\ -1 & -2t & -2t-2 \\ 1 & 2 & -t^2+2t+2 \end{pmatrix}$.

a) Für welche Werte von $t \in \mathbf{R}$ hat $\mathbf{A_t}$ eine Inverse?

b) Machen Sie eine Aussage über die Lösbarkeit des LGS $\mathbf{A}_1\vec{x} = \vec{o}$.

Lösung

a) Umformung der Koeffizientenmatrix $\mathbf{A}_t$ in eine Dreiecksform:

$$\begin{pmatrix} 1 & 2 & 2 \\ -1 & -2t & -2t-2 \\ 1 & 2 & -t^2+2t+2 \end{pmatrix} \sim \begin{pmatrix} 1 & 2 & 2 \\ 0 & 2-2t & -2t \\ 0 & 0 & t(2-t) \end{pmatrix}$$

Die Inverse von $\mathbf{A}_t$ existiert, wenn alle Diagonalelemente ungleich null sind.

Untersuchung der Diagonalelemente: $t(2-t) = 0$

$t_1 = 0;\ t_2 = 2$

Weiteres Diagonalelement: $2 - 2t = 0$

$t_3 = 1$

Für $t \in \mathbf{R}\setminus\{0; 1; 2\}$ **existiert die Inverse von $\mathbf{A_t}$.**

b) Für t = 1 existiert die Inverse von $\mathbf{A}_1$ nicht.

Das homogene LGS $(\mathbf{A_1}|\,\vec{o})$ ist somit nicht eindeutig lösbar,

d. h., es ist mehrdeutig lösbar.

Aufgaben

1. Untersuchen Sie, ob die Matrix **A** eine Inverse besitzt.

a) $\mathbf{A} = \begin{pmatrix} 1 & 2 & 1 \\ 0 & 3 & 0 \\ 0 & 0 & 5 \end{pmatrix}$ b) $\mathbf{A} = \begin{pmatrix} 1 & 2 & 1 \\ 0 & 0 & 4 \\ 0 & 0 & 5 \end{pmatrix}$ c) $\mathbf{A} = \begin{pmatrix} 0 & 1 & 4 \\ 0 & -4 & -3 \\ 0 & -5 & 5 \end{pmatrix}$

d) $\mathbf{A} = \begin{pmatrix} 1 & 2 & -3 \\ 0 & 2 & 4 \\ 1 & 2 & -2 \end{pmatrix}$ e) $\mathbf{A} = \begin{pmatrix} 1 & 2 & -3 \\ 0 & 2 & 4 \\ 1 & 2 & -3 \end{pmatrix}$ f) $\mathbf{A} = \begin{pmatrix} 6 & 1 \\ -2 & 3 \\ -3 & 4 \end{pmatrix}$

g) $\mathbf{A} = \begin{pmatrix} 3 & 4 & 7 \\ 2 & -1 & 8 \end{pmatrix}$ h) $\mathbf{A} = \begin{pmatrix} 1 & 0 & 0 \\ 0 & 1 & 0 \\ 0 & 0 & 1 \end{pmatrix}$ i) $\mathbf{A} = \begin{pmatrix} 0 & 0 & -1 \\ 0 & 3 & 0 \\ 2 & 0 & 0 \end{pmatrix}$

2. Gegeben ist die Matrix $\mathbf{A_t}$ durch $\mathbf{A_t} = \begin{pmatrix} 1 & 2 & 2 \\ 0 & 4 & -5 \\ 0 & 0 & t^3-5t^2+6t \end{pmatrix}$.

Für welche Werte von $t \in \mathbf{R}$ hat $\mathbf{A_t}$ eine Inverse?

3. Gegeben sind die zu **A** inverse Matrix $\mathbf{A}^{-1}$ und der Vektor $\vec{b}$ durch

$$\mathbf{A}^{-1} = \frac{1}{12}\begin{pmatrix} -6 & 6 & -3 \\ 6 & -2 & 1 \\ 12 & -8 & -2 \end{pmatrix} \text{ und } \vec{b} = \begin{pmatrix} 2 \\ -1 \\ 4 \end{pmatrix}.$$

Bestimmen Sie das zugehörige LGS $\mathbf{A}\vec{x} = \vec{b}$ und geben Sie die Lösung an.

4. Gegeben sind die Matrix **A** und der Vektor $\vec{b}$ durch

$$\mathbf{A} = \begin{pmatrix} 3 & 2 & 1 \\ 1 & 3 & 1 \\ -1 & 4 & 6 \end{pmatrix} \text{ und } \vec{b} = \begin{pmatrix} 6 \\ -2 \\ 2 \end{pmatrix}.$$

a) Bestimmen Sie a und b so, dass $\mathbf{B} = \frac{1}{35}\begin{pmatrix} 14 & -8 & -1 \\ a & 19 & -2 \\ 7 & -14 & b \end{pmatrix}$ die Inverse von **A** ist.

b) Lösen Sie das LGS $\mathbf{A}\vec{x} = \vec{b}$.

5. Lösen Sie das folgende lineare Gleichungssystem:

$$\begin{aligned} x_1 + x_2 + 2x_3 &= 5 \\ x_1 + 2x_2 &= -3 \\ x_2 + x_3 &= 1 \end{aligned}$$

Existiert die Inverse der zugehörigen Koeffizientenmatrix?

6. Gegeben ist die Matrix $\mathbf{A}_t = \begin{pmatrix} 1 & 2 & 2 \\ 1 & 1 & -t \\ -2 & t & -1 \end{pmatrix}$; $t \in \mathbf{R}$.

a) Für welche Werte von t existiert die zu $\mathbf{A}_t$ inverse Matrix $\mathbf{A}_t^{-1}$?

Berechnen Sie die zu $\mathbf{A}_2$ inverse Matrix $\mathbf{A}_2^{-1}$.

b) Welche Folgerungen lassen sich daraus für die Lösbarkeit des LGS

$\mathbf{A}_t\vec{x} = \vec{o}$ ziehen? Bestimmen Sie den Lösungsvektor für t = 2 und für t = – 1.

7. Gegeben ist die Matrix **A** durch $\mathbf{A} = \frac{1}{10}\begin{pmatrix} 1 & 1 & 2 \\ 3 & 2 & 1 \\ 4 & 1 & 3 \end{pmatrix}$.

Ordnet man jedem Buchstaben in der Reihenfolge des Alphabets die Zahlen 1 bis 26 zu, lassen sich Wörter aus 9 Buchstaben verschlüsseln.

Das Verfahren wird an einem Beispiel erläutert.

Das Wort **OBERSTUFE** ergibt (15 2 5 16 19 20 21 6 5).

Daraus wird die Matrix $\begin{pmatrix} 15 & 2 & 5 \\ 16 & 19 & 20 \\ 21 & 6 & 5 \end{pmatrix}$.

Diese Matrix wird dann von links mit $\mathbf{A}^{-1}$ multipliziert.

Ein anderes Wort wird durch diese Verschlüsselungsprozedur dargestellt als $\begin{pmatrix} 6 & -61 & -7 \\ 60 & 25 & 95 \\ 2 & 143 & 21 \end{pmatrix}$.

Nennen Sie dieses Wort.

3.2 Matrizengleichungen

Beispiele von Matrizengleichungen

Bisher: $\mathbf{A} \cdot \vec{x} = \vec{b}$ — **Neu:** $\mathbf{AX} = \mathbf{B}$

Gesucht: **Lösungsvektor** $\vec{\mathbf{x}}$ — Gesucht: **Lösungsmatrix X**

Zur Auflösung von Matrizengleichungen kann die inverse Matrix hilfreich sein.

Die bei der Umformung auftretenden Matrizen seien invertierbar.

Auflösung von Matrizengleichungen

Beispiele

1) Gegeben sind die Matrizen **A** und **B** durch $\mathbf{A} = \begin{pmatrix} 2 & 0 & 0 \\ 0 & 1 & -1 \\ 4 & 0 & 1 \end{pmatrix}$ und $\mathbf{B} = \begin{pmatrix} 2 & 0 & 2 \\ -2 & 2 & -3 \\ 3 & 0 & 5 \end{pmatrix}$.

Lösen Sie folgende Matrizengleichungen nach **X** auf und berechnen Sie **X.**

a) $\mathbf{AX} = \mathbf{B}$ b) $\mathbf{XA} = \mathbf{B}$

Lösung

a) Beide Seiten mit $\mathbf{A}^{-1}$ multiplizieren: $\mathbf{AX} = \mathbf{B}$ $\quad | \cdot \mathbf{A}^{-1}$ von links

Mit $\mathbf{A}^{-1}\mathbf{A} = \mathbf{E}$ und $\mathbf{EX} = \mathbf{X}$: $\mathbf{A}^{-1}\mathbf{AX} = \mathbf{A}^{-1}\mathbf{B}$

$\mathbf{EX} = \mathbf{A}^{-1}\mathbf{B}$

Gesuchte Matrix: $\mathbf{X} = \mathbf{A}^{-1}\mathbf{B}$

Bemerkung: Die Multiplikation von rechts führt **nicht zum Ziel.**

$\mathbf{AX} = \mathbf{B} \mid \cdot \mathbf{A}^{-1}$ **von rechts** <=> $\mathbf{AXA}^{-1} = \mathbf{BA}^{-1}$

$\mathbf{AXA}^{-1}$ lässt sich nicht umformen.

Beachten Sie: $\mathbf{A}^{-1}\mathbf{A} = \mathbf{E} = \mathbf{AA}^{-1}$ $\quad$ $\mathbf{EX} = \mathbf{XE} = \mathbf{X}$

b) Beide Seiten mit $\mathbf{A}^{-1}$ multiplizieren: $\mathbf{XA} = \mathbf{B}$ $\quad | \cdot \mathbf{A}^{-1}$ von rechts

Mit $\mathbf{AA}^{-1} = \mathbf{E}$ und $\mathbf{XE} = \mathbf{X}$: $\mathbf{XAA}^{-1} = \mathbf{BA}^{-1}$

$\mathbf{XE} = \mathbf{BA}^{-1}$

Gesuchte Matrix: $\mathbf{X} = \mathbf{BA}^{-1}$

Berechnung von **X** mit $\mathbf{A}^{-1} = \begin{pmatrix} 0{,}5 & 0 & 0 \\ -2 & 1 & 1 \\ -2 & 0 & 1 \end{pmatrix}$

Lösung für a) $\mathbf{X} = \mathbf{A}^{-1}\mathbf{B} = \begin{pmatrix} 0{,}5 & 0 & 0 \\ -2 & 1 & 1 \\ -2 & 0 & 1 \end{pmatrix}\begin{pmatrix} 2 & 0 & 2 \\ -2 & 2 & -3 \\ 3 & 0 & 5 \end{pmatrix} = \begin{pmatrix} 1 & 0 & 1 \\ -3 & 2 & -2 \\ -1 & 0 & 1 \end{pmatrix}$

Lösung für b) $\mathbf{X} = \mathbf{BA}^{-1} = \begin{pmatrix} 2 & 0 & 2 \\ -2 & 2 & -3 \\ 3 & 0 & 5 \end{pmatrix}\begin{pmatrix} 0{,}5 & 0 & 0 \\ -2 & 1 & 1 \\ -2 & 0 & 1 \end{pmatrix} = \begin{pmatrix} -3 & 0 & 2 \\ 1 & 2 & -1 \\ -8{,}5 & 0 & 5 \end{pmatrix}$

Beachten Sie: Die Gleichungen **AX** = **B** und **XA** = **B** haben im Allgemeinen **verschiedene Lösungen.**

2) Gegeben sind die Matrizen $\mathbf{A} = \begin{pmatrix} 3 & -1 & 1 \\ 3 & 5 & 3 \\ -1 & 3 & 2 \end{pmatrix}$ und $\mathbf{B} = \begin{pmatrix} 2 & -1 & 0 \\ 1 & 3 & 1 \\ 0 & 2 & 2 \end{pmatrix}$.

Lösen Sie die Matrizengleichung nach **X** auf: **AX – A = BX.**

Berechnen Sie **X.**

Lösung

Sortieren: $\mathbf{AX - A = BX} \quad | - \mathbf{BX} \quad | + \mathbf{A}$

$\mathbf{AX - BX = A}$

Ausklammern von **X** nach rechts: $\mathbf{(A - B)X = A}$

(Reihenfolge beachten)

Multiplizieren mit der Inversen

von links: $\mathbf{(A - B)X = A} \quad | \cdot \mathbf{(A - B)^{-1}}$

$\mathbf{(A - B)^{-1}(A - B)X = (A - B)^{-1}A}$

Mit $\mathbf{(A - B)^{-1}(A - B) = E}$: $\mathbf{EX = (A - B)^{-1}A}$

Gleichung formal nach **X** aufgelöst: $\mathbf{X = (A - B)^{-1}A}$

Berechnung von **A – B:** $\mathbf{A - B} = \begin{pmatrix} 1 & 0 & 1 \\ 2 & 2 & 2 \\ -1 & 1 & 0 \end{pmatrix}$

Berechnung von $\mathbf{(A - B)^{-1}}$: $\mathbf{(A - B)^{-1}} = \begin{pmatrix} -1 & 0{,}5 & -1 \\ -1 & 0{,}5 & 0 \\ 2 & -0{,}5 & 1 \end{pmatrix}$

Ergebnis: $\mathbf{X} = \begin{pmatrix} -0{,}5 & 0{,}5 & -1{,}5 \\ -1{,}5 & 3{,}5 & 0{,}5 \\ 3{,}5 & -1{,}5 & 2{,}5 \end{pmatrix}$

Ausklammern ergibt: $\mathbf{X} = \frac{1}{2}\begin{pmatrix} -1 & 1 & -3 \\ -3 & 7 & 1 \\ 7 & -3 & 5 \end{pmatrix}$

Beachten Sie beim Ausklammern:

AX + BX = (A + B)X	**Reihenfolge der Faktoren beachten.**
XA – BX	**Kein Ausklammern möglich.**
XA – 3X = X(A – 3E)	**3X = 3XE**
AX – X = (A – E)X	**X = EX = XE**
$\mathbf{A^2 + A = A(A + E)}$	$\mathbf{A^2 = A \cdot A}$

Bemerkung: **A** – 3 ist **nicht definiert.**

A – 3**E** ist definiert (**A** sei eine quadratische Matrix.)

Aufgaben

1. Lösen Sie die Matrizengleichung formal nach X auf.

a) $\mathbf{XB} = \mathbf{C}$ b) $\mathbf{AX} + \mathbf{B} = \mathbf{C}$ c) $(\mathbf{E} - \mathbf{A})\mathbf{X} = \mathbf{Y}$

d) $\mathbf{AX} - \mathbf{A} = \mathbf{X}$ e) $\mathbf{XA} = \mathbf{E} + \mathbf{A}$ f) $\mathbf{AX} - \mathbf{A} = \mathbf{A}^2 - \mathbf{X}$

g) $(\mathbf{E} - 3\mathbf{X})\mathbf{A} = \mathbf{XA}$ h) $\mathbf{A}(\mathbf{E} + \mathbf{X}) = \mathbf{X}$ i) $\mathbf{A} + \mathbf{X} = \mathbf{XA} - \mathbf{B}$

2. Zeigen Sie: $\mathbf{X} = (\mathbf{A} + \mathbf{E})^{-1}(\mathbf{A} - 2\mathbf{E})$ ist Lösung der Matrizengleichung $\mathbf{AX} + 2\mathbf{E} = \mathbf{A} - \mathbf{X}$.

3. Gegeben sind die Matrizen $\mathbf{A} = \begin{pmatrix} 1 & 1 & -1 \\ 0 & 2 & 3 \\ 2 & 1 & 1 \end{pmatrix}$ und $\mathbf{C} = 9\begin{pmatrix} 2 & 4 & -1 \\ 1 & 1 & -1 \\ 3 & 2 & 0 \end{pmatrix}$.

Berechnen Sie **X,** sodass $\mathbf{AX} = \mathbf{C}$ ist.

4. Gegeben sind die Matrix **A** und der Vektor $\vec{y}$ durch

$\mathbf{A} = \begin{pmatrix} 0{,}2 & 0{,}2 & 0{,}2 \\ 0 & 0{,}4 & 0{,}3 \\ 0{,}4 & 0{,}8 & 0{,}2 \end{pmatrix}$ und $\vec{y} = \begin{pmatrix} 18 \\ 6 \\ 2 \end{pmatrix}$.

Zeigen Sie: $(\mathbf{E} - \mathbf{A})^{-1} = \frac{1}{6}\begin{pmatrix} 12 & 16 & 9 \\ 6 & 28 & 12 \\ 12 & 36 & 24 \end{pmatrix}$.

Lösen Sie das LGS $\mathbf{A}\vec{x} + \vec{y} = \vec{x}$.

5. Bestätigen Sie: $\mathbf{X} = (\mathbf{E} - \mathbf{A})^{-1} \cdot \mathbf{Y}$ ist Lösung der Matrizengleichung $\mathbf{AX} + \mathbf{Y} = \mathbf{X}$.

6. Gegeben sind die Matrizen **A** und **B** durch $\mathbf{A} = \begin{pmatrix} 0 & 0 & -1 \\ 2 & -1 & 0 \\ 3 & 1 & 2 \end{pmatrix}$ und $\mathbf{B} = \begin{pmatrix} 3 & 1 & 0 \\ 2 & 0 & 0 \\ 0 & 0 & 1 \end{pmatrix}$.

Lösen Sie die Gleichung $\mathbf{XA} - \mathbf{A} = \mathbf{B} - 2\mathbf{X}$ nach **X** auf.

Berechnen Sie **X.** Überprüfen Sie, ob die Inverse von **X** existiert.

7. Gegeben sind die Matrizen $\mathbf{A} = \begin{pmatrix} 1 & 0 & -1 \\ 2 & 1 & 2 \\ -3 & 2 & 0 \end{pmatrix}$ und $\mathbf{B} = \begin{pmatrix} 0 & 2 & 0 \\ 1 & -2 & 0 \\ 0 & 0 & 3 \end{pmatrix}$.

Bestätigen Sie: $\mathbf{X} = \mathbf{A}^{-1}\mathbf{B} - \mathbf{E}$ ist Lösung der Matrizengleichung $\mathbf{AX} + \mathbf{A} = \mathbf{B}$.

Berechnen Sie **X.**

8. Gegeben ist die Matrix **A** durch $\mathbf{A} = \begin{pmatrix} -2 & -3 & 2 \\ 0 & 3 & 0 \\ 2 & -3 & -2 \end{pmatrix}$.

Zeigen Sie: $\mathbf{X} = (\mathbf{A} + \mathbf{E})^{-1}(\mathbf{A} - 3\mathbf{E})$ ist Lösung von $\mathbf{AX} + 3\mathbf{E} = \mathbf{A} - \mathbf{X}$.

Bestimmen Sie **X.**

II. Anwendungen

1 Lineare Verflechtung bei mehrstufigen Produktionsprozessen

Einige Problemstellungen, die bei einstufigen und mehrstufigen Produktionsprozessen auftreten, lassen sich mithilfe der Matrizenrechnung (Matrizenmultiplikation, Inversenbildung, lineare Gleichungssysteme) lösen.

1.1 Verflechtungsmatrizen

In einem zweistufigen Produktionsprozess werden z. B. aus zwei **Rohstoffen** R_1 und R_2 die **Zwischenprodukte** Z_1, Z_2 und Z_3 und daraus die **Endprodukte** E_1, E_2 und E_3 gefertigt.

Rohstoffe R_i ⟶ **Produktionsstufe 1** ⟶ **Zwischenprodukte** Z_j ⟶ **Produktionsstufe 2** ⟶ **Endprodukte** E_k

Beispiele

1) Die Herstellung von je 1 ME von Zwischenprodukt Z_1 erfordert 2 ME des Rohstoffs R_1 und 1 ME des Rohstoffs R_2. Die Produktion von je 1 ME von Zwischenprodukt Z_2 erfordert 3 ME des Rohstoffs R_1 und 2 ME von R_2. Für je 1 ME von Z_3 benötigt man 4 ME des Rohstoffs R_1 und 6 ME des Rohstoffs R_2. Für die Fertigstellung von je 1 ME des Endproduktes E_1 sind 2 ME von Zwischenprodukt Z_1, 1 ME von Z_2 und 5 ME von Z_3 erforderlich. Aus 1 ME Z_1, kein Z_2 und 1 ME von Z_3 wird 1 ME von E_2 erzeugt. Für die Produktion von E_3 sind pro ME jeweils 1 ME Z_1, 2 ME Z_2 und 3 ME von Z_3 erforderlich.
   a) Stellen Sie die zugehörigen Stücklisten und die Verflechtungsmatrizen auf.
   b) Wie viel ME der Rohstoffe werden für je eine ME der Endprodukte benötigt?

Lösung

a) **Darstellung der Verflechtung in Diagrammen.**

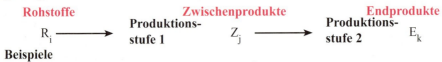

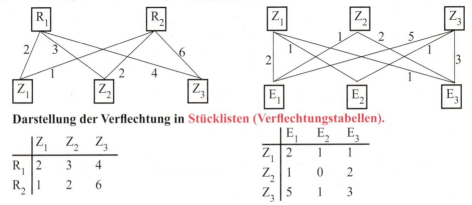

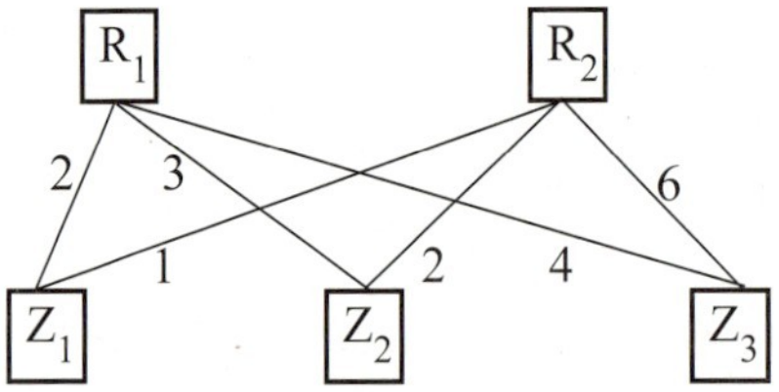

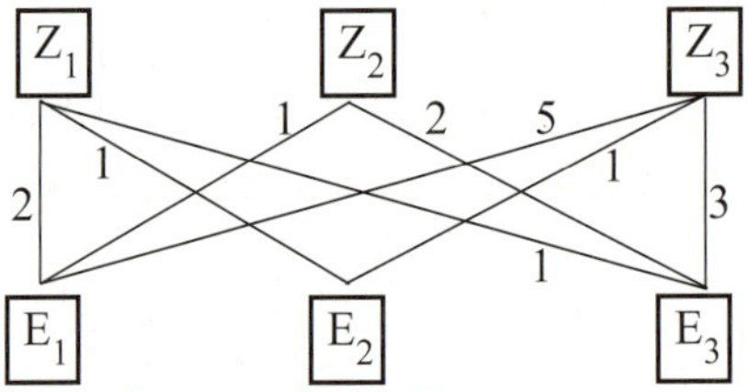

Darstellung der Verflechtung in Stücklisten (Verflechtungstabellen).

	Z_1	Z_2	Z_3
R_1	2	3	4
R_2	1	2	6

	E_1	E_2	E_3
Z_1	2	1	1
Z_2	1	0	2
Z_3	5	1	3

Aus den **Stücklisten** werden **Verflechtungsmatrizen** gebildet.

$\mathbf{A} = \begin{pmatrix} 2 & 3 & 4 \\ 1 & 2 & 6 \end{pmatrix}$

Rohstoff-Zwischenprodukt-Matrix A = (R, Z)

$\mathbf{B} = \begin{pmatrix} 2 & 1 & 1 \\ 1 & 0 & 2 \\ 5 & 1 & 3 \end{pmatrix}$

Zwischenprodukt-Endprodukt-Matrix B = (Z, E)

Beachten Sie: Die Matrix **A** enthält den **Rohstoffeinsatz** für die **Zwischenprodukte,** die Matrix **B** enthält den **Zwischenprodukteinsatz** für die **Endprodukte.**

b) Berechnung der **Rohstoff-Endprodukt-Matrix C**

Für die Produktion von **je einer ME E_1** braucht man

2 ME Z_1; für je 1 ME Z_1 braucht man 2 ME R_1, also insgesamt 4 ME R_1.
und 1 ME Z_2; für je 1 ME Z_2 braucht man 3 ME R_1, also insgesamt 3 ME R_1.
und 5 ME Z_3; für je 1 ME Z_3 braucht man 4 ME R_1, also insgesamt 20 ME R_1.
Für die Produktion von **je einer ME E_1** braucht man insgesamt **27** ME R_1.

Für die Produktion von **je einer ME E_1** braucht man

2 ME Z_1; für je 1 ME Z_1 braucht man 1 ME R_2, also insgesamt 2 ME R_2.
und 1 ME Z_2; für je 1 ME Z_2 braucht man 2 ME R_2, also insgesamt 2 ME R_2.
und 5 ME Z_3; für je 1 ME Z_3 braucht man 6 ME R_2, also insgesamt 30 ME R_2.
Für die Produktion von **je einer ME E_1** braucht man insgesamt **34** ME R_2.

Multiplikation der **Rohstoff-Zwischenprodukt-Matrix A** mit der 1. Spalte der **Zwischenprodukt-Endprodukt-Matrix B** ergibt:

$$\begin{pmatrix} 2 & 3 & 4 \\ 1 & 2 & 6 \end{pmatrix} \cdot \begin{pmatrix} 2 \\ 1 \\ 5 \end{pmatrix} = \begin{pmatrix} 27 \\ 34 \end{pmatrix}$$

Zur Herstellung je 1 ME des Endproduktes E_1 braucht man 27 ME von Rohstoff R_1 und 34 ME von R_2.

Multiplikation der **Rohstoff-Zwischenprodukt-Matrix A** mit der **Zwischenprodukt-Endprodukt-Matrix B** ergibt:

$$\begin{pmatrix} 2 & 3 & 4 \\ 1 & 2 & 6 \end{pmatrix} \cdot \begin{pmatrix} 2 & 1 & 1 \\ 1 & 0 & 2 \\ 5 & 1 & 3 \end{pmatrix} = \begin{pmatrix} 27 & 6 & 20 \\ 34 & 7 & 23 \end{pmatrix}$$ **Rohstoff-Endprodukt-Matrix C**

$$\mathbf{A} \cdot \mathbf{B} = \mathbf{C}$$

Beachten Sie: Die Matrix **C** enthält den **Rohstoffeinsatz** für die **Endprodukte.**

2) Ein Unternehmen fertigt aus den Baugruppen B_1, B_2 und B_3 drei Typen von Geräten G_1, G_2 und G_3.
Für die Herstellung dieser Baugruppen werden die Bauteile T_1, T_2 und T_3 benötigt.
Die Matrix **A** beschreibt den Bedarf an Bauteilen für die Baugruppen,
die Matrix **C** beschreibt den Bedarf an Bauteilen für die Gerätetypen.

$$\mathbf{A} = \begin{pmatrix} 4 & 2 & 2 \\ 3 & 3 & 2 \\ 1 & 4 & 3 \end{pmatrix}; \quad \mathbf{C} = \begin{pmatrix} 12 & 18 & 20 \\ 13 & 17 & 21 \\ 15 & 18 & 23 \end{pmatrix}$$

Bestimmen Sie die Matrix, die den Bedarf an Baugruppen für die verschiedenen Geräte angibt.

Lösung

Fertigungsschema

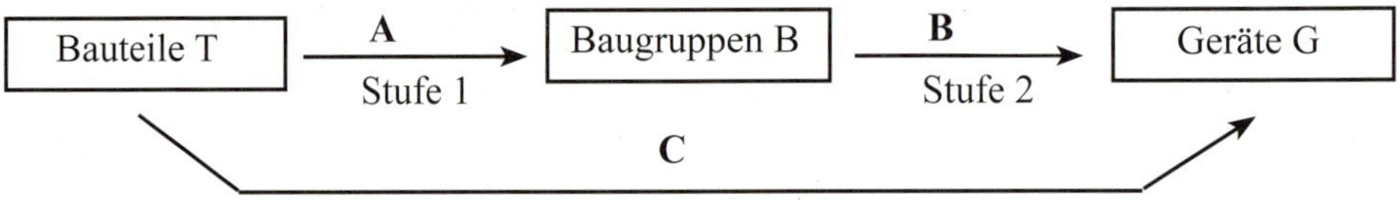

A = (T, B)-Matrix; **C** = (T, G)-Matrix

Gesucht ist die Matrix **B.**

Zusammenhang: $\mathbf{A} \cdot \mathbf{B} = \mathbf{C}$

Wenn die Inverse von **A** existiert, erhält man: $\mathbf{B} = \mathbf{A}^{-1} \cdot \mathbf{C}$

Bemerkung: Nur **quadratische** Verflechtungsmatrizen können eine **Inverse** haben.

Berechnung der Baugruppen-Geräte-Matrix **B**

mit Hilfe von $\mathbf{A}^{-1} = \frac{1}{8}\begin{pmatrix} 1 & 2 & -2 \\ -7 & 10 & -2 \\ 9 & -14 & 6 \end{pmatrix}$

Multiplikation ergibt $\mathbf{B} = \mathbf{A}^{-1} \cdot \mathbf{C}$ $\quad \mathbf{B} = \begin{pmatrix} 1 & 2 & 2 \\ 2 & 1 & 3 \\ 2 & 4 & 3 \end{pmatrix}$

Bemerkungen:

1) **Bedeutung** des Elements $b_{32} = 4$ der Baugruppen-Geräte-Matrix **B:**
Zur Herstellung **eines Geräts vom Typ G_2** benötigt man 4 Baugruppen B_3.

2) **B** ist die Matrix, die den Bedarf an Baugruppen für die verschiedenen Geräte angibt. Für **ein** Gerät, z. B. G_2, benötigt man folgende Baugruppen: 2 B_1, 1 B_2 und 4 B_3.

3) Ein Betrieb produziert aus den Rohstoffen R_1 und R_2 die Zwischenprodukte Z_1, Z_2 und Z_3 und daraus die Endprodukte E_1, E_2 und E_3. Der Materialfluss in Mengeneinheiten (ME) ist dem Diagramm und der Tabelle zu entnehmen.

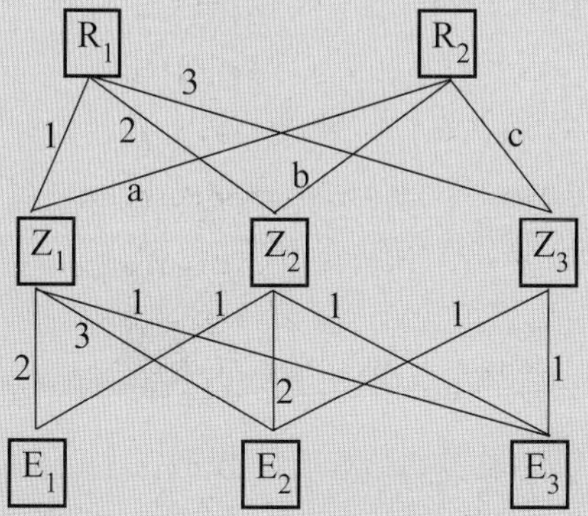

	E_1	E_2	E_3
R_1	...	...	...
R_2	3	8	5

Bestimmen Sie die Rohstoff-Endprodukt-Matrix.

Geben Sie den Verbrauch an Rohstoffen R_2 für je eine ME der Zwischenprodukte an, wenn a, b und c natürliche Zahlen ungleich null sind.

Lösung

Aus dem Diagramm liest man ab.

Rohstoff-Zwischenprodukt-Matrix: $\mathbf{A} = (R, Z) = \begin{pmatrix} 1 & 2 & 3 \\ a & b & c \end{pmatrix}$

Zwischenprodukt-Endprodukt-Matrix: $\mathbf{B} = (Z, E) = \begin{pmatrix} 2 & 3 & 1 \\ 1 & 2 & 1 \\ 0 & 1 & 1 \end{pmatrix}$

Berechnung von $\mathbf{A} \cdot \mathbf{B} = \mathbf{C}$: $\begin{pmatrix} 1 & 2 & 3 \\ a & b & c \end{pmatrix} \cdot \begin{pmatrix} 2 & 3 & 1 \\ 1 & 2 & 1 \\ 0 & 1 & 1 \end{pmatrix} = \begin{pmatrix} 4 & 10 & 6 \\ 2a+b & 3a+2b+c & a+b+c \end{pmatrix}$

Rohstoff-Endprodukt-Matrix: $\mathbf{C} = \begin{pmatrix} 4 & 10 & 6 \\ 3 & 8 & 5 \end{pmatrix}$

Durch den Vergleich von $\mathbf{A} \cdot \mathbf{B}$ mit $\mathbf{C} = \begin{pmatrix} 4 & 10 & 6 \\ 3 & 8 & 5 \end{pmatrix}$ ergibt sich ein lineares Gleichungssystem für a, b und c:

$$\begin{pmatrix} 4 & 10 & 6 \\ 2a+b & 3a+2b+c & a+b+c \end{pmatrix} = \begin{pmatrix} 4 & 10 & 6 \\ 3 & 8 & 5 \end{pmatrix}$$

$$a + b + c = 5$$
$$3a + 2b + c = 8$$
$$2a + b = 3$$

Mit $a, b, c \in \mathbf{N}^*$ kann die Gleichung $2a + b = 3$ nur gelöst werden für $a = 1$ und $b = 1$.

Einsetzen von $a = b = 1$ in die Gleichungen $3a + 2b + c = 8$ und $a + b + c = 5$ ergibt $c = 3$.

Ergebnis: Für eine ME von Z_1 braucht man 1 ME R_2, für eine ME von Z_2 braucht man 1 ME R_2 und für eine ME von Z_3 braucht man 3 ME R_2.

5 Bohner u.a. ISBN 978-3-8120-0452-7

Was man wissen sollte... über einen zweistufigen Produktionsprozess

Darstellung eines zweistufigen Produktionsprozesses

– durch Stücklisten:

	Z_1	Z_2	Z_3
R_1			
R_2			

	E_1	E_2	E_3
Z_1			
Z_2			
Z_3			

	E_1	E_2	E_3
R_1			
R_2			

– durch Verflechtungsmatrizen:

A = (R, Z)
Rohstoff-Zwischenprodukt-Matrix

B = (Z, E)
Zwischenprodukt-Endprodukt-Matrix

C = (R, E)
Rohstoff-Endprodukt-Matrix

– durch ein Fertigungsschema:

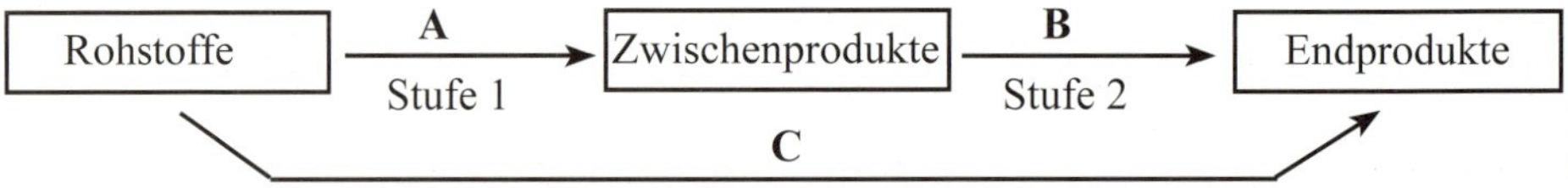

Beachten Sie: **Die Matrix A** beschreibt, wie viel ME der einzelnen Rohstoffe für je eine ME der Zwischenprodukte benötigt werden.
Die Matrix B beschreibt, wie viel ME der einzelnen Zwischenprodukte für je eine ME der Endprodukte benötigt werden.
Die Matrix C beschreibt, wie viel ME der einzelnen Rohstoffe für je eine ME der Endprodukte benötigt werden.

Bemerkung: Die **Zeilenzahl von B** muss mit der **Spaltenzahl von A** übereinstimmen.
Die **Zeilenzahl von C** muss mit der **Zeilenzahl von A** übereinstimmen.

Beachten Sie: **Zwischen den Verflechtungsmatrizen gilt der Zusammenhang:**

$$\mathbf{A} \cdot \mathbf{B} = \mathbf{C}$$

Merkregel: $(R, Z)_{(m,\, n)} \cdot (Z, E)_{(n,\, p)} = (R, E)_{(m,\, p)}$

Folgerungen für quadratische Matrizen (falls die Inversen existieren):

$$\mathbf{A} = \mathbf{C} \cdot \mathbf{B}^{-1}$$

$$\mathbf{B} = \mathbf{A}^{-1} \cdot \mathbf{C}$$

Bemerkung: Es wird unterstellt, dass die Rohstoffe **nur** über die Produktion der Zwischenprodukte in die Endprodukte eingehen.

Aufgaben

1. Ein Betrieb produziert in einem zweistufigen Produktionsprozess aus den Rohstoffen R_1, R_2 und R_3 die Zwischenprodukte Z_1, Z_2 und Z_3 und daraus die Endprodukte E_1, E_2 und E_3. Die Rohstoff-Zwischenprodukt-Matrix **A** und die Rohstoff-Endprodukt-Matrix **C** sind wie folgt gegeben (alle Angaben in Mengeneinheiten (ME)):

$$\mathbf{A} = \begin{pmatrix} 1 & 2 & 3 \\ 2 & 3 & 4 \\ 4 & 4 & 5 \end{pmatrix}; \quad \mathbf{C} = \begin{pmatrix} 14 & 13 & 19 \\ 20 & 19 & 27 \\ 27 & 27 & 35 \end{pmatrix}$$

Wie viel ME der einzelnen Zwischenprodukte werden für je eine ME der Endprodukte benötigt?

2. Ein Unternehmen stellt aus den Rohstoffen R_1, R_2 und R_3 die Zwischenprodukte Z_1, Z_2 und Z_3 und daraus die Endprodukte E_1, E_2, E_3 und E_4 her.
Der Materialfluss in Mengeneinheiten (ME) ist den Tabellen zu entnehmen.

	Z_1	Z_2	Z_3
R_1	2	1	2
R_2	3	1	2
R_3	4	2	3

	E_1	E_2	E_3	E_4
Z_1	a	d	3	1
Z_2	b	4	5	1
Z_3	c	1	3	6

	E_1	E_2	E_3	E_4
R_1	12	10	...	...
R_2	14	...	...	...
R_3	21	...	...	...

Berechnen Sie die Werte a, b, c und d und die fehlenden Werte in der Rohstoff-Endprodukt-Matrix.

3. Ein Fertiggaragenhersteller produziert aus zwei Rohstoffen R_1 und R_2 drei Baugruppen B_1, B_2 und B_3 und daraus drei Typen von Fertiggaragen G_1, G_2 und G_3.
Der Materialfluss in Mengeneinheiten (ME) ist dem Diagramm und der Tabelle zu entnehmen.

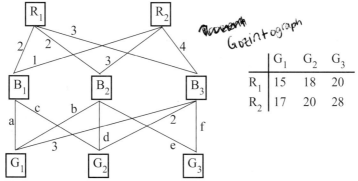

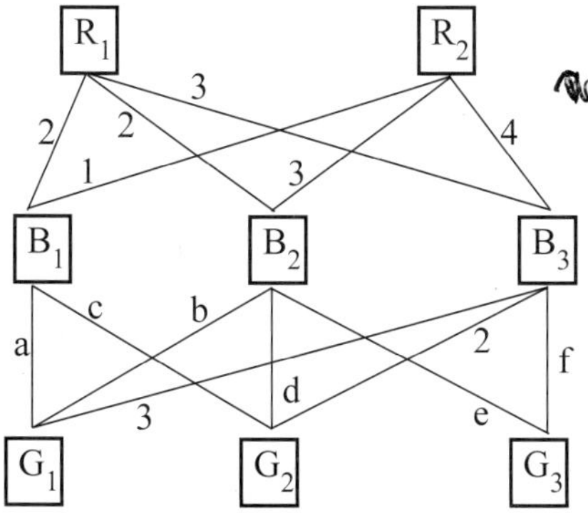

Gozintograph

	G_1	G_2	G_3
R_1	15	18	20
R_2	17	20	28

Bestimmen Sie die Matrix, die den Bedarf an Baugruppen je Fertiggaragentyp angibt.

1.2 Produktions- und Verbrauchsvektoren

Beispiel für eine einstufige Verflechtung

Ein Unternehmen stellt aus drei Rohstoffen R_1, R_2 und R_3 die Endprodukte E_1, E_2 und E_3 her. Die nebenstehende Stückliste gibt den Bedarf an Rohstoffen für je 1 ME der Endprodukte an.

	E_1	E_2	E_3
R_1	3	1	2
R_2	2	1	4
R_3	1	2	5

a) Wie viele Rohstoffe werden benötigt, um 2 ME von E_1, 5 ME von E_2 und 3 ME von E_3 herzustellen?

b) Wie viele Endprodukte können aus 27 ME von R_1, 35 ME von R_2 und 40 ME von R_3 hergestellt werden?

Lösung

Für die Produktion von **je einer ME** E_1 braucht man 3 ME R_1,
je einer ME E_2 braucht man 1 ME R_1,
je einer ME E_3 braucht man 2 ME R_1.

a) Für die Produktion von 2 ME von E_1, 5 ME von E_2 und 3 ME von E_3
– braucht man $(3 \cdot 2 + 1 \cdot 5 + 2 \cdot 3)$ ME R_1, also **17 ME** R_1.
– braucht man $(2 \cdot 2 + 1 \cdot 5 + 4 \cdot 3)$ ME R_2, also **21 ME** R_2.
– braucht man $(1 \cdot 2 + 2 \cdot 5 + 5 \cdot 3)$ ME R_3, also **27 ME** R_3.

Ergebnis: Für die Herstellung von 2 ME von E_1,5 ME von E_2 und 3 ME von E_3 werden 17 ME von R_1, 21 ME von R_2 und 27 ME von R_3 benötigt.

In Matrixschreibweise: $\begin{pmatrix} 3 & 1 & 2 \\ 2 & 1 & 4 \\ 1 & 2 & 5 \end{pmatrix} \cdot \begin{pmatrix} 2 \\ 5 \\ 3 \end{pmatrix} = (R, E) \cdot \vec{p} = \begin{pmatrix} 17 \\ 21 \\ 27 \end{pmatrix}$

b) Aus den Rohstoffen werden p_1 ME von E_1, p_2 ME von E_2 und p_3 ME von E_3 produziert.

Dann gilt für 27 ME R_1: $3 \cdot p_1 + 1 \cdot p_2 + 2 \cdot p_3 = 27$

für 35 ME R_2: $2 \cdot p_1 + 1 \cdot p_2 + 4 \cdot p_3 = 35$

und für 40 ME R_3: $1 \cdot p_1 + 2 \cdot p_2 + 5 \cdot p_3 = 40$

Das lineare Gleichungssystems für p_1, p_2, p_3: $\left(\begin{array}{ccc|c} 3 & 1 & 2 & 27 \\ 2 & 1 & 4 & 35 \\ 1 & 2 & 5 & 40 \end{array}\right) \sim \left(\begin{array}{ccc|c} 1 & 0 & 0 & 4 \\ 0 & 1 & 0 & 3 \\ 0 & 0 & 1 & 6 \end{array}\right)$
hat die Lösung $p_1 = 4, p_2 = 3, p_3 = 6$.

Ergebnis: Es können 4 ME von E_1, 3 ME von E_2 und 6 ME von E_3 hergestellt werden.

Produktionsvektor für die Endprodukte: $\vec{p} = (p_1 \;\; p_2 \;\; p_3)^T = (4 \;\; 3 \;\; 6)^T$

LGS in Matrixschreibweise: $\begin{pmatrix} 3 & 1 & 2 \\ 2 & 1 & 4 \\ 1 & 2 & 5 \end{pmatrix} \cdot \begin{pmatrix} p_1 \\ p_2 \\ p_3 \end{pmatrix} = (R, E) \cdot \vec{p} = \begin{pmatrix} 27 \\ 35 \\ 40 \end{pmatrix}$

Man unterscheidet folgende Vektoren:

Verbrauchsvektor für die Rohstoffe: $\vec{r} = \begin{pmatrix} r_1 \\ r_2 \\ r_3 \end{pmatrix}$

Produktionsvektor (Verbrauchsvektor)

– für die **Zwischenprodukte:** $\vec{z} = \begin{pmatrix} z_1 \\ z_2 \\ z_3 \end{pmatrix}$

– für die **Endprodukte:** $\vec{p} = \begin{pmatrix} p_1 \\ p_2 \\ p_3 \end{pmatrix}$

Dieser wird auch als **Produktionsvektor** $\vec{x}$ bezeichnet.

Beachten Sie: Diese **Produktionsvektoren (Verbrauchsvektoren)** besagen, wie viel ME an Rohstoffen bzw. Zwischenprodukten benötigt werden oder wie viel ME an Zwischenprodukten bzw. Endprodukten hergestellt werden.

Beispiele für zweistufige Verflechtungen

1) Ein Betrieb fertigt in einem zweistufigen Produktionsprozess aus den Rohstoffen R_1, R_2 und R_3 zunächst die Zwischenprodukte Z_1, Z_2 und Z_3 und daraus die Endprodukte E_1, E_2 und E_3.

Gegeben ist die Zwischenprodukt-Endprodukt-Matrix **B** mit $\mathbf{B} = \begin{pmatrix} 2 & 1 & 1 \\ 1 & 0 & 2 \\ 0 & 1 & 3 \end{pmatrix}$.

a) Wie viele Zwischenprodukte werden benötigt, um 6 ME von E_1, 7 ME von E_2 und 5 ME von E_3 herzustellen?

b) Wie viel Endprodukte können aus 34 ME Z_1, 26 ME von Z_2 und 30 ME von Z_3 hergestellt werden?

Lösung

a) Die Matrix **B** gibt an, wie viel ME an Zwischenprodukten für die Herstellung von je einer ME der Endprodukte gebraucht werden.

Für die Produktion von **je einer ME** E_1 braucht man 2 ME Z_1,
je einer ME E_2 braucht man 1 ME Z_1,
je einer ME E_3 braucht man 1 ME Z_1.

Für die Produktion von 6 ME von E_1, 7 ME von E_2 und 5 ME von E_3 braucht man $(2 \cdot 6 + 1 \cdot 7 + 1 \cdot 5)$ ME Z_1, also **24 ME** Z_1.

Ebenso:

Für die Produktion von 6 ME von E_1, 7 ME von E_2 und 5 ME von E_3 braucht man $(1 \cdot 6 + 0 \cdot 7 + 2 \cdot 5)$ ME Z_2, also **16 ME** Z_2.

Für die Produktion von 6 ME von E_1, 7 ME von E_2 und 5 ME von E_3 braucht man $(0 \cdot 6 + 1 \cdot 7 + 3 \cdot 5)$ ME Z_3, also **22 ME** Z_3.

Ergebnis: Es werden 24 ME von Z_1, 16 ME von Z_2 und 22 ME von Z_3 benötigt.
D. h., die Multiplikation von **B** mit dem Produktionsvektor für die Endprodukte $\vec{p}$ ergibt den Verbrauchsvektor für die Zwischenprodukte $\vec{z}$.

In Matrixschreibweise: $\begin{pmatrix} 2 & 1 & 1 \\ 1 & 0 & 2 \\ 0 & 1 & 3 \end{pmatrix} \cdot \begin{pmatrix} 6 \\ 7 \\ 5 \end{pmatrix} = \begin{pmatrix} 24 \\ 16 \\ 22 \end{pmatrix}$ bzw. $\mathbf{B} \cdot \vec{p} = \vec{z}$

b) Für die Produktion von **je einer ME** E_1 braucht man 2 ME Z_1,
je einer ME E_2 braucht man 1 ME Z_1,
je einer ME E_3 braucht man 1 ME Z_1.

Für die Produktion von p_1 ME von E_1, p_2 ME von E_2 und p_3 ME von E_3
braucht man $2 \cdot p_1 + 1 \cdot p_2 + 1 \cdot p_3$ (in ME) Z_1, insgesamt 34 ME Z_1
und $1 \cdot p_1 + 0 \cdot p_2 + 2 \cdot p_3$ (in ME) Z_2, insgesamt 26 ME Z_2
und $0 \cdot p_1 + 1 \cdot p_2 + 3 \cdot p_3$ (in ME) Z_3, insgesamt 30 ME Z_3.

Mit $\mathbf{B} \cdot \vec{\mathbf{p}} = \vec{\mathbf{z}}$ erhält man ein lineares Gleichungssystem für p_1, p_2, p_3.

$$\begin{aligned} 2 \cdot p_1 + 1 \cdot p_2 + 1 \cdot p_3 &= 34 \\ 1 \cdot p_1 + 2 \cdot p_3 &= 26 \\ 0 \cdot p_1 + 1 \cdot p_2 + 3 \cdot p_3 &= 30 \end{aligned} \quad \Leftrightarrow \quad \left(\begin{array}{ccc|c} 2 & 1 & 1 & 34 \\ 1 & 0 & 2 & 26 \\ 0 & 1 & 3 & 30 \end{array}\right)$$

Lösung des LGS mit dem GTR ergibt: $p_1 = 10, p_2 = 6, p_3 = 8$

Lösungsvektor des LGS: $\vec{p} = \begin{pmatrix} p_1 \\ p_2 \\ p_3 \end{pmatrix} = \begin{pmatrix} 10 \\ 6 \\ 8 \end{pmatrix}$

Ergebnis: Es können 10 ME von E_1, 6 ME von E_2 und 8 ME von E_3 hergestellt werden.

Alternative: Lösung mithilfe der **Inversen.**
Aus $\vec{p} = \mathbf{B}^{-1} \cdot \vec{z}$ erhält man Produktionsvektor $\vec{p}$.

2) In einem Betrieb werden aus drei Rohstoffen R_1 und R_2 die Zwischenprodukte Z_1, Z_2 und Z_3 und daraus die Endprodukte E_1, E_2 und E_3 gefertigt.
Die nachfolgenden Stücklisten geben den Bedarf in Rohstoffen für je 1 ME der Zwischenprodukte bzw. den Bedarf an Zwischenprodukten für je 1 ME der Endprodukte an.

	Z_1	Z_2	Z_3
R_1	3	2	2
R_2	1	3	1

	E_1	E_2	E_3
Z_1	2	6	0
Z_2	1	4	1
Z_3	0	3	2

a) Bestimmen Sie die Rohstoff-Endprodukt-Matrix.

b) Der derzeitige Lagerbestand ist 2100 ME von R_1 und 1300 ME von R_2.
Es sollen $\vec{p} = \begin{pmatrix} 60 \\ 40 \\ 45 \end{pmatrix}$ Endprodukte in ME hergestellt werden. Ermitteln Sie den Restbestand bzw. den zusätzlichen Bedarf an Rohstoffen.

c) Nach Beendigung eines Auftrages sind noch 76 ME R_1 und 66 ME von R_2 am Lager. Wie viel ME der Zwischenprodukte können produziert werden, wenn von Z_2 doppelt so viele ME wie von Z_1 produziert werden?

Lösung

a) Für die Rohstoff-Endprodukt-Matrix **C** gilt: $\mathbf{A} \cdot \mathbf{B} = \mathbf{C}$

$$\mathbf{A} \cdot \mathbf{B} = \begin{pmatrix} 3 & 2 & 2 \\ 1 & 3 & 1 \end{pmatrix} \cdot \begin{pmatrix} 2 & 6 & 0 \\ 1 & 4 & 1 \\ 0 & 3 & 2 \end{pmatrix} = \begin{pmatrix} 8 & 32 & 6 \\ 5 & 21 & 5 \end{pmatrix} = \mathbf{C}$$

b) Aus $\mathbf{C} \cdot \vec{p} = \vec{r}$ folgt durch Einsetzen von $\vec{p} = \begin{pmatrix} 60 \\ 40 \\ 45 \end{pmatrix}$:

$$\mathbf{C} \cdot \vec{p} = \begin{pmatrix} 8 & 32 & 6 \\ 5 & 21 & 5 \end{pmatrix} \begin{pmatrix} 60 \\ 40 \\ 45 \end{pmatrix} = \begin{pmatrix} 2030 \\ 1365 \end{pmatrix}$$

Der Restbestand an R_1 beträgt 70 ME, an R_2 besteht ein Bedarf von 65 ME.

c) Aus $\mathbf{A} \cdot \vec{z} = \vec{r}$ folgt mit $\vec{z} = \begin{pmatrix} z_1 \\ 2z_1 \\ z_3 \end{pmatrix}$ durch Einsetzen $= \begin{pmatrix} 3 & 2 & 2 \\ 1 & 3 & 1 \end{pmatrix} \cdot \begin{pmatrix} z_1 \\ 2z_1 \\ z_3 \end{pmatrix} = \begin{pmatrix} 76 \\ 66 \end{pmatrix}$.

Ausmultiplizieren ergibt ein lineares Gleichungssystem für z_1 und z_3:

$$3z_1 + 2 \cdot 2z_1 + 2z_3 = 76 \quad \Leftrightarrow \quad 7z_1 + 2z_3 = 76$$
$$z_1 + 3 \cdot 2z_1 + z_3 = 66 \quad \Leftrightarrow \quad 7z_1 + z_3 = 66$$

Auflösung ergibt: $z_1 = 8$; $z_3 = 10$

Ergebnis: Es können 8 ME von Z_1, 16 ME von Z_2 und 10 ME von Z_3 produziert werden.

Was man wissen sollte... über Verflechtungsmatrizen und Verbrauchsvektoren

$\mathbf{A}_{R,Z} \cdot \vec{z} = \vec{r}$	$\mathbf{B}_{Z,E} \cdot \vec{p} = \vec{z}$	$\mathbf{C}_{R,E} \cdot \vec{p} = \vec{r}$

Merkregel

$(R, Z) \cdot \begin{pmatrix} z_1 \\ z_2 \\ z_3 \end{pmatrix} = \begin{pmatrix} r_1 \\ r_2 \\ r_3 \end{pmatrix}$	$(Z, E) \cdot \begin{pmatrix} p_1 \\ p_2 \\ p_3 \end{pmatrix} = \begin{pmatrix} z_1 \\ z_2 \\ z_3 \end{pmatrix}$	$(R, E) \cdot \begin{pmatrix} p_1 \\ p_2 \\ p_3 \end{pmatrix} = \begin{pmatrix} r_1 \\ r_2 \\ r_3 \end{pmatrix}$

Fragestellung

Für	$\mathbf{A} \cdot \vec{z} = \vec{r}$	$\mathbf{B} \cdot \vec{p} = \vec{z}$	$\mathbf{C} \cdot \vec{p} = \vec{r}$
ist **gegeben:**	$\vec{z}$	$\vec{p}$	$\vec{p}$
und **gesucht:**	$\vec{r}$	$\vec{z}$	$\vec{r}$

Lösung durch **Einsetzen** des gegebenen Vektors.

Berechnung von	$\mathbf{A} \cdot \vec{z}$	$\mathbf{B} \cdot \vec{p}$	$\mathbf{C} \cdot \vec{p}$

ergibt den gesuchten Verbrauchs- oder Herstellungsvektor.

Fragestellung

Für	$\mathbf{A} \cdot \vec{z} = \vec{r}$	$\mathbf{B} \cdot \vec{p} = \vec{z}$	$\mathbf{C} \cdot \vec{p} = \vec{r}$
ist **gegeben:**	$\vec{r}$	$\vec{z}$	$\vec{r}$
und **gesucht:**	$\vec{z}$	$\vec{p}$	$\vec{p}$

Lösung: Einsetzen des gegebenen Vektors ergibt ein **lineares Gleichungssystem**

für	z_1, z_2, z_3	p_1, p_2, p_3	p_1, p_2, p_3

Auflösung ergibt den gesuchten Verbrauchs- oder Herstellungsvektor.

Bemerkung: Ein lineares Gleichungssystem lässt sich mithilfe der **Inversen** der Verflechtungsmatrix (sofern diese existiert) lösen.

$\vec{z} = \mathbf{A}^{-1} \cdot \vec{r}$	$\vec{p} = \mathbf{B}^{-1} \cdot \vec{z}$	$\vec{p} = \mathbf{C}^{-1} \cdot \vec{r}$

Aufgaben

1. Ein Betrieb stellt drei Präparate E_1, E_2 und E_3 her, die die Vitamine V_1, V_2 und V_3 in unterschiedlichen Anteilen enthalten. Das Verflechtungsdiagramm gibt an, wie viel ME Vitamin in jeweils einer ME Präparat enthalten ist.

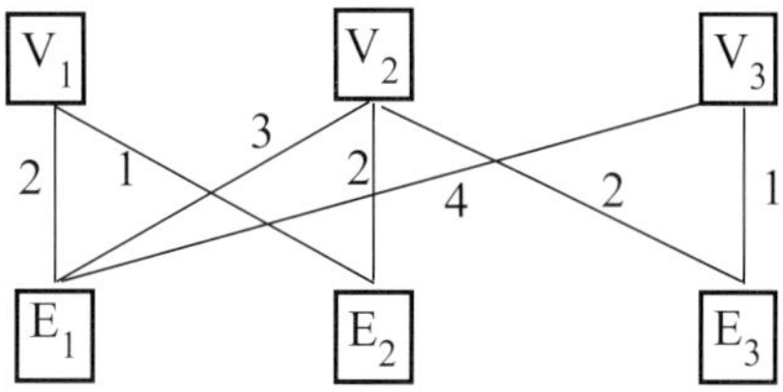

   a) Beschreiben Sie die Verteilung der Vitamine auf die Präparate in Form einer Tabelle und der (V, E)-Matrix.
   b) Für einen Auftrag werden von V_1 390 ME, von V_2 1020 ME und von V_3 660 ME verarbeitet. Wie viel ME der Präparate E_1, E_2 und E_3 werden damit gefertigt?
   c) Untersuchen Sie die (V, E)-Matrix auf Invertierbarkeit.
   d) Für einen weiteren Auftrag sind 200 ME von E_1, 220 ME von E_2 und 240 ME von E_3 zu liefern.
      Wie viel ME der Vitamine V_1, V_2 und V_3 benötigt der Betrieb dafür?

2. Ein Betrieb stellt drei Endprodukte E_1, E_2 und E_3 her, für deren Herstellung vier verschiedene Zwischenprodukte Z_1, Z_2, Z_3 und Z_4 benötigt werden.

   Die nebenstehende Stückliste gibt den Bedarf (in ME) an Zwischenprodukten für je 1 ME der Endprodukte an.

	E_1	E_2	E_3
Z_1	3	4	5
Z_2	2	5	2
Z_3	4	6	1
Z_4	5	1	3

   a) Wie viele Zwischenprodukte werden benötigt, um jeweils 10 ME der drei Endprodukte herzustellen?
   b) Der Lagerbestand von 280 ME Z_1, 230 ME Z_2, 280 ME Z_3 und 190 ME Z_4 wird zu Endprodukten verarbeitet. Wie viele Endprodukte lassen sich herstellen?
   c) Vom Zwischenprodukt Z_3 sind doppelt so viele ME und vom Zwischenprodukt Z_2 sind dreimal so viele ME vorhanden wie von Z_1. Vom Zwischenprodukt Z_4 stehen ausreichend viele ME zur Verfügung. Untersuchen Sie, ob so viele ME an Endprodukten E_1, E_2 und E_3 produziert werden können, dass der Bestand an Z_1, Z_2 und Z_3 vollständig aufgebraucht wird.
   d) Die Zwischenproduktpreise in GE je ME betragen 8 für Z_1, 12 für Z_2, 10 für Z_3. Wie hoch darf der Preis für 1 ME Z_4 höchstens sein, wenn die Materialkosten für eine ME E_1 nicht höher als 100 GE sein sollen?

3. Ein Unternehmen stellt aus vier Rohstoffen R_1, R_2, R_3 und R_4 die Zwischenprodukte Z_1, Z_2 und Z_3 her. Diese werden dann zu den Fertigprodukten E_1, E_2 und E_3 zusammengesetzt.
Die nachfolgenden Stücklisten geben den Bedarf an Rohstoffen für je 1 Stück der Zwischenprodukte bzw. den Bedarf an Zwischenprodukten für je 1 Stück der Endprodukte an.

	Z_1	Z_2	Z_3
R_1	3	2	2
R_2	4	1	5
R_3	0	3	1
R_4	0	4	3

	E_1	E_2	E_3
Z_1	8	12	6
Z_2	4	10	8
Z_3	2	5	4

a) Im Rohstofflager sind von R_1 240 Stück, von R_2 410 Stück, von R_3 350 Stück und von R_4 300 Stück vorrätig.
Wie viel Stück von Z_1, Z_2 und Z_3 können damit hergestellt werden, wenn die Rohstoffe R_1, R_2 und R_4 vollständig aufgebraucht werden sollen?
Wie viel Stück von R_3 sind dann noch am Lager?

b) Für die kommende Produktionsperiode ist geplant, dass die Zwischenprodukte im Stückzahlverhältnis 2 : 2 : 3 hergestellt werden sollen. Wie viel Stück von jedem Zwischenprodukt können dann höchstens hergestellt werden, wenn vom Lagerbestand aus Teilaufgabe a) ausgegangen wird?

c) Wie viel Stück von jedem Rohstoff bzw. von jedem Zwischenprodukt werden zur Herstellung von 40 Stück E_1, 20 Stück E_2 und 50 Stück E_3 benötigt?

4. Ein Hightech-Unternehmen braucht für die Fertigung ihrer Mikrochips M_1, M_2 und M_3 die Rohstoffe R_1, R_2 und R_3. Aus den Mikrochips werden die Speicherbausteine E_1, E_2 und E_3 hergestellt. Die nachfolgenden Stücklisten beschreiben den Materialfluss.

	M_1	M_2	M_3
R_1	4	3	3
R_2	2	4	2
R_3	4	5	1

	E_1	E_2	E_3
M_1	1	3	4
M_2	5	2	2
M_3	0	4	0

a) Wie viel Stück der einzelnen Rohstoffe müssen vorrätig sein, damit ein Auftrag über 70 Stück von E_1, 100 Stück von E_2 und 60 Stück von E_3 bearbeitet werden kann? Wie viel Stück Mikrochips müssen in der ersten Produktionsstufe für diesen Auftrag gefertigt werden?

b) Im Lager befinden sich zurzeit 840 Stück M_1 und 960 Stück M_2. Wie viel Stück von M_3 müssen nachgeliefert werden, wenn 120 Stück von E_1 produziert und der Lagerbestand an Mikrochips vollständig verarbeitet werden soll? Dabei darf bei M_1 eine „eiserne Reserve“ von 100 Stück nicht unterschritten werden.
Wie viel Stück von E_2 und E_3 können dann hergestellt werden?

5. Ein Betrieb fertigt aus den Materialien R_1, R_2, R_3 und R_4 die Zwischenprodukte Z_1, Z_2 und Z_3. Diese werden dann zu den Endprodukten E_1, E_2 und E_3 verarbeitet. Der Materialfluss in Mengeneinheiten (ME) ist durch folgende Tabelle gegeben:

	E_1	E_2	E_3
Z_1	2	3	4
Z_2	1	2	2
Z_3	2	1	3

	E_1	E_2	E_3
R_1	12	14	21
R_2	12	13	21
R_3	11	12	19
R_4	6	6	10

a) Wie viel ME von jedem Rohstoff werden benötigt, damit 8 ME von Z_1, 12 ME von Z_2 und 14 ME von Z_3 hergestellt werden könnnen?

b) Ein Geschäftspartner bestellt 150 ME von E_3 und von E_2 dreimal so viele ME wie von E_1. Wie viele ME der Endprodukte werden geliefert, wenn vom Zwischenprodukt Z_3 10 ME mehr als von Z_2 benötigt werden?

c) Laut Inventur sind von Rohstoff R_1 4530 ME, von R_2 4410 ME und von R_3 4030 ME am Lager. Wie viel ME von R_4 sind anzufordern, damit dieser Lagerbestand vollständig zu Endprodukten verarbeitet werden kann? Wie viel ME von jedem Endprodukt werden dann hergestellt?

6. Ein Unternehmer stellt aus den Komponenten R_1, R_2 und R_3 die Bauteile B_1, B_2 und B_3 her. Daraus werden die Fertigprodukte E_1, E_2, E_3 und E_4 montiert. Fertigung und Montage erfolgen gemäß den nachstehenden Stücklisten (Angaben in Mengeneinheiten (ME)):

	B_1	B_2	B_3
R_1	6	6	2
R_2	2	0	4
R_3	0	4	1

	E_1	E_2	E_3	E_4
B_1	1	1	a	4
B_2	2	2	b	0
B_3	1	3	c	2

	E_1	E_2	E_3	E_4
R_1	20	24	24	28
R_2	6	14	12	16
R_3	9	11	15	2

a) Bestimmen Sie den Verbrauch an Bauteilen für 1 ME des Fertigproduktes E_3.

b) Im Lager sind 8080 ME von R_1, 3860 ME von R_2 und 2880 ME von R_3. Von E_2 werden 50 ME produziert. Wie viele ME der anderen Endprodukte werden produziert, wenn alle Rohstoffe verbraucht werden?

c) Wie groß muss der Vorrat an den einzelnen Komponenten sein, damit von den Fertigprodukten E_1, E_2, E_3 und E_4 jeweils 400 ME montiert werden können?

d) Ein Kunde bestellt von E_1 und E_2 bzw. von E_3 und E_4 gleich viele ME. Wie viele ME der Fertigprodukte können geliefert werden, wenn die Lagerbestände der Bauteile B_1 und B_2 gleich groß sind und von B_3 210 ME vorrätig sind?

1.3 Kosten

Beispiel für eine einstufige Verflechtung

Ein Computerbetrieb stellt aus drei Rohstoffen R_1, R_2 und R_3 die Endprodukte E_1, E_2 und E_3 her. Die Tabelle gibt den Materialfluss in Mengeneinheiten (ME) an. Die Materialkosten für die Rohstoffe betragen 3 GE für je 1 ME R_1, 2,5 GE für je 1 ME R_2 und 6,5 GE für je 1 ME R_3. Die Fertigungskosten für eine ME von E_1 betragen 20 GE, für eine ME von E_2 15 GE und für eine ME von E_3 7 GE.

	E_1	E_2	E_3
R_1	2	4	3
R_2	4	2	5
R_3	3	1	6

Für einen Auftrag werden 4 ME von E_1, 6 ME von E_2 und 5 ME von E_3 benötigt.

a) Berechnen Sie die Rohstoffkosten für diesen Auftrag.

b) Bestimmen Sie die variablen Herstellkosten und die Gesamtkosten für diesen Auftrag, wenn ein Fixkostenanteil von 300 GE zu berücksichtigen ist.

Lösung

a) Die Rohstoffkosten für je 1 ME von Endprodukt E_1 setzen sich wie folgt zusammen:

Für je 1 ME E_1 braucht man
von R_1 2 ME à 3 GE/ME = 6 GE
von R_2 4 ME à 2,5 GE/ME = 10 GE
von R_3 3 ME à 6,5 GE/ME = 19,50 GE

Rohstoffkosten je ME E_1: $6 + 10 + 19{,}50 = 35{,}5$

Rohstoffkosten je ME E_2: $4 \cdot 3 + 2 \cdot 2{,}5 + 1 \cdot 6{,}5 = 23{,}5$

Rohstoffkosten je ME E_3: $3 \cdot 3 + 5 \cdot 2{,}5 + 6 \cdot 6{,}5 = 60{,}5$

Rohstoffkosten K_R für diesen Auftrag: $K_R = 4 \cdot 35{,}50 + 6 \cdot 23{,}50 + 5 \cdot 60{,}50 = 585{,}50$

Ergebnis: Die Rohstoffkosten für diesen Auftrag betragen 585,50 GE.

In Matrixschreibweise: $(3 \quad 2{,}5 \quad 6{,}5)\begin{pmatrix} 2 & 4 & 3 \\ 4 & 2 & 5 \\ 3 & 1 & 6 \end{pmatrix}\begin{pmatrix} 4 \\ 6 \\ 5 \end{pmatrix} = (35{,}5 \quad 23{,}5 \quad 60{,}5)\begin{pmatrix} 4 \\ 6 \\ 5 \end{pmatrix} = 585{,}50$

b) Kosten für die Fertigung: $K_E = 20 \cdot 4 + 15 \cdot 6 + 7 \cdot 5 = 205$

In Vektorschreibweise: $K_E = (20 \quad 15 \quad 7)\begin{pmatrix} 4 \\ 6 \\ 5 \end{pmatrix} = \vec{k}_E \cdot \vec{p}$

Variable Herstellkosten: $K_v = K_R + K_E = 585{,}50 + 205 = 790{,}50$

Fixkosten: $K_f = 300$

Gesamtkosten: $K = K_v + K_f = 790{,}50 + 300 = 1090{,}50$

Ergebnis: Die variablen Herstellkosten betragen 790,50 GE, die Gesamtkosten belaufen sich auf 1090,50 GE.

Beispiele für zweistufige Verflechtungen

1) Ein Betrieb fertigt in einem zweistufigen Produktionsprozess aus den Rohstoffen R_1, R_2 und R_3 zunächst die Zwischenprodukte Z_1, Z_2 und Z_3 und daraus die Endprodukte E_1, E_2 und E_3. Gegeben sind die Rohstoff-Endprodukt-Matrix **C** und die Zwischenprodukt-Endprodukt-Matrix **B.**

$$\mathbf{B} = \begin{pmatrix} 2 & 1 & 1 \\ 1 & 0 & 2 \\ 0 & 1 & 3 \end{pmatrix}; \mathbf{C} = \begin{pmatrix} 2 & 5 & 3 \\ 4 & 4 & 6 \\ 4 & 7 & 7 \end{pmatrix}$$

Die Kosten für die Rohstoffe, für die Fertigung der Zwischenprodukte und die Montage der Endprodukte betragen in Geldeinheiten pro Mengeneinheit (GE/ME):

R_1	R_2	R_3	Z_1	Z_2	Z_3	E_1	E_2	E_3
8	4	7	12	8	4	8	10	12

Für einen Auftrag werden 3 ME von E_1, 5 ME von E_2 und 2 ME von E_3 hergestellt.

a) Berechnen Sie die gesamten Rohstoffkosten (Materialkosten) für diesen Auftrag.

b) Bestimmen Sie die Fertigungskosten je ME Endprodukt bei der Zwischenproduktfertigung.

c) Geben Sie die variablen Herstellkosten je ME der Endprodukte an.
Berechnen Sie die variablen Herstellkosten für diesen Auftrag.

Lösung

a) Die Rohstoffkosten für je 1 ME von Endprodukt E_1 setzen sich wie folgt zusammen:

Rohstoffkostenvektor $\quad \vec{k}_R = (8 \quad 4 \quad 7)$

Für je 1 ME E_1 braucht man
von R_1 2 ME à 8 GE/ME = 16 GE
von R_2 4 ME à 4 GE/ME = 16 GE
von R_3 4 ME à 7 GE/ME = 28 GE

Rohstoffkosten je ME Endprodukt E_1: 16 + 16 + 28 = 60, also 60 GE

In Matrixschreibweise: $\quad (8 \quad 4 \quad 7) \cdot \begin{pmatrix} 2 \\ 4 \\ 4 \end{pmatrix} = 60$

Rohstoffkosten je ME Endprodukt: $\vec{k}_R \cdot \mathbf{C} = (8 \quad 4 \quad 7) \begin{pmatrix} 2 & 5 & 3 \\ 4 & 4 & 6 \\ 4 & 7 & 7 \end{pmatrix} = (60 \quad 105 \quad 97)$ (Spalte bzw. Eintrag E_1 markiert)

Rohstoffkosten für den Auftrag: $\vec{k}_R \cdot \mathbf{C} \cdot \vec{p} = (60 \quad 105 \quad 97) \begin{pmatrix} 3 \\ 5 \\ 2 \end{pmatrix} = 899$

Die **Rohstoffkosten für diesen Auftrag** betragen 899 GE.

Beachten Sie: $\vec{k}_R \cdot \mathbf{C} \cdot \vec{p}$ ergibt die **Gesamtmaterialkosten** für die Produktion $\vec{p}$.

Man unterscheidet

Kosten für 1 ME der Rohstoffe **(Materialkosten)** $\vec{k}_R$

Kosten für die Fertigung von je 1 ME der

Zwischenprodukte bzw. **Fertigungskosten in Stufe 1** $\vec{k}_Z$

Kosten für die Fertigung von je 1 ME der

Endprodukte bzw. **Fertigungskosten in Stufe 2** $\vec{k}_E$

Bemerkung: Der Kostenvektor $\vec{k}$ ist ein Zeilenvektor.

b) **Kostenvektor** $\vec{k}_Z = (12 \quad 8 \quad 4)$

Fertigungskosten je ME Endprodukt

bei der Zwischenproduktfertigung: $\vec{k}_Z \cdot \mathbf{B} = (12 \quad 8 \quad 4)\begin{pmatrix} 2 & 1 & 1 \\ 1 & 0 & 2 \\ 0 & 1 & 3 \end{pmatrix} = (32 \quad 16 \quad 40)$

Die Fertigung von z. B. 1 ME von E_1 aus den Zwischenprodukten kostet 32 GE.

c) **Rohstoffkosten je ME Endprodukt:** $\vec{k}_R \cdot \mathbf{C} = (60 \quad 105 \quad 97)$

Fertigungskosten je ME Endprodukt

bei der Zwischenproduktfertigung: $\vec{k}_Z \cdot \mathbf{B} = (32 \quad 16 \quad 40)$

Fertigungskosten je ME Endprodukt

bei der Endproduktfertigung: $\vec{k}_E = (8 \quad 10 \quad 12)$

Variable Herstellkosten je ME Endprodukt (ohne Fixkosten)

$\vec{k}_v = (60 \quad 105 \quad 97) + (32 \quad 16 \quad 40) + (8 \quad 10 \quad 12) = (100 \quad 131 \quad 149)$

Die Gesamtkosten zur Herstellung von 1 ME von z. B. E_1 betragen 100 GE.

Variable Herstellkosten je ME Endprodukt:

$$\vec{k}_v = \vec{k}_R \cdot \mathbf{C} + \vec{k}_Z \cdot \mathbf{B} + \vec{k}_E$$

Variable Herstellkosten für die Produktion von 3 ME von E_1, 5 ME von E_2 und 2 ME von E_3:

$\mathbf{K_v} = \vec{\mathbf{k}}_v \cdot \vec{\mathbf{p}} = (100 \quad 131 \quad 149)\begin{pmatrix} 3 \\ 5 \\ 2 \end{pmatrix} = 1253$

Ergebnis: Die variablen Herstellkosten für diesen Auftrag betragen 1253 GE.

2) In einem Betrieb werden aus drei Rohstoffen R_1, R_2 und R_3 die Zwischenprodukte Z_1, Z_2 und Z_3 und aus diesen die Endprodukte E_1, E_2 und E_3 gefertigt.
Die Tabellen geben den Materialfluss in Mengeneinheiten (ME) an.

	Z_1	Z_2	Z_3
R_1	1	2	4
R_2	4	2	4
R_3	6	4	1

	E_1	E_2	E_3
Z_1	3	3	4
Z_2	4	3	2
Z_3	3	7	5

Die Kosten in Geldeinheiten (GE) pro ME für die Rohstoffe, die Kosten für die Fertigung der Zwischenprodukte und die Kosten für die Produktion der Endprodukte sind durch folgende Vektoren gegeben:
$\vec{k}_R = (3 \quad 4 \quad 6)$; $\vec{k}_Z = (14 \quad 16 \quad 15)$; $\vec{k}_E = (65 \quad 80 \quad 75)$.

a) Für einen Auftrag über 20 ME von E_1,10 ME von E_2 und 30 ME von E_3 betragen die Fixkosten 7000 GE. Die Verkaufspreise je ME betragen für E_1 740 GE, für E_2 750 GE und für E_3 980 GE. Berechnen Sie den Gewinn für diesen Auftrag.

b) In einer Werbeaktion kalkuliert der Betrieb bei dem Auftrag aus Teilaufgabe a) kostendeckend. Der Verkaufspreis in Geldeinheiten (GE) je ME von E_1 soll doppelt so hoch sein wie der von E_2 und der von E_3 um 6 GE höher als der von E_2. Wie müssen die Preise festgesetzt werden?

Lösung

a) **Kosten K_E für die Fertigung der Endprodukte:** $\quad \mathbf{K_E = \vec{k}_E \cdot \vec{p}}$

$$K_E = \vec{k}_E \cdot \vec{p} = (65 \quad 80 \quad 75)\begin{pmatrix}20\\10\\30\end{pmatrix} = 4350$$

Kosten K_Z für die Fertigung der Zwischenprodukte: $\quad \mathbf{K_Z = \vec{k}_Z \cdot \vec{z}}$

$\vec{z}$ ist der Verbrauchsvektor für die Zwischenprodukte.

Um die Kosten K_Z zu bestimmen, muss man zuerst die für den Auftrag benötigten Zwischenprodukte $\vec{z}$ berechnen: $\vec{z} = \mathbf{B} \cdot \vec{p} = \begin{pmatrix}3&3&4\\4&3&2\\3&7&5\end{pmatrix}\begin{pmatrix}20\\10\\30\end{pmatrix} = \begin{pmatrix}210\\170\\280\end{pmatrix}$

Kosten K_Z: $K_Z = \vec{k}_Z \cdot \vec{z} = (14 \quad 16 \quad 15)\begin{pmatrix}210\\170\\280\end{pmatrix} = 9860$

Kosten K_R für die Rohstoffe: $\quad \mathbf{K_R = \vec{k}_R \cdot \vec{r}}$

$\vec{r}$ ist der Verbrauchsvektor für die Rohstoffe.

Für diesen Auftrag benötigte Rohstoffe: $\vec{r} = \mathbf{A} \cdot \vec{z} = \begin{pmatrix}1&2&4\\4&2&4\\6&4&1\end{pmatrix}\begin{pmatrix}210\\170\\280\end{pmatrix} = \begin{pmatrix}1670\\2300\\2220\end{pmatrix}$

(benötigte Rohstoffe für die Herstellung der Zwischenprodukte).

a) **Rohstoffkosten** (Materialkosten): $K_R = \vec{k}_R \cdot \vec{r} = (3 \quad 4 \quad 6)\begin{pmatrix}1670\\2300\\2220\end{pmatrix} = 27530$

Variable Herstellkosten K_V für diesen Auftrag

$K_v = K_R + K_Z + K_E = 4350 + 9860 + 27530 = 41740$

Gesamtkosten: $K = K_v + K_f = 41740 + 7000 = 48740$

Ergebnis: Die Gesamtkosten betragen 48740 GE.

Bemerkung: Die für diesen Auftrag benötigten Rohstoffe lassen sich auch durch folgenden Ansatz berechnen: $\vec{r} = \mathbf{C}_{(R,E)} \cdot \vec{p} = \mathbf{A} \cdot \mathbf{B} \cdot \vec{p}$

Berechnung z. B. mit dem GTR: $\vec{r} = \begin{pmatrix}1670\\2300\\2220\end{pmatrix}$

Beachten Sie: Berechnung der Gesamtkosten K

$$\mathbf{K = K_v + K_f = K_R + K_Z + K_E + K_f}$$

Erlös E: $E = \vec{e} \cdot \vec{p}$

mit Preisvektor $\vec{e} = (740 \quad 750 \quad 980)$: $E = (740 \quad 750 \quad 980)\begin{pmatrix}20\\10\\30\end{pmatrix} = 51700$

Gewinn G = Erlös – Kosten $G = E - K$

$G = 51700 - 48740 = 2960$

Der Betrieb erzielt bei diesem Auftrag einen Gewinn von 2960 GE.

b) **Kostendeckend** bedeutet: **Erlös = Gesamtkosten**

a ist der Verkaufspreis je ME E_2.

Mit dem **Preisvektor** $\vec{e} = (2a \quad a \quad a + 6)$

erhält man den **Erlös:** $E = \vec{e} \cdot p = (2a \quad a \quad a + 6)\begin{pmatrix}20\\10\\30\end{pmatrix} = 80a + 180$

Bedingung für a: E = 48740 $80a + 180 = 48740$

$a = 607$

Preisvektor für die Endprodukte: $\vec{e} = (1214 \quad 607 \quad 613)$

Begriffe: Erlös = Preis · Menge $E = \vec{e} \cdot \vec{p}$ mit Preisvektor $\vec{e}$

Gewinn = Erlös – Kosten $G = E - K = \vec{e} \cdot \vec{p} - \vec{k}_v \cdot \vec{p} - K_f$

Kostendeckend bedeutet: $E = K \Leftrightarrow G = 0$

Rohgewinn = Erlös – Rohstoffkosten

Was man wissen sollte... über Kosten

Rohstoffkosten je ME der Rohstoffe: $\vec{k}_R$

Rohstoffkosten (Materialkosten) je ME Endprodukt: $\vec{k}_R \cdot \mathbf{C}$

Bemerkung: Die Matrix **C** beschreibt, wie viele ME der Rohstoffe R_1, R_2, usw. pro ME Endprodukt gebraucht werden.

Fertigungskosten je ME Zwischenprodukt: $\vec{k}_Z$

Fertigungskosten je ME Endprodukt in Stufe 1: $\vec{k}_Z \cdot \mathbf{B}$

Bemerkung: Die Matrix **B** beschreibt, wie viele ME der Zwischenprodukte Z_1, Z_2, ... pro ME Endprodukt gebraucht werden.

Fertigungskosten je ME Endprodukt in Stufe 2: $\vec{k}_E$

Variable Herstellkosten $\vec{k}_v$ je ME Endprodukt: $\vec{k}_v = \vec{k}_R \cdot \mathbf{C} + \vec{k}_Z \cdot \mathbf{B} + \vec{k}_E$

Multiplikation von $\vec{k}_v$ mit dem Produktionsvektor $\vec{p}$ für die Endprodukte ergibt die gesamten variablen Herstellkosten für die gegebene Produktion $\vec{p}$.

Gesamte variable Herstellkosten K_v: $K_v = \vec{k}_v \cdot \vec{p}$

Ist bekannt, wie viel Rohstoffe $\vec{r}$ und wie viel Zwischenprodukte $\vec{z}$ für die Endprodukte $\vec{p}$ gebraucht werden, kann man K_v auch berechnen mit:

$$K_v = \vec{k}_v \cdot \vec{p} = (\vec{k}_R \cdot \mathbf{C} + \vec{k}_Z \cdot \mathbf{B} + \vec{k}_E) \cdot \vec{p} = \vec{k}_R \cdot \mathbf{C} \cdot \vec{p} + \vec{k}_Z \cdot \mathbf{B} \cdot \vec{p} + \vec{k}_E \cdot \vec{p}$$

Mit $\vec{r} = \mathbf{C} \cdot \vec{p}$ und $\vec{z} = \mathbf{B} \cdot \vec{p}$ erhält man

K_v	=	$\vec{k}_R \cdot \vec{r}$	+	$\vec{k}_Z \cdot \vec{z}$	+	$\vec{k}_E \cdot \vec{p}$
K_v	=	K_R	+	K_Z	+	K_E
		Rohstoff-kosten		**Kosten** für die Fertigung der **Zwischenprodukte**		**Kosten** für die Fertigung der **Endprodukte**

Die **Gesamtkosten K** ergeben sich aus den **variablen Herstellkosten K_v** und den **Fixkosten K_f :** $K = K_v + K_f$

6 Bohner u.a. ISBN 978-3-8120-0452-7

Aufgaben

1. Ein Betrieb stellt in einem zweistufigen Produktionsprozess aus drei Rohstoffen R_1, R_2 und R_3 die Zwischenprodukte Z_1, Z_2 und Z_3 und daraus die Endprodukte E_1, E_2 und E_3 her. Die Tabellen geben den Materialfluss in Mengeneinheiten (ME) an.

	Z_1	Z_2	Z_3
R_1	2	3	4
R_2	4	5	2
R_3	4	3	2

	E_1	E_2	E_3
R_1	36	33	38
R_2	34	43	38
R_3	30	33	34

Die Materialkosten in Geldeinheiten (GE) pro ME, die Kosten für die Fertigung der Zwischenprodukte und der Endprodukte sind durch die folgenden Vektoren gegeben: $\vec{k}_R = (2{,}5 \quad 4{,}8 \quad 7{,}5)$, $\vec{k}_Z = (24 \quad 36 \quad 45{,}5)$ und $\vec{k}_E = (132 \quad 200 \quad 182)$.

a) Wie hoch sind die Herstellkosten für eine ME Z_1?

b) Bestimmen Sie die variablen Herstellkosten für je eine ME der Endprodukte. Berechnen Sie die Gesamtkosten für einen Auftrag über 10 ME von E_1, 20 ME von E_2 und 30 ME von E_3, wenn die Fixkosten 3250 GE betragen.

c) Der Konkurrenzdruck erfordert, dass die variablen Herstellkosten auf 920 GE bei E_1, 1015 GE bei E_2 und 1040 GE bei E_3 gesenkt werden. Die Rohstoffpreise in GE je ME sind gefallen und betragen jetzt: 2 für R_1, 4 für R_2 und 7 für R_3. Wie hoch dürfen die Herstellkosten für die Zwischenprodukte höchstens sein, wenn die Produktionskosten für die Endprodukte stabil bleiben sollen?

2. Ein Hersteller von Personalcomputern fertigt aus den Bauteilen R_1, R_2 und R_3 die Baugruppen Z_1, Z_2 und Z_3 und daraus drei Typen von Computern E_1, E_2 und E_3. Die folgenden Matrizen geben den Materialfluss in Stück an.

$$\mathbf{B}_{(Z,E)} = \begin{pmatrix} 3 & 1 & 1 \\ 2 & 5 & 2 \\ 2 & 4 & 5 \end{pmatrix}; \quad \mathbf{C}_{(R,E)} = \begin{pmatrix} 20 & 22 & 18 \\ 10 & 10 & 12 \\ 10 & 24 & 13 \end{pmatrix}$$

Die Fertigungskosten in € je Baugruppe betragen $\vec{k}_Z = (12 \quad 15 \quad 12)$, die Fertigungskosten in €, die je Stück eines Computertyps bei der Montage der Baugruppen anfallen, betragen $\vec{k}_E = (86 \quad 103 \quad 138)$.

a) Bestimmen Sie die Stückpreise in € für die Bauteile, wenn die variablen Herstellkosten je Computertyp $\vec{k}_v = (296 \quad 420 \quad 370)$ sind.

b) Bestimmen Sie die Gesamtkosten in € für die Fertigung von 200 Stück E_1, 280 Stück E_2 und 220 Stück E_3, wenn die fixen Kosten 10920 € betragen. Berechnen Sie den Verkaufspreis für E_3, wenn E_1 für 360 € je Stück, E_2 für 520 € je Stück verkauft werden und der Gewinn 25 % der Gesamtkosten betragen soll.

3. Ein Pharmaunternehmen stellt aus drei Rohstoffen R_1, R_2 und R_3 drei verschiedene Grundsubstanzen Z_1, Z_2 und Z_3 und daraus drei verschiedene Kreislaufmittel E_1, E_2 und E_3 her. In den folgenden Tabellen ist der Materialfluss pro Mengeneinheiten (ME) des jeweiligen Folgeprodukts dargestellt.

	E_1	E_2	E_3
Z_1	2	1	3
Z_2	1	5	1
Z_3	2	4	0

	E_1	E_2	E_3
R_1	12	30	10
R_2	5	10	4
R_3	22	47	13

Die Rohstoffkosten betragen in Geldeinheiten (GE) pro ME $\vec{k}_R = (3 \quad 2 \quad 1)$,

die Fertigungskosten je ME Grundsubstanz $\vec{k}_Z = (10 \quad 8 \quad 6)$

und die Fertigungskosten je ME Endprodukt $\vec{k}_E = (22 \quad 34 \quad 31)$.

Das Unternehmen erhält einen Auftrag über 200 ME von E_1, 150 ME von E_2 und 300 ME von E_3 und rechnet mit Fixkosten von 14100 GE.

a) Das Unternehmen hat einen Vorrat von je 250 ME der einzelnen Grundsubstanzen am Lager. Wie viel ME der einzelnen Grundsubstanzen und wie viel ME der einzelnen Rohstoffe werden zusätzlich benötigt, um diesen Auftrag zu erfüllen?

b) Das Endprodukt E_1 wird zu 180 GE je ME und das Endprodukt E_2 zu 205 GE je ME verkauft. Bestimmen Sie den Preis für 1 ME von E_3, sodass der Gewinn bei diesem Auftrag bei 6400 GE liegt.

4. Ein Betrieb montiert aus den Bauteilen T_1, T_2, T_3 und T_4 drei Baugruppen B_1, B_2 und B_3 und fertigt daraus die Enderzeugnisse E_1, E_2 und E_3. Der Materialfluss ergibt sich aus folgenden Tabellen, wobei die Bauteile, die Baugruppen und die Endprodukte in Stück angegeben sind.

	B_1	B_2	B_3
T_1	4	0	4
T_2	2	3	4
T_3	5	1	3
T_4	3	3	2

	E_1	E_2	E_3
B_1	5	3	1
B_2	4	6	4
B_3	2	2	7

Ein Kunde will Enderzeugnisse kaufen. Für diesen Auftrag müssen 425 Baugruppen B_1, 700 Baugruppen B_2 und 515 Baugruppen B_3 montiert werden.

An Kosten (in €) entstehen: Materialkosten pro Bauteil $\vec{k}_T = (2 \quad 1 \quad 0{,}5 \quad 1)$,

Fertigungskosten pro Baugruppe $\vec{k}_B = (6 \quad 8 \quad 4)$ bzw. pro Enderzeugnis $\vec{k}_E = (85 \quad 70 \quad 105)$.

a) Wie viele Enderzeugnisse hat der Kunde bestellt? Wie viel Bauteile sind dazu nötig?

b) Bestimmen Sie die Gesamtkosten in €, wenn die fixen Kosten 6225 € betragen.

1.4 Parameter bei Verflechtungsaufgaben

Beispiel

Ein Unternehmen fertigt aus den Rohstoffen R_1, R_2 und R_3 die Endprodukte E_1, E_2 und E_3. Der Bedarf an Rohstoffen je ME der Endprodukte ist der nebenstehenden Tabelle zu entnehmen.

	E_1	E_2	E_3
R_1	4	4	8
R_2	0	6	9
R_3	1	4	6

Die Kosten je ME der Rohstoffe betragen in Geldeinheiten (GE)

$$\vec{k}_R = \left(\tfrac{20}{t} + 1 \quad 5 \quad \tfrac{1}{8}(t+4)\right);\ t \in [1;\ 20].$$

Berechnen Sie die Rohstoffkosten für eine Produktion von 6 ME von E_1, 4 ME von E_2 und 4 ME von E_3.

Für welchen Wert von t sind die Rohstoffkosten minimal?

Lösung

Für die **Rohstoffkosten** gilt: $K_R = \vec{k}_R \cdot \mathbf{C} \cdot \vec{p}$

Multiplikation der Rohstoff-Endprodukt-Matrix **C** und dem Produktionsvektor $\vec{p} = \begin{pmatrix} 6 \\ 4 \\ 4 \end{pmatrix}$:

$$\mathbf{C} \cdot \vec{p} = \begin{pmatrix} 4 & 4 & 8 \\ 0 & 6 & 9 \\ 1 & 4 & 6 \end{pmatrix} \cdot \begin{pmatrix} 6 \\ 4 \\ 4 \end{pmatrix} = \begin{pmatrix} 72 \\ 60 \\ 46 \end{pmatrix}$$

Rohstoffkosten in Abhängigkeit von t: $K_R(t) = \left(\tfrac{20}{t} + 1 \quad 5 \quad \tfrac{1}{8}(t+4)\right) \cdot \begin{pmatrix} 72 \\ 60 \\ 46 \end{pmatrix}$

Rohstoffkostenfunktion K_R von t: $K_R(t) = \frac{1440}{t} + \frac{23}{4}t + 395;\ t \in [1;\ 20]$

Untersuchung auf **Minimum**

Ableitungen:

$$K'_R(t) = -\frac{1440}{t^2} + \frac{23}{4}$$

$$K''_R(t) = \frac{2880}{t^3}$$

Relatives Minimum: $K'_R(t) = 0$ $\quad -\frac{1440}{t^2} + \frac{23}{4} = 0 \iff -1440 + \frac{23}{4}t^2 = 0$

Lösung der quadratischen Gleichung für $t > 0$: $t \approx 15{,}83$

Randwertuntersuchung: $K_R(1) = 1840{,}75$

$K_R(20) = 582$

Vergleich der Randwerte mit dem relativen Minimum $K_R(15{,}83) \approx 576{,}99$

ergibt das **absolute Minimum $K_R(15{,}83) \approx 576{,}99$.**

Ergebnis: Für t = 15,83 sind die Rohstoffkosten minimal. Sie betragen ca. 576,99 GE.

Aufgaben

1. Die Herstellung der Fertigprodukte E_1, E_2 und E_3 verursacht variable Herstellkosten für je eine Mengeneinheit (ME) von $\vec{k}_E = (22 \quad 24 \quad 36)$.
   Der Produktionsvektor für die Fertigprodukte ist gegeben durch

   $$\vec{p} = \begin{pmatrix} 18t - 50 \\ -0{,}125t^3 + 6t^2 \\ -0{,}5t^2 + 4t + 100 \end{pmatrix}; \; t \in [5; 30].$$

   Die fixen Kosten betragen 4000 Geldeinheiten (GE).
   Berechnen Sie die Gesamtkosten K(t) für diese Produktion in Abhängigkeit von t.
   Für welche Wahl von t sind die Gesamtkosten K(t) maximal?
   Der Erlös lässt sich beschreiben durch $E(t) = -0{,}5t^3 - 123t^2 + 5460t$.
   Bestimmen Sie den maximalen Gewinn.

   Zeigen Sie: Es gibt ein $t \in [20; 28]$, sodass kostendeckend produziert werden kann.
   Bestimmen Sie diesen Wert von t auf eine Dezimale gerundet (GTR oder Näherungsverfahren).

2. Ein Betrieb stellt aus den Bauteilen T_1, T_2, T_3 und T_4 zunächst drei Zwischenprodukte Z_1, Z_2 und Z_3 und daraus die Endprodukte E_1, E_2 und E_3 her. Die folgenden Tabellen geben den Bedarf an Bauteilen bzw. den Bedarf an Zwischenprodukten für eine Mengeneinheit (ME) der Endprodukte an.

	E_1	E_2	E_3
Z_1	2	3	0
Z_2	4	2	1
Z_3	2	1	0

	E_1	E_2	E_3
T_1	6	5	5
T_2	8	8	1
T_3	10	8	1
T_4	14	11	2

   Die Kosten für die Bauteile, für die Fertigung der Zwischenprodukte und der Endprodukte sind in Geldeinheiten (GE) je ME durch folgende Tabelle ($t > 0$) gegeben:

T_1	T_2	T_3	T_4	Z_1	Z_2	Z_3	E_1	E_2	E_3
$3 - t$	2	$5 - 2t$	$t^2 + 1$	2	3	2	4	8	2

   a) Bestimmen Sie die Bauteilekosten in Abhängigkeit von t, wenn von jedem Endprodukt eine ME hergestellt wird.
   Für welchen Wert von t werden die Bauteilekosten minimal?

   b) Berechnen Sie für $t = 1$ die Gesamtkosten für die Herstellung von 5 ME von E_1, 2 ME von E_2 und 4 ME von E_3.
   Dabei belaufen sich die Fixkosten auf 120 GE.

3. In einem Betrieb werden aus den Rohstoffen R_1, R_2 und R_3 die Endprodukte E_1, E_2 und E_3 hergestellt. Der Materialfluss in Mengeneinheiten (ME) ist der nebenstehenden Tabelle zu entnehmen.

	E_1	E_2	E_3
R_1	8	6	6
R_2	2	5	3
R_3	3	2	3

Die monatlichen Rohstoffkosten in GE pro ME werden beschrieben durch $\vec{k}_R = (4 \quad \frac{1}{40}t^2 + 5 \quad -\frac{1}{40}t^2 - \frac{1}{10}t + 12)$ mit $t \in \{1; 2; ...; 12\}$. Beschreiben Sie die Entwicklung der Rohstoffkosten der einzelnen Rohstoffe im Jahresverlauf in Worten. Berechnen Sie die Rohstoffkosten bei einer Produktion von je einer ME der Endprodukte. In welchem Monat sind die Rohstoffkosten minimal?

4. Ein Betrieb benötigt in der ersten Produktionsstufe die Rohstoffe R_1, R_2 und R_3 zur Herstellung der vier Zwischenprodukte Z_1, Z_2, Z_3 und Z_4. In der zweiten Produktionsstufe werden aus den Zwischenprodukten die Endprodukte E_1, E_2 und E_3 montiert. Der Materialfluss in Mengeneinheiten (ME) ist den nebenstehenden Tabellen zu entnehmen.

	Z_1	Z_2	Z_3	Z_4
R_1	2	1	2	2
R_2	3	2	0	1
R_3	4	0	2	0

	E_1	E_2	E_3
Z_1	4	2	0
Z_2	0	4	4
Z_3	3	2	4
Z_4	4	0	4

a) Für einen Auftrag werden von R_1 4360 ME und von R_2 und R_3 jeweils 3520 ME verarbeitet.
Wie viel ME von E_1, E_2 und E_3 werden damit gefertigt?

b) Ein Verbesserungsvorschlag aus der Belegschaft führt zu einer Umstellung der Endproduktmontage. Dadurch ändert sich ein Element der Zwischenprodukt-Endprodukt-Matrix: Für eine ME E_2 werden nun (8 – 0,5t) ME Z_2 benötigt.
In der kommenden Produktionsperiode sollen 360 ME von Z_1, 410 ME von Z_2, 500 ME von Z_3 und 500 ME von Z_4 vollständig zu Endprodukten verarbeitet werden. Welchen Wert muss t annehmen?
Wie viel ME der Endprodukte können dann hergestellt werden?
Die Herstellkosten für die Zwischenprodukte verhalten sich wie 2 : 5 : 4 : 3.
Die Montagekosten für die Endprodukte betragen $\vec{k}_E = (12 \quad 18 \quad 24)$, die Rohstoffkosten werden vernachlässigt. Berechnen Sie die Herstellkosten je ME der Zwischenprodukte, wenn die Gesamtherstellkosten für die kommende Produktionsperiode 43539 GE betragen.

1.5 Aufgaben zur Abiturvorbereitung

1. Eine Maschinenfabrik stellt aus den Rohstoffen R_1, R_2, R_3 und R_4 in der ersten Produktionsstufe die Zwischenprodukte Z_1 und Z_2 her. Aus diesen werden in der zweiten Produktionsstufe die Endprodukte E_1, E_2 und E_3 hergestellt.
Das Diagramm zeigt den Materialfluss in Mengeneinheiten (ME).

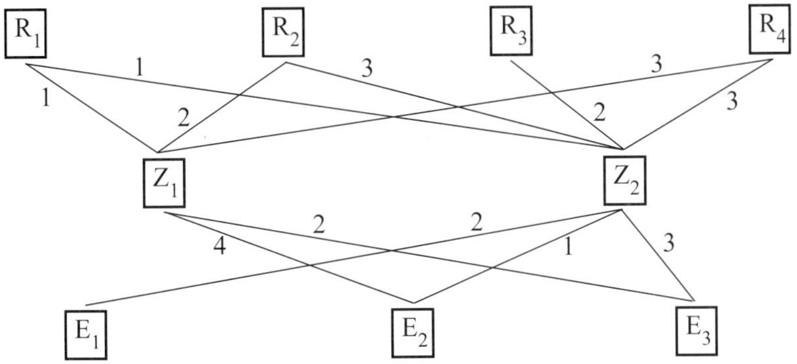

a) Bestimmen Sie die Matrix, die den Rohstoffverbrauch pro ME der Endprodukte angibt.

b) Wie viel ME der einzelnen Rohstoffe benötigt die Fabrik, um 10 ME von E_1, 5 ME von E_2 und 4 ME von E_3 herzustellen?

c) Die Rohstoffkosten je ME und die Fertigungskosten der Zwischen- und Endprodukte je ME entnehmen Sie folgender Tabelle (alle Angaben in €):

R_1	R_2	R_3	R_4	Z_1	Z_2	E_1	E_2	E_3
0,3	0,5	0,6	0,3	0,1	0,2	0,05	0,1	0,15

Für einen Auftrag über 50 ME von E_1, 60 ME von E_2 und 45 ME von E_3 betragen die fixen Kosten 120 €.
Das Endprodukt E_1 wird zum Preis von 12 € je ME, das Endprodukt E_3 wird zum Preis von 20 € je ME verkauft. Wie hoch muss der Preis für 1 ME von E_2 mindestens sein, damit der Gewinn mindestens 12 % des Erlöses beträgt.

d) Nach Abschluss des Auftrags ergeben sich folgende Rohstoffbestände:

R_1	R_2	R_3	R_4
40	88	16	9

Zeigen Sie, dass die Rohstoffbestände nicht vollständig zur Produktion von Zwischenprodukten aufgebraucht werden können.

2. Eine Spielzeugfirma stellt aus drei Rohstoffen R_1, R_2 und R_3 Steckteile (Frontteile Z_1, Mittelteile Z_2 und Heckteile Z_3) für Spielzeugautos her. Der Hersteller verkauft als Endprodukte E_1, E_2, E_3 und E_4 Packungen mit Steckteilen, bietet aber auch die einzelnen Steckteile zum Verkauf an. Die folgenden Tabellen geben an, wie viel ME der Rohstoffe für jeweils ein Steckteil benötigt werden bzw. wie viele Steckteile in die einzelnen Endprodukte eingehen.

	Z_1	Z_2	Z_3
R_1	1	2	3
R_2	2	2	5
R_3	1	1	2

	E_1	E_2	E_3	E_4
Z_1	1	1	1	2
Z_2	0	1	3	4
Z_3	1	1	1	2

Die Kosten in Geldeinheiten (GE) für je eine ME der Rohstoffe und für die Produktion von je 1 Steckteil bzw. von je 1 Endprodukt sind durch folgende Vektoren gegeben:

$\vec{k}_R = (0{,}05 \quad 0{,}05 \quad 0{,}05)$, $\vec{k}_Z = (0{,}4 \quad 0{,}3 \quad 0{,}2)$, $\vec{k}_E = (0{,}2 \quad 0{,}15 \quad 0{,}25 \quad 0{,}3)$

Der Verkaufspreis je Steckteil beträgt einheitlich 1 GE.

Die Endprodukte E_1, E_2, E_3 und E_4 werden für 2 GE, 3 GE, 5 GE bzw. 7 GE pro Stück verkauft.

a) Wie viele Steckteile lassen sich aus 2600 ME von R_1, 3900 ME von R_2 und 1700 ME von R_3 herstellen?

b) Bestimmen Sie die gesamten variablen Herstellkosten je Endprodukt E_1, E_2, E_3 und E_4.

c) Ein Großhändler erteilt einen Auftrag über 1000 Endprodukte E_1, 1000 E_2, 300 E_3 und 400 E_4. Außerdem bestellt er je 500 Steckteile Z_1, Z_2 und Z_3. Berechnen Sie den bei diesem Gesamtauftrag erzielten Gewinn, wenn Fixkosten in Höhe von 1575 GE zu berücksichtigen sind.

d) Ein Hersteller von Überraschungseiern bestellt insgesamt 50000 Steckteile, um sie als Inhalt für die Überraschungseier zu verwenden. Er verlangt, dass gleich viele Front- und Heckteile enthalten sind. Zum Zeitpunkt der Bestellung sind nur noch 163000 ME von R_2 am Lager. Die Rohstoffe R_1 und R_3 sind ausreichend vorhanden. Berechnen Sie, wie viele Front- und Heckteile unter den gegebenen Bedingungen höchstens geliefert werden können. Wie viele Mittelteile enthält dann die Lieferung?

e) Ein Lagerbestand von 5000 Z_1, 8600 Z_2 und 5000 Z_3 soll restlos und nur zur Produktion von Endprodukten E_2 und E_3 verarbeitet werden. Berechnen Sie, wie viele Endprodukte E_2 und E_3 sich daraus herstellen lassen.

(Nach einer Prüfungsaufgabe BW.)

3. Ein Betrieb stellt aus den Bauteilen T_1, T_2, T_3 und T_4 die Baugruppen B_1, B_2 und B_3 her. Aus diesen werden die Endprodukte E_1, E_2 und E_3 montiert.
Der Materialfluss pro Mengeneinheit (ME) des jeweiligen Folgeprodukts ist durch die beiden folgenden Tabellen gegeben. Dabei ist t ($t \geq 0$) ein technologiebedingter Parameter.

	B_1	B_2	B_3
T_1	t	2	2
T_2	2	0	1
T_3	3	t	0
T_4	2	4	t

	E_1	E_2	E_3
B_1	2	1	3
B_2	4	1	5
B_3	1	5	0

Bei der Produktion fallen Material- und Fertigungskosten (in €) an:

$\vec{k}_T = (0{,}5 \quad 1 \quad 2 \quad 1{,}5)$ Materialkosten je Bauteil

$\vec{k}_B = (2{,}5 \quad 2 \quad 1{,}5)$ Fertigungskosten je Baugruppe

$\vec{k}_E = (3 \quad 2 \quad 4)$ Fertigungskosten je Endprodukt

a) Es sei t = 0.
Die Tagesproduktion beträgt 120 ME von E_1, 100 ME von E_2 und 150 ME von E_3.
Bestimmen Sie den Verkaufsvektor der dafür benötigten Bauteile.
Berechnen Sie die gesamten variablen Herstellkosten für die Tagesproduktion.
Die Endprodukte E_1, E_2 und E_3 werden für 80 €, 75 € bzw. 80 € pro ME verkauft. Berechnen Sie den beim Verkauf der Tagesproduktion erzielten Gewinn, wenn Fixkosten in Höhe von 1240 € zu berücksichtigen sind.

b) Der Betrieb hat folgenden Lagerbestand an Bauteilen:

T_1	T_2	T_3	T_4
3200	2000	1600	4480

Bestimmen Sie für t = 0, wie viele ME der Bauteile T_2 noch übrig bleiben, wenn der Lagerbestand an Bauteilen T_1, T_3 und T_4 bis auf einen Rest von 10 % des jetzigen Bestandes aufgebraucht werden soll.
Wie viele ME von E_1, E_2 und E_3 können damit montiert werden?

c) Die Materialkosten je Bauteil sind nun marktbedingt abhängig von t und betragen $\vec{k}_T = (0{,}5 \quad 1+t \quad 2-t \quad 1{,}5)$.
Berechnen Sie die Matrix in Abhängigkeit von t, die den Bauteilebedarf je Endprodukt angibt. Berechnen Sie die Materialkosten in Abhängigkeit von t, wenn von jedem Endprodukt 1 ME montiert wird. Für welchen Wert von t muss der Betrieb mit maximalen Materialkosten rechnen?

4 Ein Betrieb stellt aus den Rohstoffen R_1, R_2 und R_3 die Zwischenprodukte Z_1, Z_2 und Z_3 her. Aus diesen Zwischenprodukten werden die Endprodukte E_1 und E_2 hergestellt. Der Bedarf an Rohstoffen in Mengeneinheiten (ME) pro ME der Endprodukte durch folgende Matrix gegeben: $\mathbf{C} = \begin{pmatrix} 46 & 45 \\ 12 & 17 \\ 70 & 79 \end{pmatrix}$

Das Materialflussdiagramm beschreibt den Bedarf an Rohstoffen pro ME der Zwischenprodukte und den Bedarf an Zwischenprodukten pro ME der Endprodukte.

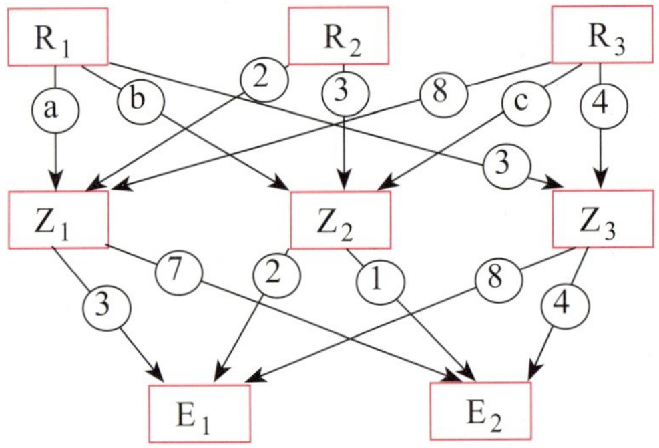

4.1 Wie viele ME von R_1 sind notwendig, um eine ME von Z_1 herzustellen?
Wie viele ME von R_1 und wie viele ME von R_3 werden für eine ME von Z_2 benötigt?

4.2 Der Betrieb erhält einen Auftrag über 250 ME von E_1 und 300 ME von E_2.

4.2.1 Welche Rohstoffmengen werden zur Produktion dieses Auftrags benötigt?

4.2.2 Für einen Auftrag über 250 ME von E_1 und 300 ME von E_2 betragen die Fixkosten 200 Euro. Der Erlös für diesen Auftrag beträgt 3000 Euro.
Die Rohstoffkosten pro ME betragen 2 Cent für R_1 und 3 Cent für R_2.
Die Kosten für R_3 sind saisonabhängig.
Die Fertigungskosten in Cent je ME der Zwischenprodukte sind gegeben durch $\vec{k}_Z = (2 \quad 8 \quad 5)$, die Fertigungskosten in Cent je ME der Endprodukte durch $\vec{k}_E = (15 \quad 10)$.
Wie hoch darf der Preis für eine ME von Rohstoff R_3 höchstens sein, damit die Firma bei diesem Auftrag keinen Verlust macht?

(Nach einer Prüfungsaufgabe BW.)

5 Ein Parfümhersteller stellt aus drei Grundsubstanzen G_1, G_2 und G_3 drei Basismischungen B_1, B_2 und B_3 und aus diesen Basismischungen drei verschiedene Parfüms P_1, P_2 und P_3 her.

Die folgenden Tabellen zeigen den Bedarf an Grundsubstanzen für die Herstellung jeweils einer Mengeneinheit (ME) der Basismischungen und für die Herstellung jeweils einer ME der drei Parfüms:

	B_1	B_2	B_3
G_1	2	1	3
G_2	4	2	1
G_3	1	1	5

	P_1	P_2	P_3
G_1	19	14	20
G_2	23	13	25
G_3	21	18	21

5.1 Wie viele ME der Grundsubstanzen werden benötigt, wenn von jedem Parfüm 20 ME hergestellt werden sollen?

Wie viele ME der einzelnen Basismischungen werden für die Herstellung von je einer ME der Parfüms benötigt?

5.2 Ein Kunde bestellt 30 ME von P_1, 25 ME von P_2 und 12 ME von P_3. Ein Liebhaber des Parfüms P_3 bestellt 150 ME dieser Sorte.

Zeigen Sie, dass der Hersteller nicht sofort beide Kunden beliefern kann, wenn er lediglich 900 ME der Basismischung B_1, 230 ME von B_2 und 640 ME von B_3 vorrätig hat.

Wie viele Grundsubstanzen G_1, G_2 und G_3 muss er nachkaufen, um liefern zu können?

5.3 Da die Lagerung der Grundsubstanzen zu einem Qualitätsverlust führt, sollen sie sofort zu Basismischungen verarbeitet werden.

5.3.1 Wie viele ME der drei Basismischungen können hergestellt werden, wenn von der Grundsubstanz G_1 90 ME, von G_2 80 ME und von G_3 120 ME vorhanden sind?

5.3.2 Der Parfümhersteller erwartet eine Lieferung über 100 ME von G_1 und 100 ME von G_3.

Wie viele ME von G_2 müssen mindestens und wie viele ME von G_2 dürfen höchstens bestellt werden?

(Nach einer Prüfungsaufgabe BW.)

6 Der Betrieb „Ferroparts" montiert Dreiräder, Tretroller und Leiterwagen für den Groß- und Einzelhandel. Die dafür benötigten Achsen und Räder stellt er selbst her.

Folgende Tabelle gibt den Materialbedarf je Fahrzeug an:

	Dreirad	Tretroller	Leiterwagen
Kleine Räder	2	2	2
Große Räder	1	0	2
Achsen	3	2	4

Im Rahmen einer Werbeaktion werden die Artikel in den nachfolgenden Versandeinheiten angeboten:

	Kiste	Container
Dreirad	3	40
Tretroller	2	30
Leiterwagen	2	20

6.1 Die Kosten für die Stahlteile sind abhängig vom Stahlpreis. Die Stückkosten für die Einzelteile können mithilfe des Stahlpreisparameters s (mit $s \geq 0$) wie folgt angegeben werden. Für ein kleines Rad entstehen dem Betrieb Kosten von $(0{,}5 + 0{,}5s)$ GE, für ein großes Rad Kosten von $(1 + s)$ GE und für eine Achse Kosten von $(0{,}75 + 0{,}25s^2)$ GE. Die weiteren Materialkosten und die Kosten für die Montage belaufen sich für ein Dreirad auf 8 GE, für einen Tretroller auf 7 GE und für einen Leiterwagen auf 10 GE. Jeden Tag entstehen Fixkosten in Höhe von 745 GE. Ferroparts schätzt die durchschnittliche Nachfrage pro Tag auf 15 Kisten und 5 Container.

6.1.1 Mit welchen Gesamtkosten pro Tag muss die Fa. Ferroparts bei einem Stahlpreisparameter von $s = 1$ rechnen?

6.1.2 Die Verkaufspreise liegen für ein Dreirad bei 17 GE, für einen Tretroller bei 15 GE und für einen Leiterwagen bei 18 GE.

Für welche Werte von s macht Ferroparts Gewinn?

6.2 Aufgrund der Situation am Stahl- und Eisenmarkt erhält Ferroparts vorübergehend keine Rohstoffe. Im Lager befinden sich noch 500 kleine Räder, 500 große Räder und 500 Achsen.

Wie viele Kisten und wie viele Container sollten bestückt werden, damit möglichst wenige Einzelteile im Lager verbleiben?

(Nach einer Prüfungsaufgabe BW.)

7 Ein Unternehmen produziert aus den Rohstoffen R_1 und R_2 die Zwischenprodukte Z_1, Z_2 und Z_3. Aus diesen werden die Endprodukte E_1, E_2 und E_3 hergestellt.
Der Materialfluss in Mengeneinheiten (ME) ist den Tabellen zu entnehmen.

	E_1	E_2	E_3
Z_1	1	1	4
Z_2	3	2	3
Z_3	1	2	2

	E_1	E_2	E_3
R_1	12	10	19
R_2	10	12	14

7.1 Berechnen Sie den jeweiligen Bedarf an Rohstoffen für die Herstellung von je einer ME eines Zwischenprodukts.

7.2 Wie viele Endprodukte können aus einem Lagerbestand von 1336 ME von R_1 und 1150 ME von R_2 hergestellt werden, wenn von E_2 genauso viele ME wie von E_3 hergestellt werden sollen?

7.3 Eine ME von R_1 kostet 1 Geldeinheit (GE), eine ME von R_2 kostet 3 GE.
Die Fertigungskosten für eine ME von Z_1 betragen 3 GE, für eine ME von Z_2 4 GE und für eine ME Z_3 2 GE.
Die Fertigungskosten für eine ME von E_1 betragen 4 GE, für eine ME von E_2 2 GE und für eine ME von E_3 3 GE.
Das Unternehmen erhält einen Auftrag über 35 ME von E_1, 27 ME von E_2 und 34 ME von E_3.

7.3.1 Bestimmen Sie die Gesamtkosten für diesen Auftrag.

7.3.2 Ein Lieferant bietet 150 ME von Z_1, 200 ME von Z_2 und 100 ME von Z_3 für insgesamt 4000 GE an.
Soll das Unternehmen das Angebot des Lieferanten annehmen?

(Nach einer Prüfungsaufgabe BW.)

8. Die Firma HO & MÜ fertigt Spielzeug-LKWs und Spielzeug-PKWs. Dafür werden die folgenden Grundbauteile benötigt.

G_1: Radachsen inkl. Räder G_2: LKW-Karosserie

G_3: LKW-Ladecontainer G_4: PKW-Karosserie

Die Fahrzeuge werden in unterschiedlichen Stückzahlen in drei verschiedene Boxen B_1, B_2 und B_3 verpackt. Es gilt:

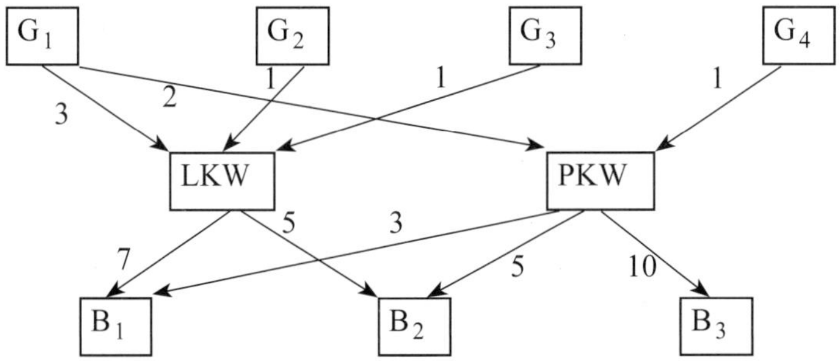

a) Bestimmen Sie die Matrix **C,** die den Bedarf an Grundbauteilen pro Box beschreibt.

b) An den Spielzeugladen „Kasperle" sollen 150 Boxen B_1, 200 Boxen B_2 und 180 Boxen B_3 geliefert werden.

Für die Grundbauteile ergeben sich die folgenden Kosten: Grundbauteil G_1 kostet 0,5 GE, Grundbauteil G_2 kostet 1,5 GE, Grundbauteil G_3 kostet 1 GE und Grundbauteil G_4 kostet 2 GE.

Die Montagekosten für einen LKW betragen 1,5 GE, die für einen PKW 1 GE.

Für das Bestücken der Boxen entstehen für jede Box Kosten in Höhe von 1,2 GE.

Die Fixkosten betragen 1000 GE.

Die Firma HO & MÜ bietet dem Spielzeugladen „Kasperle" Box 1 für 65 GE, Box 2 für 60 GE und Box 3 für 45 GE an.

Welchen Gewinn macht die Firma, wenn dieses Angebot akzeptiert wird?

c) Im Lager befinden sich nur noch 2450 ME von G_4 und je 1450 ME von G_2 und G_3. Es sollen 100 ME von B_1 produziert werden und der Lagerbestand soll aufgebraucht werden. Wie viele ME von G_1 müssen gekauft werden und wie viele Boxen B_2 und B_3 können ausgeliefert werden?

(Nach einer Prüfungsaufgabe BW.)

2 Das Leontief-Modell

2.1 Beschreibung des Leontief-Modells

Beispiel

Drei Betriebe A (Autohersteller), B (Zulieferbetrieb) und C (Energieversorgungsunternehmen) beliefern sich gegenseitig und den Markt, die Betriebe sind miteinander verflochten.

A produziert für den Konsum und liefert auch an die Betriebe B und C. Um produzieren zu können, muss A aber auch Güter von B und C und aus seiner eigenen Produktion beziehen. Diese betriebliche Verflechtung der Sektoren (Betriebe) A, B und C ist gegeben durch ein Verflechtungsdiagramm (Gozintograph).

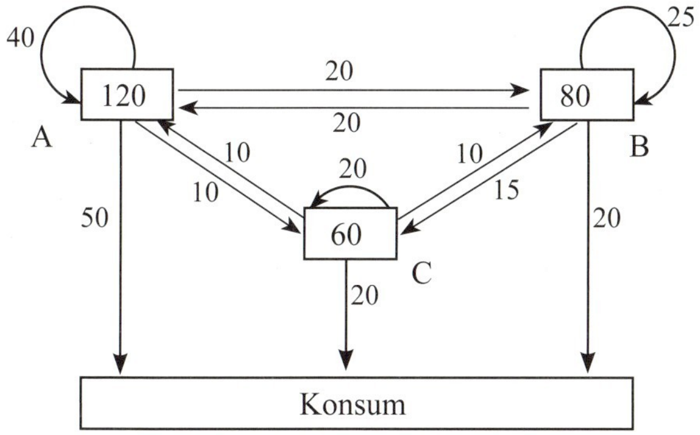

Die **Zahlen** im Diagramm geben die **Warenströme** in geeigneten Einheiten (z. B. GE oder ME) an.

Erläuterung: A $\xrightarrow{20}$ B bedeutet: A liefert 20 Einheiten an B.

Beispiel:

A produziert in einer Produktionsperiode 120 Einheiten eines Gutes.

Davon verbraucht A 40 Einheiten im eigenen Betrieb, A liefert 20 Einheiten an B und 10 Einheiten an C. Die restlichen 50 Einheiten (50 = 120 – 40 – 20 – 10) werden an den Konsum abgegeben.

Für die Produktion von 120 Einheiten müssen A 40 Einheiten der eigenen Produktion, 20 Einheiten des Gutes von B und 10 Einheiten des Gutes von C zur Verfügung stehen.

Die Verflechtung lässt sich in einer **Input-Output-Tabelle** darstellen.

↱	A	B	C	Konsum	Produktion
A	40	20	10	50	120
B	20	25	15	20	80
C	10	10	20	20	60

Die Lieferungen untereinander, die Marktabgabe und die Produktion sind in Einheiten angegeben.

In der folgenden Produktionsperiode will **Betrieb B seine Produktion auf 96** Einheiten **erhöhen,** also um 20 %.
Dem Leontief-Modell liegt die (sinnvolle) **Annahme** zugrunde, dass die **Produktionserhöhung von B um 20 %** eine **Erhöhung der Lieferungen** von A, B und C an B **um 20 %** zur Folge hat.
Wir erhalten eine neue **Input-Output-Tabelle:**

	A	B	C	Konsum	Produktion
A	40	24	10	46	120
B	20	30	15	31	96
C	10	12	20	18	60

Die Spalten von A und C ändern sich nicht, da A und C ihre Produktion nicht verändern, aber als Folge der erhöhten Lieferungen an B vermindert sich die Konsumabgabe.

Zusätzlich zur Produktionserhöhung von B um 20 % **senkt A** seine Produktion um 25 % auf 90 Einheiten, während **C** seine Produktion um 40 % auf 84 Einheiten steigert.
Daraus ergeben sich folgende **Änderungen bei den Lieferungen:**
Die Lieferungen von A, B und C an A (Spalte von A) vermindern sich um 25 % auf 30 Einheiten auf 15 Einheiten und auf 7,5 Einheiten. Die Lieferungen von A, B und C an C (Spalte von C) erhöhen sich um 40 % auf 14, 21 und 28 Einheiten.
Wir erhalten eine neue **Input-Output-Tabelle:**

	A	B	C	Konsum	Produktion
A	30	24	14	22	90
B	15	30	21	30	96
C	7,5	12	28	36,5	84

Die **Konsumabgabe** errechnet sich aus der Differenz von Produktionsmenge und der innerbetrieblichen Lieferungen.

Aufgabe

Die drei Sektoren A_1, A_2 und A_3 eines Unternehmens sind nach dem Leontief-Modell miteinander verflochten. Die nebenstehende Tabelle stellt die Verflechtung dar.

	A_1	A_2	A_3	Konsum
A_1	80	30	30	60
A_2	20	60	10	60
A_3	0	30	70	0

Aufgrund einer veränderten Wirtschaftslage wird mit folgenden Produktionsmengen für die drei Sektoren gerechnet:
A_1, A_2 und A_3 produzieren Waren im Wert von 250 GE, 120 GE und 150 GE.
Stellen Sie für diesen Fall die Verflechtung in einer Tabelle dar.

2.2 Inputmatrix

Leontief-Annahme: Die **Lieferungen an einen Sektor** steigen oder fallen **im gleichen Verhältnis** wie die Produktion des Sektors.

Mit dieser Leontief-Annahme kann man aufgrund einer gegebenen Verflechtung auf mögliche andere Fälle schließen, indem man diese Verhältnisse berechnet.

Produktion von A	Lieferung von A an A	Lieferung von B an A	Lieferung von C an A
120	40	20	10
90	30	15	7,5
1	$\frac{1}{3}$	$\frac{1}{6}$	$\frac{1}{12}$
	$\frac{\text{Lieferung von A an A}}{\text{Produktion von A}} = \frac{40}{120} = \frac{30}{90} = \frac{1}{3}$	$\frac{\text{Lieferung von B an A}}{\text{Produktion von A}} = \frac{20}{120} = \frac{15}{90} = \frac{1}{6}$	$\frac{\text{Lieferung von C an A}}{\text{Produktion von A}} = \frac{10}{120} = \frac{7{,}5}{90} = \frac{1}{12}$

Entsprechende Verhältniszahlen lassen sich auch für B und C bestimmen.
Die Verhältniszahlen nennen wir Inputkoeffizienten a_{ij} und fassen sie in der **Inputmatrix A** zusammen.

$$\text{Inputmatrix } \mathbf{A} = (a_{ij}) = \begin{pmatrix} \frac{40}{120} & \frac{20}{80} & \frac{10}{60} \\ \frac{20}{120} & \frac{25}{80} & \frac{15}{60} \\ \frac{10}{120} & \frac{10}{80} & \frac{20}{60} \end{pmatrix} = \begin{pmatrix} \frac{1}{3} & \frac{1}{4} & \frac{1}{6} \\ \frac{1}{6} & \frac{5}{16} & \frac{1}{4} \\ \frac{1}{12} & \frac{1}{8} & \frac{1}{3} \end{pmatrix} = \frac{1}{48}\begin{pmatrix} 16 & 12 & 8 \\ 8 & 15 & 12 \\ 4 & 6 & 16 \end{pmatrix}$$

Beachten Sie:

$\mathbf{a_{12} = \frac{1}{4}}$ bedeutet, dass Betrieb A (Sektor 1) $\frac{1}{4}$ der Produktion von Betrieb B (Sektor 2) an Betrieb B (Sektor 2) liefern muss.

Oder: Betrieb B benötigt $\frac{1}{4}$ Einheiten von A, um eine Einheit zu erzeugen. **(Input je Produktionseinheit.)**

$\mathbf{a_{32} = \frac{1}{8}}$ bedeutet, dass Betrieb C (Sektor 3) $\frac{1}{8}$ der Produktion von Betrieb B (Sektor 2) an Betrieb B (Sektor 2) liefern muss.

Oder: Betrieb B benötigt $\frac{1}{8}$ Einheiten von C, um eine Einheit zu erzeugen.

7 Bohner u.a. ISBN 978-3-8120-0452-7

Die Betriebe A, B und C produzieren x_1, x_2 bzw. x_3 Einheiten.

Man erhält die folgende Verflechtungstabelle:

	A	B	C	Konsum	Produktion
A	$\frac{1}{3}x_1$	$\frac{1}{4}x_2$	$\frac{1}{6}x_3$	y_1	x_1
B	$\frac{1}{6}x_1$	$\frac{5}{16}x_2$	$\frac{1}{4}x_3$	y_2	x_2
C	$\frac{1}{12}x_1$	$\frac{1}{8}x_2$	$\frac{1}{3}x_3$	y_3	x_3

Es gilt der Zusammenhang:

$$\frac{1}{3}x_1 + \frac{1}{4}x_2 + \frac{1}{6}x_3 + y_1 = x_1$$

$$\frac{1}{6}x_1 + \frac{5}{16}x_2 + \frac{1}{4}x_3 + y_2 = x_2$$

$$\frac{1}{12}x_1 + \frac{1}{8}x_2 + \frac{1}{3}x_3 + y_3 = x_3$$

In Matrixschreibweise

$$\begin{pmatrix} \frac{1}{3} & \frac{1}{4} & \frac{1}{6} \\ \frac{1}{6} & \frac{5}{16} & \frac{1}{4} \\ \frac{1}{12} & \frac{1}{8} & \frac{1}{3} \end{pmatrix} \cdot \begin{pmatrix} x_1 \\ x_2 \\ x_3 \end{pmatrix} + \begin{pmatrix} y_1 \\ y_2 \\ y_3 \end{pmatrix} = \begin{pmatrix} x_1 \\ x_2 \\ x_3 \end{pmatrix}$$

Input-Matrix A — **Produktions-vektor $\vec{x}$** — **Konsum-vektor $\vec{y}$**

Kurzform: $\mathbf{A} \cdot \vec{x} + \vec{y} = \vec{x}$

Umformung nach $\vec{y}$: $\vec{y} = \vec{x} - \mathbf{A} \cdot \vec{x}$

Ausklammern von $\vec{x}$: $\vec{y} = (\mathbf{E} - \mathbf{A}) \cdot \vec{x}$

Bemerkung: $\mathbf{A} \cdot \vec{x}$ beschreibt den **innerbetrieblichen Absatz.**

Beachten Sie: Bei einer Verflechtung nach dem **Leontief-Modell** ist
$\vec{x}$ der **Produktionsvektor** für eine Produktionsperiode,
$\vec{y}$ der **Konsumabgabevektor** (Marktvektor),
A die **Inputmatrix** (oder auch Technologiematrix) und es gilt:

$$\mathbf{A} \cdot \vec{x} + \vec{y} = \vec{x} \iff \vec{y} = (\mathbf{E} - \mathbf{A}) \cdot \vec{x}$$

Beachten Sie: Ein **Inputkoeffizient a_{ij}** besagt, wie viel Input man für 1 Einheit Output braucht.

Beispiel

Die Verflechtung der drei Zweigwerke A_1, A_2 und A_3 eines Unternehmens nach dem Leontief-Modell ist durch folgende Tabelle gegeben:

		Lieferung an			
		A_1	A_2	A_3	Markt
Lieferung von	A_1	20	26	40	14
	A_2	10	39	80	1
	A_3	40	78	20	62

a) Bestimmen Sie die Inputmatrix **A.**

b) Die Zweigwerke A_1, A_2 und A_3 produzieren 120, 180 und 260 Einheiten an Gütern. Erstellen Sie die zugehörige Verflechtungstabelle (Input-Output-Tabelle).

Lösung

a) A_1 produziert $(20 + 26 + 40 + 14)$ Einheiten $= 100$ Einheiten,
A_2 und A_3 produzieren 130 Einheiten bzw. 200 Einheiten.

Bestimmung der Inputmatrix **A:**

A_1 bezieht von A_1 20 Einheiten, dies entspricht einem Anteil von $\frac{20}{100} = \mathbf{0{,}2}$ an der Produktion von A_1.

A_1 bezieht von A_2 10 Einheiten, dies entspricht einem Anteil von $\frac{10}{100} = \mathbf{0{,}1}$ an der Produktion von A_1.

$$\mathbf{A} = \begin{pmatrix} 0{,}2 & 0{,}2 & 0{,}2 \\ 0{,}1 & 0{,}3 & 0{,}4 \\ 0{,}4 & 0{,}6 & 0{,}1 \end{pmatrix} = \frac{1}{10}\begin{pmatrix} 2 & 2 & 2 \\ 1 & 3 & 4 \\ 4 & 6 & 1 \end{pmatrix}$$

b) **Verflechtungstabelle**

	A_1	A_2	A_3	Konsum	Produktion
A_1	24	36	52	8	120
A_2	12	54	104	10	180
A_3	48	108	26	78	260

Beispiele: $24 = 0{,}2 \cdot 120$ $\quad 108 = 0{,}6 \cdot 180$ $\quad 104 = 0{,}4 \cdot 260$

Konsumabgabe von A_1: $120 - (24 + 36 + 52) = 8$

Bemerkung:

Berechnung des innerbetrieblichen Absatzes $\mathbf{A} \cdot \vec{x} = \frac{1}{10}\begin{pmatrix} 2 & 2 & 2 \\ 1 & 3 & 4 \\ 4 & 6 & 1 \end{pmatrix} \cdot \begin{pmatrix} 120 \\ 180 \\ 260 \end{pmatrix} = \begin{pmatrix} 112 \\ 170 \\ 182 \end{pmatrix}$

Berechnung des außerbetrieblichen Absatzes (Konsumabgabe)

$$\vec{y} = \vec{x} - \mathbf{A} \cdot \vec{x} = \begin{pmatrix} 120 \\ 180 \\ 260 \end{pmatrix} - \begin{pmatrix} 112 \\ 170 \\ 182 \end{pmatrix} = \begin{pmatrix} 8 \\ 10 \\ 78 \end{pmatrix}$$

Was man wissen sollte... über das Leontief-Modell

Die drei Sektoren Z_1, Z_2 und Z_3 sind untereinander und mit dem Markt nach dem Leontief-Modell verflochten.

Verflechtungstabelle (Input-Output-Tabelle)

	Z_1	Z_2	Z_3	Konsum	Produktion
Z_1	x_{11}	x_{12}	x_{13}	y_1	x_1
Z_2	x_{21}	x_{22}	x_{23}	y_2	x_2
Z_3	x_{31}	x_{32}	x_{33}	y_3	x_3

Bemerkung: Die **Input-Output-Tabelle** gibt sowohl die Lieferungen der Sektoren untereinander als auch die Lieferung an den Konsum an.
$\mathbf{x_{ij}}$ ($\mathbf{x_{ij}} \geq 0$) ist die Lieferung des Sektors i an den Sektor j.
Die Diagonalelemente $\mathbf{x_{ij}}$ (i = 1, 2, 3) sind die Eigenverbrauchsmengen der Sektoren $\mathbf{Z_i}$.
Die Summe der Lieferungen von $\mathbf{Z_1}$: $x_{11} + x_{12} + x_{13} + y_1 = x_1$ ergibt die Produktion von $\mathbf{Z_1}$.

Leontief-Annahme: Die **Lieferungen an einen Sektor** steigen oder fallen **im gleichen Verhältnis** wie die Produktion des Sektors.

Inputmatrix **A** (Technologiematrix)

$$\mathbf{A} = \begin{pmatrix} \frac{x_{11}}{x_1} & \frac{x_{12}}{x_2} & \frac{x_{13}}{x_3} \\ \frac{x_{21}}{x_1} & \frac{x_{22}}{x_2} & \frac{x_{23}}{x_3} \\ \frac{x_{31}}{x_1} & \frac{x_{32}}{x_2} & \frac{x_{33}}{x_3} \end{pmatrix} \quad \text{mit } a_{ij} = \frac{x_{ij}}{x_j}$$

Produktionsvektor $\vec{x}$

$$\vec{x} = \begin{pmatrix} x_1 \\ x_2 \\ x_3 \end{pmatrix} \quad \text{mit } x_i \geq 0$$

Konsumvektor $\vec{y}$

$$\vec{y} = \begin{pmatrix} y_1 \\ y_2 \\ y_3 \end{pmatrix} \quad \text{mit } y_i \geq 0$$

Weitere Bezeichnungen für den Konsumvektor:
Marktabgabevektor, Nachfragevektor, Endverbrauchsvektor

Zusammenhang von Inputmatrix **A**, Produktionsvektor $\vec{x}$ und Konsumvektor $\vec{y}$:

$$\mathbf{A} \cdot \vec{x} + \vec{y} = \vec{x} \quad \Longleftrightarrow \quad \vec{y} = (\mathbf{E} - \mathbf{A})\,\vec{x}$$

Aufgaben

1. Die beiden Sektoren S_1 und S_2 eines volkswirtschaftlichen Modells sind nach dem Leontief-Modell miteinander verflochten. Die folgende Tabelle zeigt die Verflechtung der beiden Sektoren und deren Marktabgabe. Ermitteln Sie die Inputmatrix **A.**

	S_1	S_2	Markt
S_1	8	4	8
S_2	10	12	18

2. Zwei nach dem Leontief-Modell miteinander verbundene Zweigwerke Z_1 und Z_2 beliefern sich gegenseitig und den Markt.

   Z_1 produziert 60 Einheiten und Z_2 100 Einheiten.

   Die Produktionsmatrix **A** ist gegeben durch $\mathbf{A} = \begin{pmatrix} 0{,}6 & 0{,}1 \\ 0{,}2 & 0{,}6 \end{pmatrix}$.

   Wie viele Produktionseinheiten liefert jedes der Werke an sich selbst, an die beiden anderen und an den Markt?

3. Die drei Zweigwerke A, B und C eines Unternehmens sind nach dem Leontief-Modell miteinander verflochten. Die gegenseitigen Lieferungen sowie die Abgaben an den Markt sind für eine Produktionsperiode in folgender Tabelle dargestellt:

	A	B	C	Konsum
A	3	4	1	4
B	4	4	2	6
C	2	0	2	4

   Geben Sie die Inputmatrix **A** an.

   Berechnen Sie den innerbetrieblichen Absatz und die Summe aller Konsumausgaben bei einer Produktion von $\vec{x} = \begin{pmatrix} 24 \\ 20 \\ 16 \end{pmatrix}$.

4. Eine Volkswirtschaft, für die das Leontief-Modell zugrunde gelegt wird, besteht aus den drei Wirtschaftszweigen Z_1, Z_2 und Z_3. Die folgende Tabelle zeigt die Verflechtung der Wirtschaftszweige:

	Z_1	Z_2	Z_3	Konsum
Z_1	0	20	20	40
Z_2	50	15	50	10
Z_3	40	25	25	110

   Bestimmen Sie die Inputmatrix **A.** Geben Sie die Lieferungen x_{21} und x_{23} an, wenn Z_1 die Produktion um 20 % erhöht, während Z_3 die Produktion um 20 % verringert.

5. Der Betrieb besteht aus den drei Werken Z_1, Z_2 und Z_3. Diese Werke sind nach dem Leontief-Modell miteinander verbunden. Das folgende Diagramm zeigt die Verflechtung.

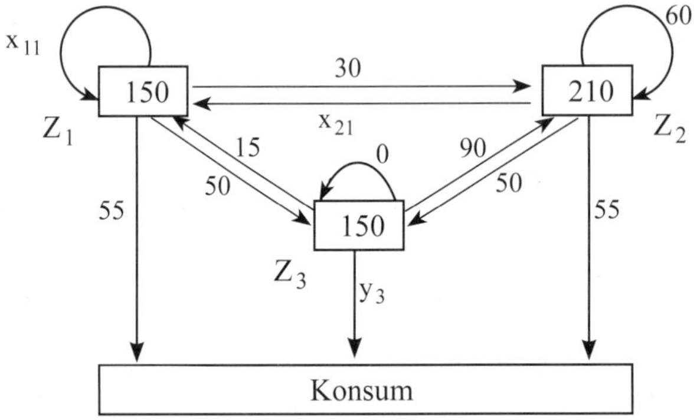

Bestimmen Sie die fehlenden Größen. Stellen Sie die Verflechtung in einer Input-Output-Tabelle dar und bestimmen Sie die Inputmatrix **A**.

6. Das Unternehmen besteht aus den drei Zweigwerken Z_1, Z_2 und Z_3.
Die Zweigwerke sind untereinander und mit dem Markt nach dem Leontief-Modell miteinander verflochten.
Bestimmen Sie die Inputmatrix **A,** wenn gilt: $\mathbf{E} - \mathbf{A} = \begin{pmatrix} 0{,}6 & -0{,}2 & -0{,}2 \\ -0{,}1 & 0{,}8 & -0{,}1 \\ -0{,}2 & -0{,}2 & 0{,}7 \end{pmatrix}$.

Die derzeitige Produktion ist $\vec{x} = \begin{pmatrix} 400 \\ 600 \\ 300 \end{pmatrix}$.

Erstellen Sie die zugehörige Input-Output-Tabelle. Geben Sie den innerbetrieblichen Absatz an. Wie ändert sich das Element x_{21} in der Tabelle, wenn Z_1 seine Produktion um 100 ME steigert?

7. Die drei Zweigwerke A_1, A_2 und A_3 des Betriebs sind nach dem Leontief-Modell miteinander verflochten. Im derzeitigen Produktionszeitraum beliefern sie sich und den Markt nach nebenstehender Input-Output-Tabelle:

	A_1	A_2	A_3	Konsum	Produktion
A_1	5	10	a	5	25
A_2	20	b	2,5	2,5	50
A_3	20	10	10	c	d

Zur Tabelle gehört folgende Inputmatrix $\mathbf{A} = \begin{pmatrix} e & 0{,}2 & 0{,}1 \\ 0{,}8 & 0{,}5 & f \\ 0{,}8 & 0{,}2 & 0{,}2 \end{pmatrix}$.

a) Bestimmen Sie die fehlenden Größen in der Input-Output-Tabelle sowie der Inputmatrix **A.** Welche Bedeutung hat das Element a_{32} der Inputmatrix **A?**

b) Erläutern Sie die Bedeutung von $\mathbf{A} \cdot \vec{x}$ im Leontief-Modell.

2.3 Problemstellungen beim Leontief-Modell

2.3.1 Die Konsumabgabe hängt von der gegebenen Produktion ab

Problemstellung: **Gegeben** ist die Verflechtung nach Leontief durch eine Tabelle oder durch die Inputmatrix **A** und der Produktionsvektor $\vec{x}$.

Gesucht ist die zugehörige Marktabgabe $\vec{y}$.

Lösung: Mit $\mathbf{A} \cdot \vec{x} + \vec{y} = \vec{x} \iff \vec{y} = (\mathbf{E} - \mathbf{A}) \cdot \vec{x}$

erhält man durch Einsetzen von $\vec{x}$ den gesuchten Konsumvektor $\vec{y}$.

Beispiel

Die drei Zweigwerke A, B und C eines Unternehmens sind nach dem Leontief-Modell miteinander verflochten.

Dabei gilt folgende Inputmatrix $\mathbf{A} = \begin{pmatrix} 0{,}2 & 0{,}2 & 0{,}2 \\ 0 & 0{,}6 & 0{,}4 \\ 0{,}4 & 0{,}4 & 0{,}1 \end{pmatrix}$.

Mit welchem Konsum wird gerechnet, wenn die Produktion der drei Zweigwerke gegeben ist durch $\vec{x} = (30 \quad 60 \quad 40)^T$? Erstellen Sie eine Verflechtungstabelle.

Lösung:

$$\mathbf{E} - \mathbf{A} = \begin{pmatrix} 1 & 0 & 0 \\ 0 & 1 & 0 \\ 0 & 0 & 1 \end{pmatrix} - \begin{pmatrix} 0{,}2 & 0{,}2 & 0{,}2 \\ 0 & 0{,}6 & 0{,}4 \\ 0{,}4 & 0{,}4 & 0{,}1 \end{pmatrix} = \begin{pmatrix} 0{,}8 & -0{,}2 & -0{,}2 \\ 0 & 0{,}4 & -0{,}4 \\ -0{,}4 & -0{,}4 & 0{,}9 \end{pmatrix}$$

Einsetzen von $\vec{x}$ in $(\mathbf{E} - \mathbf{A})\,\vec{x} = \vec{y}$ ergibt den gesuchten Konsumvektor:

$$\vec{y} = (\mathbf{E} - \mathbf{A}) \begin{pmatrix} 30 \\ 60 \\ 40 \end{pmatrix} = \begin{pmatrix} 4 \\ 8 \\ 0 \end{pmatrix}$$ (mit dem **GTR** oder im Schema)

A gibt 4 Einheiten und B gibt 8 Einheiten an den Markt ab. C liefert nichts an den Markt.

Beachten Sie: Eine Produktion mit $x_i \geq 0$ ist **wirtschaftlich sinnvoll,** wenn der Konsumvektor $\vec{y}$ in $(\mathbf{E} - \mathbf{A})\,\vec{x} = \vec{y}$ nur **nichtnegative** Komponenten ($y_i \geq 0$) enthält.

Verflechtungstabelle

	A	B	C	Konsum	Produktion
A	6	12	8	4	**30**
B	0	36	16	8	**60**
C	12	24	4	0	40

Bemerkungen zur **Berechnung:**

1. Spalte: $6 = 0{,}2 \cdot$ **30;** $12 = 0{,}4 \cdot$ **30**

2. Spalte: $36 = 0{,}6 \cdot 60$; $24 = 0{,}4 \cdot 60$; 3. Spalte: $8 = 0{,}2 \cdot 40$; $16 = 0{,}4 \cdot 40$

Konsum von A: $30 - 6 - 12 - 8 = 4$

Der Konsumvektor lässt sich auch mithilfe der Tabelle berechnen.

Aufgaben

1. Die drei Zweigwerke Z_1, Z_2 und Z_3 eines Unternehmens sind nach dem Leontief-Modell miteinander verflochten. Die gegenseitigen Lieferungen sowie die Abgaben an den Markt sind für eine Produktionsperiode in folgender Tabelle dargestellt:

	Z_1	Z_2	Z_3	Konsum
Z_1	245	20	200	235
Z_2	105	100	50	145
Z_3	140	0	100	260

   Berechnen Sie die Marktabgabe der Zweigwerke, wenn in den Zweigwerken 600 ME (Z_1), 520 ME (Z_2) und 650 ME (Z_3) hergestellt werden.

2. Die folgende Inputmatrix **A** zeigt die Verflechtungen dreier volkswirtschaftlicher Sektoren A_1, A_2 und A_3 nach dem Leontief-Modell: $\mathbf{A} = \begin{pmatrix} 0{,}3 & 0{,}1 & 0{,}1 \\ 0{,}2 & 0{,}4 & 0{,}2 \\ 0{,}05 & 0{,}1 & 0{,}6 \end{pmatrix}$.
   a) Die Produktion der drei Sektoren ist gegeben durch $\vec{x} = (20 \quad 30 \quad 60)^T$. Geben Sie die vollständige Input-Output-Tabelle an.
   b) Die Nachfrage nach den Produkten der Sektoren A_1 und A_2 hat sich erhöht. Deshalb wird die Gesamtproduktion in den Sektoren A_1 und A_2 jeweils um 50 % erhöht. Die Produktion in Sektor A_3 kann kurzfristig nicht erhöht werden. Wie viel % der Produktionssteigerung werden an den Markt weitergegeben?
   c) A_1 plant eine Produktion von 40 Einheiten, A_3 plant eine Produktion von 60 Einheiten. Wie viel muss A_2 mindestens und wie viel darf A_2 höchstens produzieren, wenn jeder Sektor mindestens 10 Einheiten an den Markt abgibt?

3. Die drei Zweigwerke Z_1, Z_2 und Z_3 einer Firma sind nach dem Leontief-Modell miteinander verflochten.
   Gegeben ist die Inputmatrix **A** durch $\mathbf{A} = \frac{1}{10}\begin{pmatrix} 2 & 1 & 1 \\ 2 & 4 & 2 \\ 1 & 4 & 6 \end{pmatrix}$.
   a) Berechnen Sie den Marktvektor für die Produktion $\vec{x} = (30 \quad 30 \quad 60)^T$. Stellen Sie für diesen Fall die Verflechtung in einem Diagramm dar.
   b) Durch die Umstellung des Produktionsverfahrens wird die Lieferung von Zweigwerk Z_3 an Zweigwerk Z_1 überflüssig. Geben Sie die neue Inputmatrix an. Nach der Umstellung produzieren die drei Zweigwerke Z_1, Z_2 und Z_3 100 Einheiten, 60 Einheiten und x_3 Einheiten.
   Wie groß muss x_3 mindestens sein, damit Zweigwerk Z_3 einen Anteil seiner Produktion an den Markt liefern kann?
   Kann Z_3 so viel produzieren, dass Z_3 50 % seiner Produktion an den Markt abgeben kann? Begründen Sie Ihre Entscheidung.

2.3.2 Die Produktion richtet sich nach der erwarteten Nachfrage

Problemstellung: Gegeben ist die Verflechtung nach Leontief durch eine Tabelle oder durch die **Inputmatrix A** und der **Konsumvektor $\vec{y}$.**
Gesucht ist der **zugehörige Produktionsvektor $\vec{x}$.**

Lösung: Bei gegebenem Konsumvektor $\vec{y}$ ist $(\mathbf{E}-\mathbf{A})\,\vec{x}=\vec{y}$ ein lineares Gleichungssystem für x_1, x_2 und x_3.
Auflösung ergibt den gesuchten Produktionsvektor $\vec{x}=\begin{pmatrix} x_1 \\ x_2 \\ x_3 \end{pmatrix}$.

Für die **Auflösung des LGS** gibt es zwei Möglichkeiten:

mit dem **Gauß-Verfahren** **oder** **mithilfe der Inversen**

$(\mathbf{E}-\mathbf{A})\,\vec{x}=\vec{y}$ $\qquad$ $(\mathbf{E}-\mathbf{A})\,\vec{x}=\vec{y}$

$\vec{x}=(\mathbf{E}-\mathbf{A})^{-1}\,\vec{y}$

Beachten Sie: Die Matrix $(\mathbf{E}-\mathbf{A})^{-1}$ heißt **Leontief-Inverse.**

Beispiel

Die drei Zweigwerke A, B und C eines Unternehmens sind nach dem Leontief-Modell miteinander verflochten.

Dabei gilt folgende Inputmatrix $\mathbf{A}=\begin{pmatrix} 0{,}4 & 0{,}1 & 0{,}2 \\ 0 & 0{,}4 & 0{,}4 \\ 0{,}2 & 0{,}4 & 0{,}5 \end{pmatrix}$.

Berechnen Sie die Gesamtproduktion für den Marktvektor $\vec{y}=\begin{pmatrix} 6 \\ 4 \\ 24 \end{pmatrix}$.

Lösung

$$\mathbf{E}-\mathbf{A}=\begin{pmatrix} 1 & 0 & 0 \\ 0 & 1 & 0 \\ 0 & 0 & 1 \end{pmatrix}-\begin{pmatrix} 0{,}4 & 0{,}1 & 0{,}2 \\ 0 & 0{,}4 & 0{,}4 \\ 0{,}2 & 0{,}4 & 0{,}5 \end{pmatrix}=\begin{pmatrix} 0{,}6 & -0{,}1 & -0{,}2 \\ 0 & 0{,}6 & -0{,}4 \\ -0{,}2 & -0{,}4 & 0{,}5 \end{pmatrix}$$

Einsetzen des Marktvektors $\vec{y}$ in $(\mathbf{E}-\mathbf{A})\,\vec{x}=\vec{y}$ ergibt ein

LGS für x_1, x_2, x_3: $\begin{pmatrix} 0{,}6 & -0{,}1 & -0{,}2 \\ 0 & 0{,}6 & -0{,}4 \\ -0{,}2 & -0{,}4 & 0{,}5 \end{pmatrix}\begin{pmatrix} x_1 \\ x_2 \\ x_3 \end{pmatrix}=\begin{pmatrix} 6 \\ 4 \\ 24 \end{pmatrix}$

Auflösung mit dem Gauß-Verfahren: $\left(\begin{array}{ccc|c} 0{,}6 & -0{,}1 & -0{,}2 & 6 \\ 0 & 0{,}6 & -0{,}4 & 4 \\ -0{,}2 & -0{,}4 & 0{,}5 & 24 \end{array}\right) \sim \left(\begin{array}{ccc|c} 1 & 0 & 0 & 100 \\ 0 & 1 & 0 & 140 \\ 0 & 0 & 1 & 200 \end{array}\right)$

Lösung des LGS ergibt den **Produktionsvektor:** $\vec{x}=\begin{pmatrix} 100 \\ 140 \\ 200 \end{pmatrix}$

Oder:

Lösung mithilfe der **Leontief-Inversen:** $\vec{x} = (\mathbf{E} - \mathbf{A})^{-1}\,\vec{y}$

$$\mathbf{E} - \mathbf{A} = \begin{pmatrix} 0{,}6 & -0{,}1 & -0{,}2 \\ 0 & 0{,}6 & -0{,}4 \\ -0{,}2 & -0{,}4 & 0{,}5 \end{pmatrix} \Rightarrow (\mathbf{E} - \mathbf{A})^{-1} = \frac{1}{26}\begin{pmatrix} 70 & 65 & 80 \\ 40 & 130 & 120 \\ 60 & 130 & 180 \end{pmatrix}$$

Einsetzen ergibt: $\vec{x} = \frac{1}{26}\begin{pmatrix} 70 & 65 & 80 \\ 40 & 130 & 120 \\ 60 & 130 & 180 \end{pmatrix}\begin{pmatrix} 6 \\ 4 \\ 24 \end{pmatrix} = \begin{pmatrix} 100 \\ 140 \\ 200 \end{pmatrix}$

Bemerkung: Der Rechenaufwand ist sehr viel höher als bei der ersten Variante.

Beachten Sie: Enthält die **Leontief-Inverse** nur positive Elemente, dann lässt sich **jede Nachfrage** befriedigen. Einsetzen des Konsumvektors $\vec{y}$ liefert $\vec{x} = (\mathbf{E} - \mathbf{A})^{-1} \cdot \vec{y}$ mit **nichtnegativen Komponenten** x_1, x_2 und x_3.

Aufgaben

1. Die Unternehmen W_1, W_2 und W_3 sind untereinander und mit dem Markt nach dem Leontief-Modell verflochten.
   Es gelte die Inputmatrix $\mathbf{A} = \begin{pmatrix} 0{,}5 & 0 & 0{,}5 \\ 0{,}2 & 0{,}2 & 0 \\ 0{,}3 & 0{,}4 & 0{,}2 \end{pmatrix}$.

   a) In der vergangenen Produktionsperiode stellten die drei Unternehmen 260 Einheiten, 160 und 200 Einheiten her. Berechnen Sie die jeweiligen Marktabgaben.

   b) Für die kommende Produktionsperiode wird erwartet, dass alle drei Unternehmen jeweils 20 Einheiten an den Konsum abgeben.
   Wie hoch muss die Produktion jedes Unternehmens sein, um dieser Nachfrage gerecht zu werden? Wie hoch ist dabei der Eigenverbrauch von W_3?

   c) Zeigen Sie, dass in diesem Modell jede Nachfrage befriedigt werden kann.

2. Die drei Zweigwerke W_1, W_2 und W_3 eines Unternehmens sind nach dem Leontief-Modell verflochten.
   Für diese Verflechtung gilt folgende Inputmatrix: $\mathbf{A} = \begin{pmatrix} 0 & 0{,}2 & 0{,}1 \\ 0{,}4 & 0 & 0{,}2 \\ 0{,}25 & 0{,}25 & 0 \end{pmatrix}$

   a) Im 1. Quartal ist die Gesamtproduktion gegeben durch $\vec{x} = \begin{pmatrix} 1200 \\ 1000 \\ 1500 \end{pmatrix}$.
   Geben Sie die Lieferungen untereinander und die Marktabgaben in einer Tabelle an.

   b) Im 2. Quartal hat sich die Marktnachfrage nach den Produkten von Werk W_2 um 50 % auf 330 ME erhöht, während die Nachfrage nach den Produkten von Werk W_1 und W_3 stagniert. Berechnen Sie die prozentuale Steigerung der Produktion der einzelnen Werke, um diese Nachfrage zu befriedigen.

3. Drei nach dem Leontief-Modell verflochtene Zweigwerke Z_1, Z_2 und Z_3 beliefern sich gegenseitig und den Markt.

   a) Gegeben ist die die Matrix $\mathbf{E} - \mathbf{A} = \frac{1}{10}\begin{pmatrix} 4 & -1 & -1 \\ -2 & 4 & -2 \\ -4 & -2 & 6 \end{pmatrix}$.

   Bestimmen Sie k so, dass $\mathbf{A} = k\begin{pmatrix} 6 & 1 & 1 \\ 2 & 6 & 2 \\ 4 & 2 & 4 \end{pmatrix}$ die zugehörige Inputmatrix ist.

   b) Z_1 produziert 100 Einheiten, Z_2 150 Einheiten und Z_3 200 Einheiten.

   Wie viele Einheiten liefert jedes der Werke an sich selbst, an die beiden anderen und an den Markt?

   c) Im folgenden Produktionszeitraum bleibt die Nachfrage nach dem Produkt von Z_1 gleich, die Nachfrage nach dem Produkt von Z_2 beträgt 20 Einheiten, während die Nachfrage nach dem Produkt von Z_3 auf 30 Einheiten einbricht.
   Um wie viel Prozent ändern sich die Produktionswerte der drei Zweigwerke?

4. Die drei Wirtschaftszweige Z_1, Z_2 und Z_3 einer Volkswirtschaft sind untereinander und mit dem Konsum nach dem Leontief-Modell verflochten. Die Lieferungen untereinander, die Abgabe an den Konsum sowie die Produktion werden in Mengeneinheiten (ME) angegeben.
   Gegeben ist die Leontief-Inverse durch $(\mathbf{E} - \mathbf{A})^{-1} = \frac{1}{8}\begin{pmatrix} 13 & 4 & 6 \\ 4 & 12 & 8 \\ 3 & 4 & 26 \end{pmatrix}$.

   a) Bestimmen Sie die Produktion der drei Wirtschaftszweige, wenn die Marktabgabe gegeben ist durch $\vec{y} = (120 \quad 60 \quad 40)^T$.

   b) Erstellen Sie ein Verflechtungsdiagramm für eine Gesamtproduktion $\vec{x} = \begin{pmatrix} 200 \\ 160 \\ 240 \end{pmatrix}$.

   c) Wie muss sich die Produktion ändern, wenn sich bei einem beliebigen Konsumvektor die Nachfrage nach den Gütern aller drei Wirtschaftszweige um jeweils 8 ME erhöht?

5. Die Zweigwerke 1, 2 und 3 eines Industriekomplexes sind nach Leontief miteinander verflochten.
   Die Inputmatrix $\mathbf{A} = \frac{1}{10}\begin{pmatrix} 2 & 0 & 2 \\ 4 & 4 & 0 \\ 0 & 3 & 2 \end{pmatrix}$ beschreibt die Verflechtung.

   a) Bestimmen Sie a, b und c, sodass $\mathbf{D} = \frac{1}{18}\begin{pmatrix} a & 3 & c \\ 16 & b & 4 \\ 6 & 12 & 24 \end{pmatrix}$ die Leontief-Inverse ist.

   b) In der Zukunft soll die Konsumabgabe der Zweigwerke 1 und 2 gleich groß sein. Das Zweigwerk 3 produziert 18 Einheiten und gibt die Hälfte seiner Produktion an den Markt ab.

   Berechnen Sie die Produktion und die Marktabgabe der Zweigwerke 1 und 2.

6. Das folgende Diagramm (Gozintograph) stellt die Verflechtung dreier Betriebe Z_1, Z_2 und Z_3 nach dem Leontief-Modell dar (Angaben in ME).

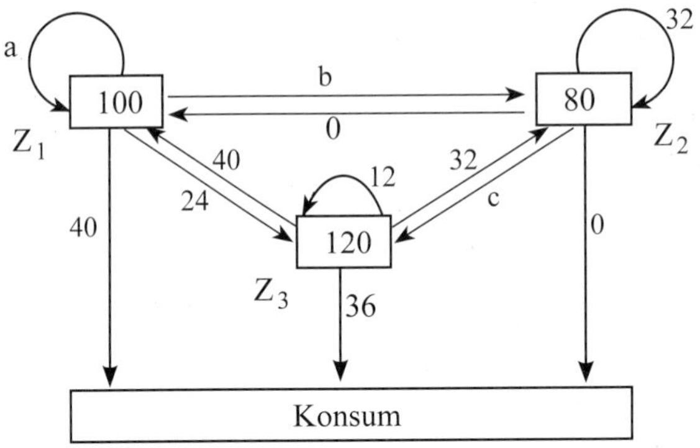

Die Lieferung von Z_1 an Z_2 beträgt 80 % des Eigenverbrauchs von Z_1.

a) Geben Sie die Inputmatrix **A** an.

b) Wie viel muss in den einzelnen Betrieben mindestens produziert werden,

wenn mit einer Nachfrage von $\vec{y} = \begin{pmatrix} 16 \\ 8 \\ 4 \end{pmatrix}$ gerechnet wird?

c) Im kommenden Produktionszeitraum rechnet man damit, dass Z_1 und Z_2 jeweils 60 ME und Z_3 80 ME herstellen.
Erstellen Sie die zugehörige Tabelle, die sowohl die Lieferungen der Betriebe untereinander als auch die Lieferungen an den Konsum angibt.

7. Die drei Zweigwerke W_1, W_2 und W_3 des Betriebs sind nach dem Leontief-Modell miteinander verflochten.
Die Verflechtung ist durch die Inputmatrix **A** gegeben:

$$\mathbf{A} = \begin{pmatrix} 0{,}2 & 0{,}2 & 0{,}1 \\ 0{,}8 & 0{,}5 & 0{,}05 \\ 0{,}8 & 0{,}2 & 0{,}2 \end{pmatrix}$$

a) Die Zweigwerke liefern 24 Einheiten, 36 Einheiten und 12 Einheiten an den Markt.
Erstellen Sie dazu einen Gozintographen.

b) In der Planung wird von folgendem Marktvektor ausgegangen: $\vec{y} = \begin{pmatrix} 20 \\ 40 - 3t \\ t^2 \end{pmatrix}$.

Bestimmen Sie einen sinnvollen Definitionsbereich für t.
Für welchen Wert von t ist die Produktion von W_3 am geringsten?
Geben Sie für diesen Wert den Produktionsvektor an.

2.3.3 Der Produktionsvektor und der Konsumvektor sind teilweise gegeben

Problemstellung: Gegeben ist die Verflechtung nach Leontief durch die Inputmatrix **A.**
Der **Konsumvektor** $\vec{y}$ und der **Produktionsvektor** $\vec{x}$ sind teilweise **unbekannt.**

Lösung: Einsetzen der bekannten Komponenten von $\vec{x}$ und $\vec{y}$ in $(\mathbf{E} - \mathbf{A})\,\vec{x} = \vec{y}$ ergibt ein **lineares Gleichungssystem** für die unbekannten Komponenten von $\vec{x}$ und $\vec{y}$.

Beispiel

Die drei Zweigwerke Z_1, Z_2 und Z_3 eines Unternehmens sind nach dem Leontief-Modell miteinander verflochten.

Für die kommende Produktionsperiode gilt die Inputmatrix $\mathbf{A} = \frac{1}{48}\begin{pmatrix} 16 & 12 & 8 \\ 8 & 15 & 12 \\ 4 & 6 & 16 \end{pmatrix}$.

Die Produktion von Z_1 und Z_2 ist gleich groß, beide Zweigwerke geben jeweils 10 Einheiten an den Markt ab.

Berechnen Sie die Produktion der drei Zweigwerke und die Marktabgabe von Z_3.

Lösung

$$(\mathbf{E} - \mathbf{A}) = \frac{1}{48}\begin{pmatrix} 48 & 0 & 0 \\ 0 & 48 & 0 \\ 0 & 0 & 48 \end{pmatrix} - \frac{1}{48}\begin{pmatrix} 16 & 12 & 8 \\ 8 & 15 & 12 \\ 4 & 6 & 16 \end{pmatrix} = \frac{1}{48}\begin{pmatrix} 32 & -12 & -8 \\ -8 & 33 & -12 \\ -4 & -6 & 32 \end{pmatrix}$$

Die Produktion von Z_1 und Z_2 ist gleich groß bedeutet $x_1 = x_2$: $\vec{x} = \begin{pmatrix} x_1 \\ x_1 \\ x_3 \end{pmatrix}$

Gleiche Marktabgabe bedeutet $y_1 = y_2 = 10$: $\vec{y} = \begin{pmatrix} 10 \\ 10 \\ y_3 \end{pmatrix}$

Einsetzen in $(\mathbf{E} - \mathbf{A})\,\vec{x} = \vec{y}$ ergibt ein LGS für x_1, x_3, y_3:

$$\frac{1}{48}\begin{pmatrix} 32 & -12 & -8 \\ -8 & 33 & -12 \\ -4 & -6 & 32 \end{pmatrix} \cdot \begin{pmatrix} x_1 \\ x_1 \\ x_3 \end{pmatrix} = \begin{pmatrix} 10 \\ 10 \\ y_3 \end{pmatrix} \quad \text{bzw.} \quad \begin{pmatrix} 32 & -12 & -8 \\ -8 & 33 & -12 \\ -4 & -6 & 32 \end{pmatrix} \cdot \begin{pmatrix} x_1 \\ x_1 \\ x_3 \end{pmatrix} = \begin{pmatrix} 480 \\ 480 \\ 48y_3 \end{pmatrix}$$

LGS:

$$\begin{aligned} 32x_1 - 12x_1 - 8x_3 &= 480 & \qquad 20x_1 - 8x_3 &= 480 \\ -8x_1 + 33x_1 - 12x_3 &= 480 & \iff \qquad 25x_1 - 12x_3 &= 480 \\ -4x_1 - 6x_1 + 32x_3 &= 48y_3 & \qquad -10x_1 + 32x_3 - 48y_3 &= 0 \end{aligned}$$

Auflösung des LGS ergibt: $x_1 = 48$; $x_3 = 60$; $y_3 = 30$

Produktionsvektor: $\vec{x} = \begin{pmatrix} 48 \\ 48 \\ 60 \end{pmatrix}$; **Konsumvektor:** $\vec{y} = \begin{pmatrix} 10 \\ 10 \\ 30 \end{pmatrix}$

Was man wissen sollte... über die Problemstellungen beim Leontief-Modell

Es gilt folgender **Zusammenhang:**

$$\mathbf{A}\,\vec{x} + \vec{y} = \vec{x} \quad \Leftrightarrow \quad (\mathbf{E} - \mathbf{A})\,\vec{x} = \vec{y}$$

Die **Inputmatrix A** ist gegeben oder lässt sich mithilfe einer Tabelle bestimmen.

Fragestellungen:

Gegeben: Produktionsvektor $\vec{x}$ **Gesucht:** Konsumvektor $\vec{y}$ **Lösung:** Einsetzen von $\vec{x}$ in $(\mathbf{E} - \mathbf{A})\,\vec{x} = \vec{y}$ ergibt $\vec{y}$.	**Gegeben:** Konsumvektor $\vec{y}$ **Gesucht:** Produktionsvektor $\vec{x}$ $(\mathbf{E} - \mathbf{A})\,\vec{x} = \vec{y}$ ist ein lineares **Gleichungssystem** für x_1, x_2, x_3. Auflösen dieses LGS ergibt $\vec{x}$, auch mit $\vec{x} = (\mathbf{E} - \mathbf{A})^{-1}\,\vec{y}$.	**Gegeben:** $\vec{x}$ und $\vec{y}$ teilweise **Gesucht:** Teile von $\vec{x}$ und $\vec{y}$ Einsetzen in $(\mathbf{E} - \mathbf{A})\,\vec{x} = \vec{y}$ ergibt ein lineares **Gleichungssystem.** Auflösen dieses LGS ergibt die gesuchten Komponenten.

Folgerung: Eine **beliebige Nachfrage** kann befriedigt werden, wenn die Leontief-Inverse $(\mathbf{E} - \mathbf{A})^{-1}$ existiert und nur **nichtnegative** Elemente enthält. Dann ist das LGS $(\mathbf{E} - \mathbf{A})\,\vec{x} = \vec{y} \Leftrightarrow \vec{x} = (\mathbf{E} - \mathbf{A})^{-1}\,\vec{y}$ **eindeutig lösbar** und die Komponenten von $\vec{x}$ sind **nichtnegativ**.

Beachten Sie: Ein Produktionsvektor $\vec{x}$ mit $x_i \geq 0$ ist **wirtschaftlich sinnvoll,** wenn der Konsumvektor in der Gleichung $(\mathbf{E} - \mathbf{A})\,\vec{x} = \vec{y}$ nur **nichtnegative** Komponenten enthält ($y_i \geq 0$).

Beachten Sie: $[(\mathbf{E} - \mathbf{A})^{-1}]^{-1} = \mathbf{E} - \mathbf{A}$

$\mathbf{A} = \mathbf{E} - (\mathbf{E} - \mathbf{A})$

Aufgaben

1. Ein Wirtschaftsmodell nach Leontief besteht aus drei Sektoren A_1, A_2 und A_3.
   Die Lieferungen der drei Sektoren untereinander und an den Markt sind gegeben durch die nebenstehende Tabelle:

	A_1	A_2	A_3	Konsum	Produktion
A_1	16	3a	40	12	40b
A_2	12	48	60	0	120
A_3	8a	72	25b	46	200

   a) Bestimmen Sie a und b ($a, b \in \mathbf{R}_+^*$) und damit die Lieferungen x_{12}, x_{31} und x_{33}.
   Berechnen Sie die Inputmatrix **A** für a = 4 und b = 2.

   b) In der kommenden Produktionsperiode kann A_2 den Markt nicht beliefern, die Konsumabgabe von A_3 ist doppelt so hoch wie die von A_1. Berechnen Sie die Produktion und die Marktabgabe von Sektor A_1, wenn der Sektor A_3 1680 Einheiten produziert.

2. Die drei Zweigwerke W_1, W_2 und W_3 eines Betriebs sind nach dem Leontief-Modell miteinander verflochten.
   Die Verflechtung ist durch die Inputmatrix **A** gegeben: $\mathbf{A} = \begin{pmatrix} 0,5 & 0,1 & 0,2 \\ 0,2 & 0,1 & 0,3 \\ 0,4 & 0,2 & 0,2 \end{pmatrix}$.

   a) Bestimmen Sie x_3 im Produktionsvektor $\vec{x}^T = (20 \quad 40 \quad x_3)$ so, dass das Zweigwerk W_1 den Markt nicht beliefert.

   b) In der kommenden Produktionsperiode produziert W_2 40 Einheiten.
   Zweigwerk W_1 liefert 30 % seiner Produktion an den Konsum.
   Die Marktabgaben von W_2 und W_3 verhalten sich wie 1 : 4.
   Berechnen Sie den Produktionsvektor und den Konsumvektor.

3. Drei Abteilungen A, B und C eines Unternehmens sind nach dem Leontief-Modell verflochten. Die Inputmatrix dieser Verflechtung ist gegeben durch $\mathbf{A} = \begin{pmatrix} 0,5 & 0 & 0,5 \\ 0,2 & 0,2 & 0 \\ 0,3 & 0,4 & 0,2 \end{pmatrix}$.

   a) B plant eine Produktion von 180 Einheiten und C eine Produktion von 270 Einheiten.
   Jede der 3 Abteilungen möchte mindestens 20 Einheiten an den Markt abgeben.
   Wie viel muss A mindestens produzieren und wie viel kann A höchstens produzieren?

   b) Aufgrund einer veränderten Wirtschaftslage beliefert B den Markt nicht mehr und A produziert gleich viel wie C. Wie hoch ist die Marktabgabe von A?
   In welchem Verhältnis steht die Produktion von A zu der von B?
   Wie viel % der Produktion von C geht an den Markt?

4. Die Unternehmen W_1, W_2 und W_3 sind untereinander und mit dem Markt nach dem Leontief-Modell verflochten. Es gelte die Inputmatrix $\mathbf{A} = \begin{pmatrix} 0{,}5 & 0{,}12 & 0{,}2 \\ 0{,}4 & 0{,}5 & 0{,}1 \\ 0 & 0{,}2 & 0{,}2 \end{pmatrix}$.

   a) Die Planung für die kommende Produktionsperiode sieht vor, dass die Unternehmen W_1 und W_3 gleich viel produzieren. W_2 gibt $\frac{1}{6}$ seiner Produktion an den Markt ab. Die Konsumabgabe von W_3 beläuft sich auf 40 Einheiten.
   Wie hoch ist die Marktabgabe von W_1? In welchem Verhältnis stehen die Produktionen von W_1 und W_2?

   b) Durch die Einführung neuer Produktionstechniken ändern sich die Koeffizienten a_{12} und a_{22} der Inputmatrix **A.** Das Verhältnis der Produktion von W_1, W_2 und W_3 beträgt dann $x_1 : x_2 : x_3 = 5 : 6 : 2$. Die Nachfrage $\vec{y} = (75 \quad 70 \quad 20)^T$ wird erwartet.
   Ermitteln Sie die neue Inputmatrix und die Produktion der drei Unternehmen.

5. Ein Betrieb stellt in den drei Zweigwerken Z_1, Z_2 und Z_3 jeweils ein Produkt her. Die Zweigwerke sind nach dem Leontief-Modell miteinander verflochten.

   a) Im vergangenen Produktionszeitraum galt:
   Zweigwerk Z_3 bezog von Z_1 und Z_2 Waren im gleichen Wert. Z_1 belieferte den Markt mit 36 % seiner Produktion. Der Wert des Eigenverbrauchs von Z_2 verhielt sich zum Wert der Lieferung von Z_2 an Z_3 wie 4 : 7.
   Bestimmen Sie die in folgender Tabelle fehlenden Werte.

	Z_1	Z_2	Z_3	Konsum	Produktion
Z_1	20	16			100
Z_2	20			16	
Z_3	20	32	$\frac{1}{5}x_3$	4	x_3

   Zeigen Sie, dass die Inputmatrix **A** mit der Matrix $\frac{1}{5}\begin{pmatrix} 1 & 1 & 2 \\ 1 & 1 & 2 \\ 1 & 2 & 1 \end{pmatrix}$ übereinstimmt.

   b) Die Marktabgaben der Werke Z_1, Z_2 und Z_3 sollen gleich sein. Berechnen Sie Produktionsvektor und Konsumabgabevektor, wenn die Produktion von Z_1 und Z_2 jeweils 60 Einheiten beträgt.

   c) Zweigwerk Z_1 verdoppelt seine derzeitige Produktion von 60 Einheiten und seine Marktabgabe von 12 Einheiten. Die Marktabgabe von Z_2 beträgt weiterhin 12 Einheiten. Berechnen Sie Produktion und Marktabgabe von Zweigwerk Z_3.

   d) Zweigwerk Z_3 erhöht seine Produktion auf 69 Einheiten. Eine veränderte Nachfrage erfordert die Umstellung der Konsumabgaben auf das Verhältnis $y_1 : y_2 : y_3 = 1 : 2 : 3$.
   Berechnen Sie die Produktion von Z_1.
   Wie viel Prozent seiner Produktion kann Z_2 an den Markt abgeben?

6. Ein Betrieb produziert in drei Zweigwerken W_1, W_2 und W_3. Die Zweigwerke sind nach dem Leontief-Modell miteinander verflochten.
Im vergangenen Produktionszeitraum lässt sich der Güterfluss in folgender Input-Output-Tabelle darstellen (Angaben in ME):

	W_1	W_2	W_3	Konsum
W_1	21	60	54	5
W_2	14	0	72	114
W_3	28	80	0	72

a) Berechnen Sie den Produktionsvektor, wenn die Nachfrage $\vec{y} = \begin{pmatrix} 68 \\ 96 \\ 48 \end{pmatrix}$ erwartet wird.

b) In der kommenden Produktionsperiode produzieren die drei Zweigwerke im Verhältnis 2 : 3 : 2. Wie viel Prozent ihrer Produktion können die einzelnen Zweigwerke an den Markt liefern?

c) Eine Verflechtung wird beschrieben durch die Inputmatrix $\mathbf{A}_t = \begin{pmatrix} t & 0 & t \\ t & t & t \\ t & 0 & t \end{pmatrix}$.
Bestimmen Sie den Konsumvektor für die Produktion $\vec{x}^T = (200t \quad 100t \quad 300t)$.
Für welche Werte von t ist dieser Konsumvektor wirtschaftlich sinnvoll?

7. Ein Unternehmen besteht aus den drei Abteilungen A_1, A_2 und A_3.
Die Abteilungen sind nach dem Leontief-Modell miteinander verflochten.
Die Verflechtung wird durch die Technologiematrix **A** beschrieben: $\mathbf{A} = \frac{1}{10}\begin{pmatrix} 5 & 0 & 2 \\ 2 & 1 & 3 \\ 4 & 2 & 2 \end{pmatrix}$.

a) Stellen Sie die Verflechtung in einem Gonzintographen dar, wenn die Abteilungen in der laufenden Produktionsperiode 86 Einheiten, 68 Einheiten bzw. 70 Einheiten produzieren.

b) Untersuchen Sie, ob die Abteilung A_1 ihre Produktion aus Teilaufgabe a) verdoppeln kann, während die beiden anderen Abteilungen ihre Produktion beibehalten.
Begründen Sie Ihre Entscheidung.

c) Es ist beabsichtigt, dass A_3 20 % seiner Produktion an den Markt abgibt, während A_1 und A_2 zusammen 180 Einheiten an den Markt abgeben.
Die Produktion von A_1 und A_2 beläuft sich auf 320 Einheiten bzw. 260 Einheiten.
Berechnen Sie die Produktion von A_3 und die Konsumabgabe von A_1.

d) Wie viel können die Abteilungen höchstens an den Markt abgeben, wenn die Marktabgabe aller drei Abteilungen gleich ist und die Kapazitätsgrenze der Abteilung A_1 bei 220 Einheiten liegt?

8 Bohner u.a. ISBN 978-3-8120-0452-7

2.4 Aufgaben zur Abiturvorbereitung

1. Die Unternehmen U_1, U_2 und U_3 sind untereinander und mit dem Markt nach dem Leontief-Modell verflochten.

   Die Inputmatrix **A** beschreibt die Verflechtung: $\mathbf{A} = \frac{1}{10}\begin{pmatrix} 2 & 1 & 8 \\ 2 & 6 & 1 \\ 2 & 2 & 0 \end{pmatrix}$.

   a) Für den kommenden Zeitraum ist geplant, dass U_1, U_2 und U_3 200 Einheiten, 180 Einheiten bzw. 160 Einheiten produzieren.

   Stellen Sie für diesen Fall die Verflechtung in einer Input-Output-Tabelle dar. Welches Unternehmen liefert dann den kleinsten Anteil seiner Produktion an die beiden anderen Unternehmen?

   b) Wie viel müssen die einzelnen Unternehmen produzieren, wenn mit einer Nachfrage $\vec{y} = \begin{pmatrix} 88 \\ 20 \\ 52 \end{pmatrix}$ gerechnet wird?

   c) Eine Marktstudie hat ergeben, dass die drei Unternehmen zusammen am Markt in Zukunft maximal 124 Einheiten absetzen können.
   Das Verhältnis der Konsumabgaben beträgt $y_1 : y_2 : y_3 = 1 : 2 : 1$.
   Berechnen Sie die zugehörige Produktion der drei Unternehmen.

2. Die Verflechtung dreier volkswirtschaftlicher Sektoren A_1, A_2 und A_3 nach dem Leontief-Modell wird beschrieben durch die Inputmatrix $\mathbf{A} = \frac{1}{20}\begin{pmatrix} 6 & 4 & 2 \\ 4 & 4 & 4 \\ 1 & 2 & 13 \end{pmatrix}$.

   a) Welche Folge hat es für die Marktabgabe, wenn alle Sektoren Waren im gleichen Wert produzieren?

   b) Im nächsten Produktionszeitraum soll die Marktabgabe aller drei Sektoren gleich groß sein und Sektor A_3 825 Einheiten produzieren.
   Berechnen Sie die Produktion und die Marktabgabe von Sektor A_1.

   c) Gegeben ist die Matrix $\mathbf{B} = \frac{1}{20}\begin{pmatrix} t & 4 & 2 \\ 4 & 4 & 4 \\ 1 & 2 & 0{,}2s \end{pmatrix}$ mit $s, t \in \mathbb{R}$.

   Welche Werte können s und t annehmen, sodass die Matrix **B** eine Inputmatrix nach dem Leontief-Modell ist.
   Untersuchen Sie, ob für $s = 95$ und $t = 10$ jede Nachfrage befriedigt werden kann.

3. Drei Betriebe B_1, B_2 und B_3 sind nach dem Leontief-Modell miteinander verflochten. Die Betriebe beliefern sich gegenseitig und den Markt. Aufgrund einer gesetzlichen Vorschrift darf Betrieb B_3 sein Erzeugnis nicht an den Markt abgeben. Die gegenseitige Belieferung und die Abgabe an den Markt betragen derzeit in Mengeneinheiten (ME):

	B_1	B_2	B_3	Konsum	Produktion
B_1	a	10	20	20	100
B_2	20	b	20	10	80
B_3	20	20	c	0	80

a) Bestimmen Sie die fehlenden Werte a, b und c und berechnen Sie die Inputmatrix.
In der nächsten Periode sollen folgende Mengen produziert werden:
B_1 150 ME, B_2 100 ME und B_3 110 ME.
Berechnen Sie den zugehörigen Konsumvektor.
Nach den Ergebnissen der Marktforschung wird erwartet, dass zukünftig 15 ME von B_1 und 20 ME von B_2 an den Markt abgegeben werden können. Berechnen Sie den neuen Produktionsvektor und ermitteln Sie die prozentuale Produktionsveränderung zur Ausgangssituation der einzelnen Betriebe.

b) Folgende Inputmatrix sei gegeben: $\mathbf{A} = \begin{pmatrix} \frac{1}{2} & \frac{1}{8} & \frac{1}{4} \\ \frac{1}{5} & \frac{3}{8} & \frac{1}{4} \\ \frac{1}{5} & \frac{1}{4} & \frac{1}{2} \end{pmatrix}$

Außerdem sei der Produktionsvektor

$\vec{x}_t = \begin{pmatrix} t + 97 \\ -t^2 + t + 86 \\ 2t + 84 \end{pmatrix}$, wobei t das Quartal angibt, also $t \in \{1; 2; 3; 4\}$.

Berechnen Sie die Fertigungskosten in Abhängigkeit von t, wenn die variablen Herstellungskosten pro ME bei Betrieb B_1 40 Geldeinheiten (GE), bei B_2 20 GE und bei B_3 30 GE betragen.
Bestimmen Sie, in welchem Quartal die Kosten am höchsten sind.
Wegen geänderter Fertigungsmethoden und der daraus resultierenden gesetzlichen Zulassung kann jetzt auch Betrieb B_3 sein Erzeugnis an den Markt abgeben.
Betrieb B_1 verlangt 250 GE pro ME, Betrieb B_2 200 GE pro ME.
Bestimmen Sie den Preis für das Produkt von Betrieb B_3 so, dass in dem kostenmaximalen Quartal durch Abgabe an die Endverbraucher für das Unternehmen kein Verlust entsteht.

(Nach einer Prüfungsaufgabe FG Niedersachsen.)

4. Das folgende Diagramm zeigt die Verflechtung der Zweigwerke A_1, A_2 und A_3 nach dem Leontief-Modell (Angaben in Mengeneinheiten (ME)):

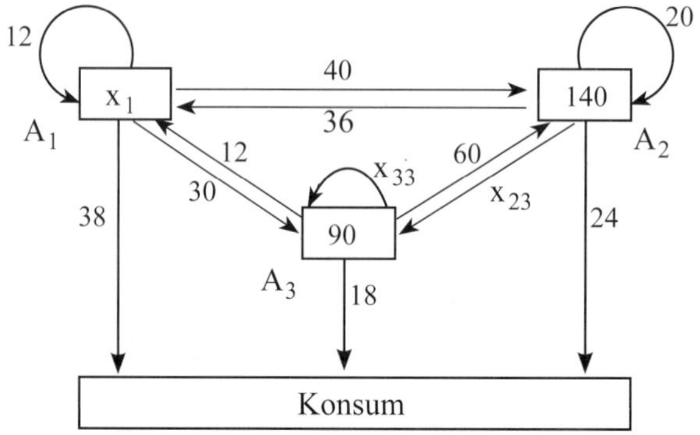

a) Bestimmen Sie die zugehörige Inputmatrix **A.**

b) Berechnen Sie für den neuen Marktvektor $\vec{y} = \begin{pmatrix} 67 \\ 9 \\ 18 \end{pmatrix}$ die Gesamtproduktion.

Stellen Sie die zugehörige Input-Output-Tabelle auf.

c) Das Zweigwerk A_2 produziert das 1,5-Fache von Zweigwerk A_1 und gibt die dreifache Menge von A_1 an den Markt ab.

Bestimmen Sie den Produktionsvektor und den Konsumvektor, wenn die Marktabgabe von Zweigwerk A_3 38 ME beträgt.

d) Aufgrund von Absatzschwierigkeiten liefert das Zweigwerk A_1 keine Güter mehr an den Markt. Die Zweigwerke A_2 und A_3 produzieren zusammen 263 ME und liefern zusammen 65 ME an den Markt.

Bestimmen Sie den Produktionsvektor und den Konsumvektor.

5. Die Inputmatrix einer Verflechtung von drei Unternehmen A, B und C nach Leontief ist gegeben durch $\mathbf{A} = \begin{pmatrix} 0{,}4 & 2 - 0{,}004t^2 & 0{,}3 \\ 0{,}1 & 0{,}4 & 0{,}1 \\ 0 & 0{,}02(t-8) & 0{,}7 \end{pmatrix}$.

Dabei ist $t \in [16; 22]$ ein technologieabhängiger Parameter.

Es ist die Produktion $\vec{x} = \begin{pmatrix} 40t \\ 10t \\ 12t \end{pmatrix}$ geplant.

a) Für welchen Wert von t gibt A 328 Einheiten an den Markt ab?

Wie groß ist dann die Marktabgabe der beiden anderen Unternehmen?

b) Bestimmen Sie t so, dass die Summe der Marktabgaben am größten ist.

Erläutern Sie Ihre Vorgehensweise.

(Teile aus einer Abituraufgabe BW.)

6. Die Sektoren A, B und C einer Volkswirtschaft sind untereinander und mit dem Markt nach dem Leontief-Modell verflochten.
Gegeben ist die Leontief-Inverse $(\mathbf{E} - \mathbf{A})^{-1} = \begin{pmatrix} 2{,}5 & 2 & 3{,}5 \\ 2 & 4 & 4 \\ 1 & 2 & 5 \end{pmatrix}$.

a) Bestimmen Sie die Diagonalelemente so, dass $\mathbf{A} = \frac{1}{6}\begin{pmatrix} a & 1 & 2 \\ 2 & b & 1 \\ 0 & 1 & c \end{pmatrix}$ die zugehörige Inputmatrix ist.

b) Der derzeitige Produktionsvektor ist $\vec{x} = \begin{pmatrix} 120 \\ 150 \\ 90 \end{pmatrix}$.

Erstellen Sie für diesen Fall eine Tabelle, die sowohl die Lieferungen der Sektoren untereinander als auch die Lieferungen an den Markt angibt.

c) Die Tabelle gibt die Produktion der Sektoren für die kommende Periode an:

A	B	C
3n	90	4n

; $n \in \mathbf{N}^*$

Die Marktabgabe von Sektor A soll höchstens 20 Einheiten, die von Sektor B höchstens 15 Einheiten und die von Sektor C mindestens 18 Einheiten betragen. Bestimmen Sie den Bereich für n, sodass diese Nachfrage befriedigt werden kann.

d) Für die kommende Produktionsperiode wird mit der Nachfrage
$\vec{y} = \begin{pmatrix} 50 - 10t \\ 20 \\ t^2 + 2 \end{pmatrix}$; $t > 0$ gerechnet.

Dabei ist t ein technologiebedingter Parameter.
Legen Sie einen sinnvollen Definitionsbereich für t fest.
Berechnen Sie den Produktionsvektor $\vec{x}$ in Abhängigkeit von t.
Für welchen Wert von t ist die Gesamtproduktion aller drei Sektoren am geringsten?
Bestimmen Sie für diesen t-Wert die Produktion der drei Sektoren.

7. Die Verflechtung von drei Abteilungen A, B und C eines Unternehmens nach dem Leontief-Modell ist gegeben durch die Inputmatrix $\mathbf{A} = \frac{1}{50}\begin{pmatrix} 15 & 6 & 7 \\ 5 & 22 & 9 \\ 0 & 10 & 20 \end{pmatrix}$.

   a) Bestimmen Sie a, b und c, sodass gilt: $(\mathbf{E} - \mathbf{A})^{-1} = \frac{1}{10}\begin{pmatrix} 15 & a & 5 \\ 3 & 21 & c \\ b & 7 & 19 \end{pmatrix}$.

   b) Im vergangenen Quartal verkauften die Abteilungen 13 ME, 18 ME und 12 ME am Markt.
   Berechnen Sie die dazu nötige Produktion der drei Abteilungen.
   Runden Sie auf ganze Zahlen.

   c) Für das kommende Quartal ist geplant, dass die Abteilung B 30 ME mehr und die Abteilung C 30 ME weniger als die Abteilung A produziert. Die Marktforschung hat ergeben, dass sich die Güter von Abteilung C nicht mehr am Markt absetzen lassen.
   Berechnen Sie den Produktionsvektor und den Konsumvektor.
   Geben Sie die Lieferung untereinander und die Marktabgabe in einem Gozintographen an.

   d) Gegeben ist der Nachfragevektor $\vec{y} = \begin{pmatrix} y_1 \\ y_2 \\ y_3 \end{pmatrix}$.

   Bestimmen Sie die Änderung der Produktion, wenn die Nachfrage nach dem Produkt von Abteilung B um10 ME wächst, die Nachfrage nach den Produkten der beiden anderen Abteilungen aber unverändert bleibt.

8. Die Verflechtung von drei Unternehmen A, B und C nach dem Leontief-Modell ist beschrieben durch die Inputmatrix $\mathbf{A} = \begin{pmatrix} 0{,}1 & 0{,}3 & 0{,}4 \\ 0{,}1 & 0{,}2 & 0{,}1 \\ 0{,}2 & 0{,}1 & 0{,}3 \end{pmatrix}$.

   a) Im laufenden Produktionszeitraum stellt das Unternehmen A 260 Einheiten her.
   Unternehmen B liefert 40 Einheiten an den Markt.
   Die Marktabgaben von A und C verhalten sich wie 3 : 2.
   Ermitteln Sie die Produktion von B und C sowie die Marktabgabe von A und C.

   b) Einer weiteren Planung wird der Produktionsvektor $\vec{x} = \begin{pmatrix} t^2 \\ 10t \\ 40 \end{pmatrix}$ mit $10 \leq t \leq 20$ zugrunde gelegt.
   Für welche Werte von t ist die Marktabgabe von Unternehmen A größer als die von Unternehmen B?

3 Stochastische Matrizen

3.1 Beschreibung des Markow-Modells

In diesem Kapitel werden Austauschprozesse mithilfe von Übergangsmatrizen beschrieben. In einem Austauschprozess ändert sich ein bestehender Zustand.

In der Marktforschung z. B. bedient man sich solcher Matrizen, um aus erfassten Daten Schlüsse für das weitere Verhalten der Kunden (Markentreue, Markenwechsel) zu ziehen.

Beispiele

1) In einem Zweiparteienstaat mit den Parteien A und B haben langfristige Beobachtungen des Verhaltens der Bürger bei einer Wahl ergeben, dass 70 % der Wähler von Partei A und 80 % der Wähler von Partei B ihrer Partei treu bleiben. Die Wähler von Partei A wechseln zu 30 % zur Partei B, während sich umgekehrt 20 % der Wähler von Partei B bei der folgenden Wahl für die Partei A entscheiden.

   Bei der letzten Wahl erhielt die Partei A 25 % und Partei B 75 % aller Stimmen.

   a) Geben Sie die zugehörige Übergangsmatrix an.

   b) Bestimmen Sie die zu erwartende Stimmenverteilung nach der nächsten und der übernächsten Wahl.

Lösung

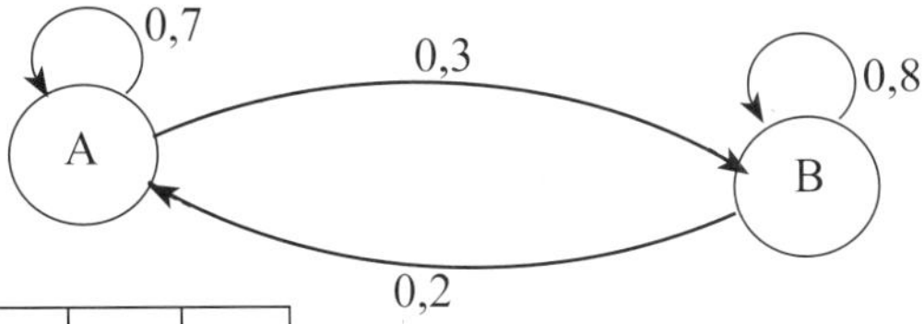

a) Das Wahlverhalten lässt sich in einem Diagramm beschreiben.

Darstellung in einer Tabelle:

nach / von	A	B
A	0,7	0,3
B	0,2	0,8

Übergangsmatrix $\mathbf{A} = \begin{pmatrix} 0{,}7 & 0{,}3 \\ 0{,}2 & 0{,}8 \end{pmatrix}$

Bemerkung: Die 1. Zeile bedeutet: 70 % der Wähler von A wählen wieder A.
30 % der Wähler von A wechseln zur Partei B.

b) Für die Stimmverteilung nach der **nächsten** Wahl gilt:

Für Partei A: $0{,}7 \cdot 0{,}25 + 0{,}2 \cdot 0{,}75 = 0{,}325$ und für B: $0{,}3 \cdot 0{,}25 + 0{,}8 \cdot 0{,}75 = 0{,}675$

Mit dem Anlaufvektor $\vec{p}_0 = \begin{pmatrix} 0{,}25 \\ 0{,}75 \end{pmatrix}$ erhält man:

$\vec{p}_0^{\,T} \cdot A = (0{,}25 \quad 0{,}75) \cdot \begin{pmatrix} 0{,}7 & 0{,}3 \\ 0{,}2 & 0{,}8 \end{pmatrix} = (0{,}325 \quad 0{,}675) = \vec{p}_1^{\,T}$ (Anfangsverteilung)

Nach der **nächsten** Wahl hat die Partei A voraussichtlich 32,5 %, die Partei B 67,5 % aller Stimmen.

b) Stimmverteilung nach der **übernächsten** Wahl:

Mit dem Verteilungsvektor $\vec{p}_1 = \begin{pmatrix} 0,325 \\ 0,675 \end{pmatrix}$

erhält man: $\vec{p}_1^{\,T} \cdot \mathbf{A} = (0,325 \quad 0,675) \begin{pmatrix} 0,7 & 0,2 \\ 0,3 & 0,8 \end{pmatrix} = (0,3625 \quad 0,6375) = \vec{p}_2^{\,T}$

Nach der **übernächsten** Wahl hat die Partei A voraussichtlich 36,25 %, die Partei B 63,75 % aller Stimmen.

Oder: Mit dem Anlaufvektor $\vec{p}_0 = \begin{pmatrix} 0,25 \\ 0,75 \end{pmatrix}$ erhält man $\vec{p}_0^{\,T} \mathbf{A}^2 = \vec{p}_2^{\,T}$.

2) In einer Stadt mit den Theatern S und T stellt man durch Befragung folgendes fest: 70 % der Besucher von S kommen beim nächsten Mal wieder, der Rest besucht das Theater B. 60 % der Besucher von T kommen beim nächsten Mal wieder, der Rest geht ins Theater S. Stellen Sie die Übergangsmatrix für diesen Prozess auf.
Im Theater S sind gerade 100 Besucher, in T 120 Besucher. Bestimmen Sie die voraussichtlichen Besucherzahlen beim nächsten Mal und beim dreimaligen Wechsel.

Lösung

Übergangsmatrix $\mathbf{A} = \begin{pmatrix} 0,7 & 0,3 \\ 0,4 & 0,6 \end{pmatrix}$

Für die Verteilung **beim nächsten Besuch** gilt

in Theater S: $0,7 \cdot 100 + 0,4 \cdot 120 = 118$ und in Theater T: $0,3 \cdot 100 + 0,6 \cdot 120 = 102$

In Matrixschreibweise: $(100 \quad 120) \begin{pmatrix} 0,7 & 0,3 \\ 0,4 & 0,6 \end{pmatrix} = (118 \quad 102)$

Bei der nächsten Aufführung sind im Theater S 118 und im Theater T 102 Besucher.
Die **Gesamtzahl der Besucher bleibt gleich**, da in der Übergangsmatrix jeweils die **Zeilensumme 1** ist.

Besucherzahlen beim zweimaligen Wechsel: $(118 \quad 102) \begin{pmatrix} 0,7 & 0,3 \\ 0,4 & 0,6 \end{pmatrix} = (123,4 \quad 96,6)$

Oder: Verteilung beim zweimaligen Wechsel: $(100 \quad 120) \cdot \mathbf{A}^2 = (123,4 \quad 96,6)$

Besucherzahlen beim dreimaligen Wechsel: $(123,4 \quad 96,6) \begin{pmatrix} 0,7 & 0,3 \\ 0,4 & 0,6 \end{pmatrix} \approx (125 \quad 95)$

Verteilung beim dreimaligen Wechsel **direkt** berechnet: $(100 \ 120) \cdot \mathbf{A}^3 \approx (125 \quad 95)$

Beim dreimaligen Wechsel sind im Theater S 125 und im Theater T 95 Besucher.

Da man für diesen Austauschprozess **immer die gleiche Übergangsmatrix** verwendet, spricht man von einer **Markowkette.**

Bemerkung: Da man z. B. 0,7 auch als **Wahrscheinlichkeit** interpretieren kann, dass ein Besucher von S beim nächsten Mal wiederkommt, nennt man **A** eine **stochastische Matrix.**

3) In der Nähe von zwei Supermärkten A und B wird ein neuer Supermarkt C eröffnet. Bisher waren die beiden Supermärkte A und B die einzigen großen Einkaufsmärkte in der Umgebung. A hatte einen Marktanteil von 60 %, B einen Marktanteil von 40 %. Die Marktforschung rechnet mit folgenden wöchentlichen Kundenwanderungen: In jeder Woche werden 20 % der bisherigen Kunden von A zu C und 30 % der Kunden von B zu C wechseln. Außerdem werden 10 % der Kunden von C wieder zu A und 10 % zu B wechseln.
Stellen Sie die Kundenwanderung in einem Übergangsgraphen dar.
Erstellen Sie die Übergangsmatrix **A**, die die Kundenwanderung beschreibt.
Berechnen Sie den Marktanteil für jeden der drei Märkte aufgrund der ermittelten Kundenwanderung nach zwei Wochen.

Lösung

Unter der **Kundenwanderung** versteht man den Anteil der Kunden, die pro Woche von einem Markt zu einem anderen wechseln.

Der untersuchte Kundenkreis kauft entweder bei A oder B oder C ein.

Die möglichen **Zustände** sind also E ={A, B, C} (Zustandsraum E).

Das **Übergangsverhalten** lässt sich mithilfe eines Diagramms darstellen:

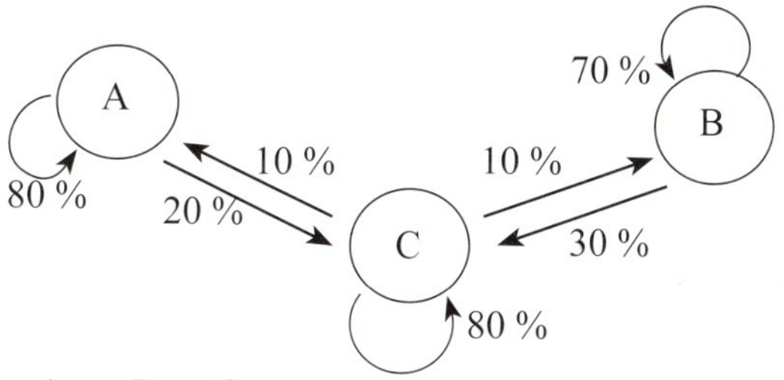

Übergangsmatrix M:

$$\begin{array}{ccc} & & \text{nach} \quad A \quad B \quad C \\ \text{von} & \begin{array}{c} A \\ B \\ C \end{array} & \mathbf{M} = \begin{pmatrix} 0{,}8 & 0 & 0{,}2 \\ 0 & 0{,}7 & 0{,}3 \\ 0{,}1 & 0{,}1 & 0{,}8 \end{pmatrix} \end{array}$$

Erläuterung:

Die **1. Zeile der Matrix M** bedeutet, dass 80 % der Kunden von A dem Supermarkt A treu bleiben, niemand von A zu B und 20 % der Kunden von A zu C wechseln.
Die **2. Spalte von M** bedeutet, dass kein Kunde von A zu B wechselt, 70 % der Kunden von B weiterhin in ihrem Markt B einkaufen und 10 % von C zum Markt B wechselt.

Definition: Die **Übergangsmatrix M** ist eine **stochastische Matrix.**
Eine stochastische Matrix $\mathbf{M} = (a_{ij})$ ist **quadratisch** und für die Elemente a_{ij} gilt: $0 \le a_{ij} \le 1$.
Die **Summe der Elemente in jeder Zeile** ist 1: $\sum_{j=1}^{n} a_{ij} = 1$

A hatte einen Marktanteil von 60 % und B einen Marktanteil von 40 %.

d. h., die **Anfangsverteilung** ist $\vec{x}_0 = \begin{pmatrix} 0{,}6 \\ 0{,}4 \\ 0 \end{pmatrix}$.

Beachten Sie: Eine **Markow-Kette** ist festgelegt durch einen **Zustandsraum,** eine **Übergangsmatrix M** und eine **Anfangsverteilung** $\vec{x}_0$.

Der Vektor $\vec{x}_k = \begin{pmatrix} a_k \\ b_k \\ c_k \end{pmatrix}$ gibt den Anteil der Kunden der 3 Märkte in der k-ten Woche an.

Berechnung der **Verteilung nach der 1. Woche** durch **Multiplikation** von **M** mit der Anfangsverteilung:

$$\vec{x}_0^T \cdot \mathbf{M} = (0{,}6 \quad 0{,}4 \quad 0) \cdot \begin{pmatrix} 0{,}8 & 0 & 0{,}2 \\ 0 & 0{,}7 & 0{,}3 \\ 0{,}1 & 0{,}1 & 0{,}8 \end{pmatrix} = (0{,}48 \quad 0{,}28 \quad 0{,}24) = \vec{x}_1^T$$

d. h. 48 % für Markt A, 28 % für Markt B und 24 % für Markt C.

Für die **Marktanteile nach der 2. Woche** gilt:

$$\vec{x}_1^T \cdot \mathbf{M} = (0{,}48 \quad 0{,}28 \quad 0{,}24) \begin{pmatrix} 0{,}8 & 0 & 0{,}2 \\ 0 & 0{,}7 & 0{,}3 \\ 0{,}1 & 0{,}1 & 0{,}8 \end{pmatrix} = (0{,}408 \quad 0{,}22 \quad 0{,}372) = \vec{x}_2^T$$

d. h. 40,8 % für Markt A, 22 % für Markt B und 37,2 % für Markt C.

Die Kundenverteilung einer Woche erhält man, indem man die Kundenverteilung der Vorwoche (transponiert) mit der Übergangsmatrix von rechts multipliziert:

$\vec{x}_1^T = \vec{x}_0^T \cdot \mathbf{M}$; $\vec{x}_2^T = \vec{x}_1^T \cdot \mathbf{M} = \vec{x}_0^T \cdot \mathbf{M} \cdot \mathbf{M} = \vec{x}_0^T \cdot \mathbf{M}^2$; $\vec{x}_3^T = \vec{x}_2^T \cdot \mathbf{M} = \vec{x}_0^T \cdot \mathbf{M}^3$; ...

$\vec{x}_n^T = \vec{x}_{n-1}^T \cdot \mathbf{M}$; demnach gilt: $\vec{x}_n^T = \vec{x}_0^T \cdot \mathbf{M}^n$

d. h., mithilfe von $\mathbf{M}^n$ lässt sich die **Kundenverteilung nach n Monaten** berechnen.

Beispiel:

$$\vec{x}_2^T = \vec{x}_1^T \cdot \mathbf{M} = (0{,}6 \quad 0{,}4 \quad 0) \cdot \mathbf{M}^2 = (0{,}6 \quad 0{,}4 \quad 0) \cdot \begin{pmatrix} 0{,}66 & 0{,}02 & 0{,}32 \\ 0{,}03 & 0{,}52 & 0{,}45 \\ 0{,}16 & 0{,}15 & 0{,}69 \end{pmatrix} = (0{,}408 \quad 0{,}22 \quad 0{,}372)$$

$\vec{x}_2 = \begin{pmatrix} 0{,}408 \\ 0{,}22 \\ 0{,}372 \end{pmatrix}$ ist die Verteilung nach zwei Wochen.

Beachten Sie: Multipliziert man eine Verteilung im Zustand n (in transponierter Darstellung, also $\vec{x}_n^T$) mit der Übergangsmatrix **M**, erhält man die Verteilung im Zustand n + 1.

Berechnung mit $\vec{x}_n^T$: $\quad \vec{x}_n^T \cdot \mathbf{M} = \vec{x}_{n+1}^T$

4) In der Stadt Wangen gibt es drei Baumärkte B_1, B_2 und B_3.
Eine Befragung bei 5000 Kunden hat ergeben:
Jeden Monat bleiben 33 % der Kunden von B_1 bei B_1, 28 % der Kunden wechseln von B_1 zu B_2 und 39 % von B_1 zu B_3.
Jeden Monat wechseln 20 % der Kunden von B_2 zu B_1, 35 % der Kunden bleiben bei B_2 und 45 % wechseln von B_2 zu B_3.
Jeden Monat wechseln 22 % der Kunden von B_3 zu B_1 sowie 32 % zu B_2, 46 % der Kunden bleiben bei B_3.
Anfangs kauften bei B_1 1000 Kunden ein und bei B_2 und B_3 jeweils 2000 Kunden.
a) Erstellen Sie die Übergangsmatrix $\mathbf{A} = (a_{ij})$; dabei gibt das Element a_{ij} an, welcher Anteil der Kunden jeden Monat von Baumarkt B_j zu Baumarkt B_i wechselt.
b) Berechnen Sie mit der Übergangsmatrix die Kundenverteilung nach einem Monat. Beschreiben Sie, wie sich mithilfe der Übergangsmatrix die Kundenverteilung nach drei Monaten berechnen lässt.

Lösung

a) Der untersuchte Kundenkreis kauft entweder bei B_1 oder B_2 oder B_3 ein.
Die möglichen **Zustände** sind also
$E = \{B_1;\ B_2; B_3\}$
(Zustandsraum E).
Das **Übergangsverhalten** lässt sich mithilfe eines Diagramms darstellen:

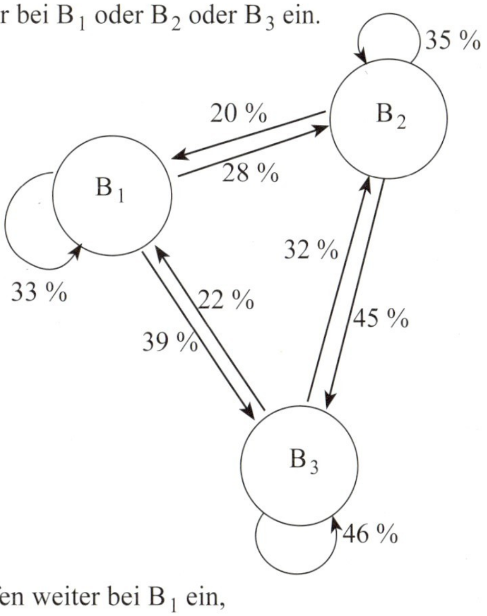

Darstellung des Übergangsverhaltens in Tabellenform:

	B_1	B_2	B_3
B_1	33%	28%	**39%**
B_2	20%	35%	45%
B_3	22%	32%	46%

Erläuterung: 33 % der Kunden von B_1 kaufen weiter bei B_1 ein,
28 % der Kunden wechseln von B_1 zu B_2 und **39** % von B_1 zu B_3.

Übergangsmatrix $\mathbf{A} = \begin{pmatrix} 0{,}33 & 0{,}28 & 0{,}39 \\ 0{,}20 & 0{,}35 & 0{,}45 \\ 0{,}22 & 0{,}32 & 0{,}46 \end{pmatrix}$

b) **Anfangsverteilung:** $\vec{x}_0 = \begin{pmatrix} 1000 \\ 2000 \\ 2000 \end{pmatrix}$

Kundenverteilung nach 1 Monat:

Von den 1000 B_1-Kunden bleiben 33 % bei B_1, also 330 Kunden.

Von den 2000 B_2-Kunden wechseln 20 % zu B_1, also 400 Kunden.

Von den 2000 B_3-Kunden wechseln 22 % zu B_1, also 440 Kunden.

B_1 hat nach einem Monat also 330 + 400 + 440 = 1170 Kunden.

$$0{,}33 \cdot 1000 + 0{,}20 \cdot 2000 + 0{,}22 \cdot 2000 = 1170$$

B_2 hat nach einem Monat $0{,}28 \cdot 1000 + 0{,}35 \cdot 2000 + 0{,}32 \cdot 2000 = 1620$ (Kunden).

B_3 hat nach einem Monat $0{,}39 \cdot 1000 + 0{,}45 \cdot 2000 + 0{,}46 \cdot 2000 = 2210$ (Kunden).

$$\vec{x}_1^{\,T} = \vec{x}_0^{\,T} \cdot \mathbf{A} = (1000 \quad 2000 \quad 2000) \begin{pmatrix} 0{,}33 & 0{,}28 & 0{,}39 \\ 0{,}20 & 0{,}35 & 0{,}45 \\ 0{,}22 & 0{,}32 & 0{,}46 \end{pmatrix} = (1170 \quad 1620 \quad 2210)$$

Nach einem Monat kaufen von 5000 Kunden

1170 im Baumarkt B_1, 1620 im Baumarkt B_2 und 2210 im Baumarkt B_3.

Die **Kundenverteilung nach 3 Monaten** erhält man, indem man die Kundenverteilung nach 2 Monaten von links mit der Übergangsmatrix multipliziert ($\vec{x}_3 = \vec{x}_2^{\,T} \cdot \mathbf{A}$).

Oder aus $\vec{x}_1^{\,T} = \vec{x}_0^{\,T} \cdot \mathbf{A}$ und $\vec{x}_2^{\,T} = \vec{x}_1^{\,T}\, \mathbf{A}$ folgt $\vec{x}_3^{\,T} = \vec{x}_2^{\,T} \cdot \mathbf{A} = \vec{x}_0^{\,T} \cdot \mathbf{A} \cdot \mathbf{A} \cdot \mathbf{A} = \vec{x}_0^{\,T} \cdot \mathbf{A}^3$.

Aufgaben

1. In einem fiktiven Staat stehen drei Parteien A, B und C zur Wahl. Bei der letzten Wahl stimmte jeder 3. Wähler für A und jeder 2. Wähler für B.
   Die Prognose für die Wählerwanderung besagt, dass Partei A 20 % seiner Wähler an Partei B verliert. 10 % der Wähler von B wechseln zu A und 20 % zu C, während 10 % der Wähler von C zu A und 20 % zu B wechseln.
   Stellen Sie die zugehörige Übergangsmatrix auf.
   Welche Stimmverteilung wird nach der nächsten Wahl erwartet?

2. Das Diagramm beschreibt bei einer Kreuzung den jährlichen Übergang der Blütenfarben von einer Generation zur nächsten. Bestimmen Sie die Übergangsmatrix **M** und damit die Verteilung nach einem bzw. zwei Jahren, wenn die Verteilung der Pflanzen zu Beginn beschrieben wird durch $\vec{v}_0 = \begin{pmatrix} 4000 \\ 4000 \\ 4000 \end{pmatrix}$.
   Berechnen Sie $\mathbf{M}^2$ und interpretieren Sie diese Matrix.

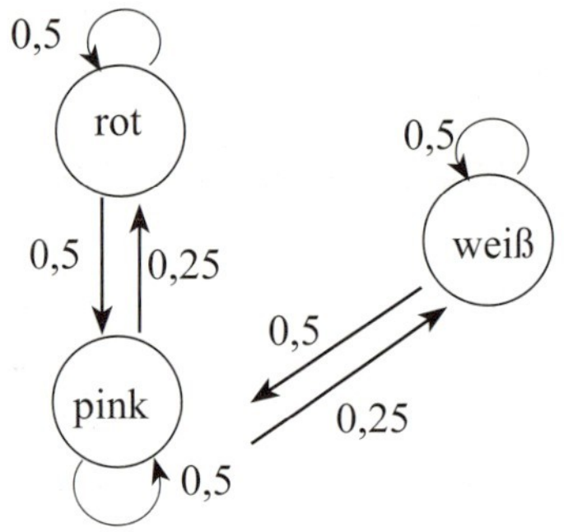

3.2 Stationäre Verteilung und Grenzverteilung

Bei Austauschprozessen ist die langfristige Einwicklung interessant. Eine besondere Stellung nehmen Verteilungen ein, die sich im Laufe des Prozesses nicht ändern, man nennt diese Verteilungen **stabil.**

Beispiele

1) In der Stadt Wangen gibt es drei Baumärkte B_1, B_2 und B_3.

Die Übergangsmatrix $\mathbf{M} = \begin{pmatrix} 0{,}33 & 0{,}28 & 0{,}39 \\ 0{,}20 & 0{,}35 & 0{,}45 \\ 0{,}22 & 0{,}32 & 0{,}46 \end{pmatrix}$ beschreibt den Anteil der Kunden, die jeden Monat von Baumarkt B_j zu Baumarkt B_i wechseln.

a) Berechnen Sie eine Verteilung der 5000 Kunden, die sich aufgrund der oben genannten Kundenströme nicht mehr ändert.

b) Wie sieht die langfristige Verteilung aus, wenn zu Beginn alle Kunden bei B_1 einkaufen?

Lösung

a) Gesucht ist also die Verteilung, die sich durch Multiplikation mit **M** nicht mehr ändert, die **stabile Verteilung.** Der **Fixvektor** $\vec{x}$ mit den Eigenschaften

$\vec{x}^T \cdot \mathbf{M} = \vec{x}^T$ und $x_1 + x_2 + x_3 = 5000$ beschreibt diese stabile (stationäre) Verteilung.

Der Ansatz $\vec{x}^T \cdot \mathbf{M} = \vec{x}^T$ führt mit $\vec{x}^T = (x_1 \quad x_2 \quad 5000 - x_1 - x_2)$

auf $(x_1 \quad x_2 \quad 5000 - x_1 - x_2) \begin{pmatrix} 0{,}33 & 0{,}28 & 0{,}39 \\ 0{,}20 & 0{,}35 & 0{,}45 \\ 0{,}22 & 0{,}32 & 0{,}46 \end{pmatrix} = (x_1 \quad x_2 \quad 5000 - x_1 - x_2)$

Daraus folgt das LGS
$$\begin{aligned} 89x_1 + 2x_2 &= 110000 \\ 4x_1 + 97x_2 &= 160000 \\ 31x_1 + 33x_2 &= 90000 \end{aligned}$$

Lösung des LGS: $x_1 = 1200$; $x_2 = 1600$; $x_3 = 2200$

Die **stabile Verteilung** ist 1200 Kunden im Baumarkt B_1, 1600 in B_2 und 2200 in B_3.

b) **Übergangsmatrix**

für 2 Monate: $\mathbf{M}^2 \approx \begin{pmatrix} 0{,}25 & 0{,}32 & 0{,}43 \\ 0{,}24 & 0{,}32 & 0{,}44 \\ 0{,}24 & 0{,}32 & 0{,}44 \end{pmatrix}$; für 10 Monate: $\mathbf{M}^{10} = \begin{pmatrix} 0{,}24 & 0{,}32 & 0{,}44 \\ 0{,}24 & 0{,}32 & 0{,}44 \\ 0{,}24 & 0{,}32 & 0{,}44 \end{pmatrix}$

Multiplikation ergibt: $(5000 \quad 0 \quad 0) \begin{pmatrix} 0{,}24 & 0{,}32 & 0{,}44 \\ 0{,}24 & 0{,}32 & 0{,}44 \\ 0{,}24 & 0{,}32 & 0{,}44 \end{pmatrix} = (1200 \quad 1600 \quad 2200)$ (Fixvektor^T)

Die Anfangsverteilung spielt keine Rolle. Die Zeilen der Matrix $\mathbf{M}^{10}$ führen auf den

transponierter Fixvektor: $\vec{x}^T = (0{,}24 \quad 0{,}32 \quad 0{,}44) \cdot 5000 = (1200 \quad 1600 \quad 2200)$

2) In einem Zweiparteienstaat mit den Parteien A und B beschreibt die Übergangsmatrix $\mathbf{A} = \begin{pmatrix} 0{,}7 & 0{,}3 \\ 0{,}2 & 0{,}8 \end{pmatrix}$ das Wählerverhalten.
Bei der letzten Wahl erhielt die Partei A 25 % und Partei B 75 % aller Stimmen.
   a) Gibt es eine Stimmenverteilung, die sich reproduziert?
   b) Ermitteln Sie, wie viele der Wähler von Partei A ihrer Partei die Treue halten müssten, wenn Partei A bei der nächsten Wahl ihren jetzigen Stimmenanteil auf 40 % steigern möchte.

Lösung

a) Für eine Stimmverteilung $\vec{p} = \begin{pmatrix} p_1 \\ p_2 \end{pmatrix}$ mit $p_1 + p_2 = 1$, die sich **reproduziert,**
muss gelten: $\vec{p}^T = \vec{p}^T \cdot \mathbf{A}$

Bedingungen für p_1 und p_2: $(p_1 \quad p_2)\begin{pmatrix} 0{,}7 & 0{,}3 \\ 0{,}2 & 0{,}8 \end{pmatrix} = (p_1 \quad p_2)$

Mit $p_1 + p_2 = 1 \Leftrightarrow p_2 = 1 - p_1$

erhält man: $(p_1 \quad 1 - p_1)\begin{pmatrix} 0{,}7 & 0{,}3 \\ 0{,}2 & 0{,}8 \end{pmatrix} = (p_1 \quad 1 - p_1)$

Die Gleichung $0{,}5p_1 + 0{,}2 = p_1$

oder die Gleichung $-0{,}5p_1 + 0{,}8 = 1 - p_1$

hat jeweils die Lösung $p_1 = 0{,}4.$

Einsetzen ergibt: $p_2 = 1 - p_1 = 0{,}6$

Hat die Partei A 40 % und die Partei B 60 % aller Stimmen, ändert sich die Stimmenverteilung bei einer Wahl (Übergangsmatrix **A**) nicht mehr.

$\vec{p} = \begin{pmatrix} 0{,}4 \\ 0{,}6 \end{pmatrix}$ heißt **Fixvektor.**

Die Stimmverteilung $\vec{p} = \begin{pmatrix} 0{,}4 \\ 0{,}6 \end{pmatrix}$ heißt **stationäre Verteilung.**

Beachten Sie: Berechnung stationärer Zustände mit $\vec{p}^T \cdot \mathbf{A} = \vec{p}^T$

Dabei ist $\vec{p}$ die **stationäre oder stabile Verteilung** (die Gleichgewichtsverteilung) und **A** die Übergangsmatrix.
Die stationäre Verteilung **hängt nicht von der Anfangsverteilung** ab.

Unter der **Nebenbedingung** $p_1 + p_2 + p_3 = 1$ (= 100 %)
ist das LGS $\vec{p}^T \cdot \mathbf{A} = \vec{p}^T$ eindeutig lösbar und der **Fixvektor** $\vec{p} = \begin{pmatrix} p_1 \\ p_2 \\ p_3 \end{pmatrix}$
ist **eindeutig** bestimmt.

Bemerkungen:

Aus $\mathbf{A} = \begin{pmatrix} 0{,}7 & 0{,}3 \\ 0{,}2 & 0{,}8 \end{pmatrix}$ erhält man durch wiederholte Matrizenmultiplikation

$$\mathbf{A}^2 = \begin{pmatrix} 0{,}55 & 0{,}45 \\ 0{,}30 & 0{,}70 \end{pmatrix};\ \mathbf{A}^5 = \begin{pmatrix} 0{,}41875 & 0{,}58125 \\ 0{,}3875 & 0{,}6125 \end{pmatrix};\ \mathbf{A}^{10} = \begin{pmatrix} 0{,}4006 & 0{,}5994 \\ 0{,}3996 & 0{,}6004 \end{pmatrix}.$$

Die **Übergangsmatrix** für n Wahlen **stabilisiert sich** für $n \to \infty$

zur **Grenzmatrix** $\begin{pmatrix} 0{,}4 & 0{,}6 \\ 0{,}4 & 0{,}6 \end{pmatrix}$. Diese Matrix beschreibt die **Grenzverteilung** $(0{,}4 \quad 0{,}6)$.

Dies bedeutet, dass sich die Wähler zu 40 % für Partei A und zu 60 % für Partei B entscheiden. Es gilt also: $\lim\limits_{n\to\infty} \mathbf{A}^n = \begin{pmatrix} 0{,}4 & 0{,}6 \\ 0{,}4 & 0{,}6 \end{pmatrix}$.

Die Zeilenvektoren sind alle **gleich** und entsprechen der **stabilen Verteilung.**

Bemerkung: Jede beliebige Verteilung strebt gegen die stabile Verteilung.

Beachten Sie: Gilt für eine stochastische Matrix **A** $\lim\limits_{n\to\infty} \mathbf{A}^n = A_\infty$,

so besteht die Matrix A_∞ aus lauter **gleichen Zeilen:** $A_\infty = \begin{pmatrix} p_1 & p_2 \cdots & p_n \\ p_1 & p_2 \cdots & p_n \\ \cdots & \cdots & \cdots \\ p_1 & p_2 \ldots & p_n \end{pmatrix}$

A_∞ heißt **Grenzmatrix.**

Der Zeilenvektor $\vec{p}^{\,T} = (p_1 \quad p_2 \quad \ldots p_n)$ ist ein **Fixvektor.**

Die stationäre Verteilung und die Grenzverteilung stimmen überein.

b) Der Anteil der Wähler von A, die ihrer Partei treu bleiben, sei a.

Der Anteil der Wähler von A, die zur Partei B wechseln, ist dann 1 – a.

Stimmenverteilung nach der **nächsten** Wahl: $\begin{pmatrix} 0{,}4 \\ 0{,}6 \end{pmatrix}$

Mit der Anlaufvektor $\vec{p}_0 = \begin{pmatrix} 0{,}25 \\ 0{,}75 \end{pmatrix}$ muss gelten: $(0{,}25 \quad 0{,}75)\begin{pmatrix} a & 1-a \\ 0{,}2 & 0{,}8 \end{pmatrix} = (0{,}4 \quad 0{,}6)$

Ausmultiplizieren ergibt:

$0{,}25a + 0{,}15 = 0{,}4 \qquad \Rightarrow a = 1$

$0{,}25 - 0{,}25a + 0{,}6 = 0{,}6 \qquad \Rightarrow a = 1$

Nur wenn alle Wähler der Partei A wieder A wählen, gelingt es Partei A bei der nächsten Wahl ihren jetzigen Stimmenanteil auf 40 % zu steigern.

(Vergleichen Sie auch mit der Grenzverteilung in Teilaufgabe a).)

Aufgaben

1. In einem Zweiparteienstaat mit den Parteien A und B beschreibt die Übergangsmatrix $\mathbf{A} = \begin{pmatrix} 0{,}6 & 0{,}4 \\ 0{,}5 & 0{,}5 \end{pmatrix}$ das Wählerverhalten.

   Bei der letzten Wahl erhielt die Partei A 25 % und Partei B 75 % aller Stimmen. Ermitteln Sie das Wahlverhalten der Wähler von Partei B, wenn bei der bevorstehenden Wahl ein Stimmenanteil von Partei B von 17,5 % vorhergesagt wird.

2. Für einen Austauschprozess gilt der Fixvektor $\vec{x} = \begin{pmatrix} 0{,}6 \\ 0{,}4 \end{pmatrix}$ und das nebenstehende Diagramm.

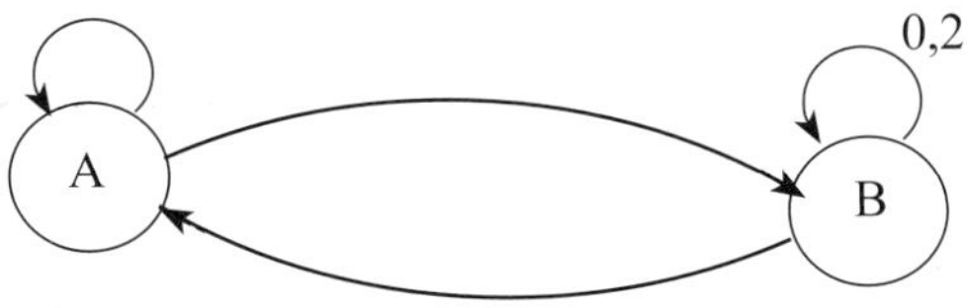

   Bestimmen Sie die Übergangsmatrix **M** und vervollständigen Sie das Diagramm.

3. Die drei Autowaschanlagen A, B und C haben das Wechselverhalten ihrer Kunden untersucht. Die Kunden von A verteilen sich bei der nächsten Autowäsche im Verhältnis 2 : 1 : 1 auf die drei Autowaschanlagen. Die Kunden von B wechseln das nächste Mal zu 25 % zu A und C. 80 % der Kunden von C sind der Anlage treu, der Rest wechselt zu A. Jeder Kunde wäscht genau einmal pro Woche sein Auto.
   a) Bestimmen Sie die Übergangsmatrix für diesen Prozess.
   b) In einer bestimmten Woche waschen von insgesamt 1000 Autofahrern 500 bei A und je 250 bei B und C ihr Auto. Bestimmen Sie die Verteilung in der Vorwoche und für die folgenden zwei Wochen.
   c) Bestimmen Sie die stabile Verteilung und geben Sie die Grenzmatrix an. Wie sieht die langfristige Verteilung aus, wenn zu Beginn alle Autofahrer ihr Fahrzeug in der Anlage A waschen?

4. Drei Vollwaschmittel A, B und C teilen den Markt unter sich auf. Das Wechselverhalten der Kunden nach jedem Kauf wird durch die Übergangsmatrix $\mathbf{M} = \begin{pmatrix} 0 & 0{,}6 & 0{,}4 \\ 0{,}4 & 0 & 0{,}6 \\ 0{,}5 & 0{,}5 & 0 \end{pmatrix}$ beschrieben.
   a) Bestimmen Sie eine Gleichgewichtsverteilung von 565 Kunden.
   b) Anfangs sind die drei Vollwaschmittel bei den Kunden gleichermaßen beliebt. Wie ist die Verteilung nach dreimaligem Kauf?
   c) Wie muss sich das Wechselverhalten der Kunden von Vollwaschmittel B ändern, damit langfristig die Vollwaschmittel im Verhältnis 1 : 2 : 1 gekauft werden.

5. Die gegebene Übergangsmatrix **M** beschreibt das wöchentliche Wechselverhalten der Kunden von drei Supermärkten A, B und C: $\mathbf{M} = \begin{pmatrix} 0{,}8 & 0 & 0{,}2 \\ 0 & 0{,}7 & 0{,}3 \\ 0{,}1 & 0{,}1 & 0{,}8 \end{pmatrix}$.

   Überprüfen Sie, ob sich langfristig eine feste Verteilung der Marktanteile der drei Supermärkte ergibt. Wenn ja, geben Sie diese Verteilung an.
   Untersuchen Sie, ob sich die langfristige Verteilung der Marktanteile der drei Supermärkte ändern würde, wenn A, B und C zu Beginn die gleichen Marktanteile gehabt hätten.
   Ermitteln Sie die Veränderungen der langfristigen Marktanteile, wenn nach einigen Wochen wöchentlich etwa 1 % der Kunden von B zu einem weiter entfernten Supermarkt D wechseln würden.

6. Drei Firmen A, B und C bringen gleichzeitig ein neuartiges Produkt auf den Markt.
   Zu Beginn besitzt A einen Marktanteil von 40 %, B 20 % und C von 40 %.
   Während des ersten Monats verliert A 5 % seiner Kunden an B und 10 % an C, 15 % der Kunden von B wechseln zu A und 10 % zu C während jeweils 5 % der Kunden von C zu A bzw. B wechseln.
   a) Welche Marktanteile besitzen die Firmen nach einem Monat bzw. zwei Monaten?
   b) Nach einigen Monaten haben sich die Marktanteile eingependelt und verändern sich nicht mehr. Welche Firma kann sich als Marktführer fühlen?

7. Ein Unternehmen mit 1200 Mitarbeitern arbeitet an den drei Standorten A, B und C.
   Im Rahmen der Personalplanung werden die über Jahre stabilen Quoten für den Wechsel der Standorte in einer Übergangsmatrix **M** festgelegt: $\mathbf{M} = \begin{pmatrix} 0{,}7 & 0{,}2 & 0{,}1 \\ 0{,}1 & 0{,}85 & 0{,}05 \\ 0{,}1 & 0 & 0{,}9 \end{pmatrix}$.
   Zu Beginn arbeiten sämtliche 1200 Mitarbeiter am Standort A.
   a) Ermitteln Sie die Verteilung auf die drei Standorte A, B und C nach dem ersten Jahr.
   b) Gibt es eine Verteilung der 1200 Mitarbeiter, die im nächsten Jahr gleich bleibt? Wenn ja, geben Sie diese an.
   c) Bestimmen Sie die Matrixpotenzen $\mathbf{M}^{10}$, $\mathbf{M}^{20}$, $\mathbf{M}^{30}$. Interpretieren Sie die Resultate im Hinblick auf die Verteilung der Mitarbeiter auf die drei Standorte des Unternehmens. Beurteilen Sie den Realitätsgehalt dieser Ergebnisse im Sachzusammenhang.

   (Teile aus einer Abituraufgabe NRW 2009.)

9 Bohner u.a. ISBN 978-3-8120-0452-7

3.3 Zyklische Verteilungen

Beispiele

1) Bei einer Insektenart vollzieht sich die Entwicklung in einem 3-monatigen Zyklus. Insekten legen durchschnittlich 25 Eier und sterben danach. Aus den Eiern entwickeln sich innerhalb eines Monats 10 % zu Larven. Nur 40 % der Larven überleben den folgenden Monat und entwickeln sich zu Insekten, die wiederum 25 Eier legen.
   a) Zeichnen Sie ein Entwicklungsdiagramm und geben Sie die Übergangsmatrix an.
   b) Wie entwickelt sich eine Startpopulation von 1000 Eiern, 240 Larven und 30 Insekten im Laufe eines Zyklus?
   c) Wie entwickelt sich die Startpopulation aus b), wenn sich die Vermehrungsrate durch ein günstiges Klima auf 50 erhöht, die Überlebensrate aber gleich bleibt?

Lösung

a) Entwicklungsdiagramm (Ablaufplan für einen Entwicklungsszyklus):

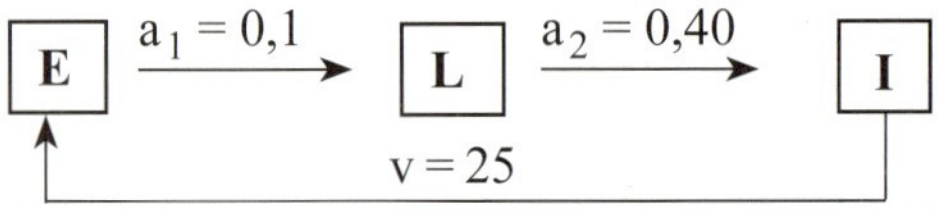

Bemerkung: a_1 und a_2 sind Überlebensraten, v ist die Vermehrungsrate.

Darstellung des Übergangsverhaltens in Tabellenform:

Erläuterung: Aus Eiern (E) entwickeln sich nur Larven L, aus L nur I, aus I nur E.

	E	L	I
E	0	0,10	0
L	0	0	0,40
I	25	0	0

Beispiel: Aus 1000 E, 240 L und 30 I entwickeln sich 100 L, 96 I und 750 E.

Aus der Tabelle erhält man die **Übergangsmatrix** $\mathbf{A} = \begin{pmatrix} 0 & 0,10 & 0 \\ 0 & 0 & 0,40 \\ 25 & 0 & 0 \end{pmatrix}$.

b) Mit der Startpopulation $\vec{p}_0 = \begin{pmatrix} 1000 \\ 240 \\ 30 \end{pmatrix}$ erhält man die Population $\vec{p}_1$ nach **einem**

Monat: $\vec{p}_1^{\,T} = \vec{p}_0^{\,T} \cdot \mathbf{A} = (1000 \quad 240 \quad 30)\begin{pmatrix} 0 & 0,10 & 0 \\ 0 & 0 & 0,40 \\ 25 & 0 & 0 \end{pmatrix} = (750 \quad 100 \quad 96)$

Population $\vec{p}_2$ nach **zwei Monaten:** $\vec{p}_2^{\,T} = \vec{p}_1^{\,T} \cdot \mathbf{A} = (2400 \quad 75 \quad 40)$

Population $\vec{p}_3$ nach **drei Monaten:** $\vec{p}_3^{\,T} = \vec{p}_2^{\,T} \cdot \mathbf{A} = (1000 \quad 240 \quad 30) = \vec{p}_0^{\,T}$

Die Population entwickelt sich **zyklisch.** In einem **Zyklus** von 3 Monaten stellt sich die Startpopulation wieder ein.

Erläuterungen: Aus $\vec{p}_2^{\,T} = \vec{p}_1^{\,T} \cdot \mathbf{A}$ folgt mit $\vec{p}_1^{\,T} = \vec{p}_0^{\,T} \cdot \mathbf{A}$: $\vec{p}_2^{\,T} = \vec{p}_0^{\,T} \cdot \mathbf{A} \cdot \mathbf{A} = \vec{p}_0^{\,T} \cdot \mathbf{A}^2$

ebenso gilt $\vec{p}_3^{\,T} = \vec{p}_0^{\,T} \cdot \mathbf{A}^3$.

$$\mathbf{A}^2 = \begin{pmatrix} 0 & 0 & 0{,}04 \\ 10 & 0 & 0 \\ 0 & 2{,}5 & 0 \end{pmatrix}; \quad \mathbf{A}^3 = \begin{pmatrix} 1 & 0 & 0 \\ 0 & 1 & 0 \\ 0 & 0 & 1 \end{pmatrix} = \mathbf{E}$$

Bei einem **dreimonatigen** Zyklus gilt $\mathbf{A}^3 = \mathbf{E}$ (Einheitsmatrix) wegen $a_1 \cdot a_2 \cdot v = 1$

Das **Produkt aus Überlebensraten und Vermehrungsrate** ist gleich 1.

Daher gilt: $\vec{p}_3^{\,T} = \mathbf{E} \cdot \vec{p}_0^{\,T} = \vec{p}_0^{\,T}$

Beachten Sie: Gilt $\mathbf{A}^3 = \mathbf{E}$, so reproduziert sich **jede** Population mit der Übergangsmatrix **A** nach **3** Monaten.

Definition: Gibt es ein $n \in \mathbf{N}^*$, sodass $\mathbf{A}^n = \mathbf{E}$ ist, dann heißt die Matrix **A zyklisch.**

Beachten Sie: Eine **Populationsentwicklung** wird durch die Übergangsmatrix $\mathbf{A} = \begin{pmatrix} 0 & a & 0 \\ 0 & 0 & b \\ v & 0 & 0 \end{pmatrix}$ beschrieben. Dabei sind a und b die **Überlebensraten** und v die **Vermehrungsrate**.

Gilt
- $a \cdot b \cdot v < 1$, stirbt die Population aus.
- $a \cdot b \cdot v = 1$, entwickelt sich die Population zyklisch
- $a \cdot b \cdot v > 1$, nimmt die Population zu.

Bemerkung: Mit der Startpopulation $\vec{p}_0 = \begin{pmatrix} 250 \\ 25 \\ 10 \end{pmatrix}$ erhält man die **Population nach einem Monat:** $\vec{p}_1^{\,T} = \vec{p}_0^{\,T} \cdot \mathbf{A} = (250 \quad 25 \quad 10) = \vec{p}_0^{\,T}$

Diese Startpopulation **reproduziert sich jeden Monat.**

Beachten Sie: Ein Bestand $\begin{pmatrix} x \\ y \\ z \end{pmatrix}$ reproduziert sich, wenn $(x \quad y \quad z) \cdot \mathbf{A} = (x \quad y \quad z)$ gilt.

Zum Vergleich: Die Startpopulation $\vec{p}_0 = \begin{pmatrix} 750 \\ 100 \\ 96 \end{pmatrix}$ **reproduziert sich nach drei Monaten.**

c) Mit der neuen Übergangsmatrix $\mathbf{A}^* = \begin{pmatrix} 0 & 0{,}10 & 0 \\ 0 & 0 & 0{,}40 \\ 50 & 0 & 0 \end{pmatrix}$ folgt für $\mathbf{A}^{*3} = \begin{pmatrix} 2 & 0 & 0 \\ 0 & 2 & 0 \\ 0 & 0 & 2 \end{pmatrix}$

Für die **Population nach 3 Monaten** erhält man $\vec{p}_3^{\,T} = \vec{p}_0^{\,T} \cdot \mathbf{A}^{*3} = (2000 \quad 480 \quad 60)$

Die **Ausgangspopulation** hat sich **verdoppelt**.

Bemerkung: $a_1 \cdot a_2 \cdot v = 2$ bedeutet eine Vermehrung um 100 %.

2) Eine Insektenart vermehrt sich durch befruchtete und unbefruchtete Eier. Aus Eiern schlüpfen nach einer Woche Insekten der ersten Entwicklungsstufe (I_1), die nach einer Woche unbefruchtete Eier legen und sich in voll ausgebildete Insekten (I_2) verwandeln. Diese legen nach einer weiteren Woche befruchtete Eier und sterben danach. Die wöchentliche Entwicklung lässt sich durch die Übergangsmatrix **A** beschreiben: $\mathbf{A} = \begin{pmatrix} 0 & 0{,}1 & 0 \\ 10 & 0 & 0{,}4 \\ 5 & 0 & 0 \end{pmatrix}$

Zeichnen Sie einen Übergangsgraphen und erläutern Sie die Bedeutung der Zahlen 10 und 5. Wie entwickelt sich eine Startpopulation von 1000 Eiern und ohne Insekten? Ermitteln Sie die langfristige Enwicklung.

Lösung

Übergangsgraph:

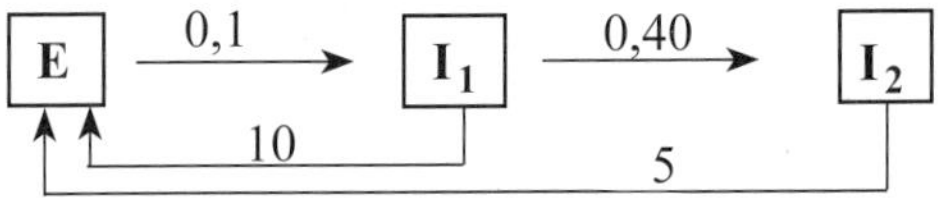

Erläuterung: a = 10 und b = 5 sind die Erzeugungsraten von Eiern durch I_1 und I_2.

$10I_1 + 5I_2$ ist die Gesamtzahl der Eier, die von I_1 und I_2 gelegt werden.

Langfristige Enwicklung:

Mit der Startpopulation $\vec{p}_0 = \begin{pmatrix} 1000 \\ 0 \\ 0 \end{pmatrix}$ erhält man den Bestand nach i Wochen ($i \geq 1$):

$\vec{p}_i^{\,T} = \vec{p}_{i-1}^{\,T} \cdot \mathbf{A}$: $\quad \vec{p}_1 = \begin{pmatrix} 0 \\ 100 \\ 0 \end{pmatrix}$; $\vec{p}_2 = \begin{pmatrix} 1000 \\ 0 \\ 40 \end{pmatrix}$; $\vec{p}_3 = \begin{pmatrix} 200 \\ 100 \\ 0 \end{pmatrix}$; $\vec{p}_4 = \begin{pmatrix} 1000 \\ 20 \\ 40 \end{pmatrix}$

Nach 4 Wochen wiederholt sich die Zahl der Eier, aber die Zahl der Insekten hat sich stark erhöht. Damit nimmt die Population zu.

Der Term aus Erzeugungs- und Überlebensraten ergibt $0{,}1 \cdot 10 + 0{,}1 \cdot 0{,}4 \cdot 5 = 1{,}2 > 1$.

Aufgaben

1. Bei einer Tierart werden drei Altersstufen (Jungtiere A_1, ausgewachsene Tiere A_2 und Alttiere A_3) unterschieden. Die Matrix $\mathbf{M} = \begin{pmatrix} 0 & \frac{1}{2} & 0 \\ v_1 & 0 & \frac{1}{3} \\ v_2 & 0 & 0 \end{pmatrix}$ mit $v_1, v_2 \geq 0$ beschreibt die jährlichen Veränderungen einer Population dieser Tierart.
   a) Welche Bedeutung haben v_1 und v_2 für die Entwicklung der Population?
   b) Zeigen Sie, dass sich für $v_1 = 0$ und $v_2 = 6$ nach jeweils 3 Jahren wieder eine beliebige Startpopulation einstellt.
   c) Bestimmen Sie für $v_1 = \frac{2}{3}$ und $v_2 = 4$ die Altersverteilung von insgesamt 120 Tieren, die sich jährlich reproduziert.

2. Die Übergangsmatrix $\mathbf{A} = \begin{pmatrix} 0 & 0{,}3 & 0 \\ 0 & 0 & b \\ 30 & 0 & 0 \end{pmatrix}$ beschreibt die jährliche Änderung einer Population.

   a) Wie entwickelt sich für b = 0,2 ein Anfangsbestand von (300 250 40) im Laufe von drei Jahren? Interpretieren Sie die Entwicklung.

   b) Für welches b reproduziert sich eine beliebige Startpopulation nach 3 Jahren?

3. Eine Population weiblicher Wildschweine wird durch den Populationsvektor $\begin{pmatrix} F \\ U \\ B \end{pmatrix}$ beschrieben. Dabei sind F, U und B die drei Altersklassen: F: Frischlinge (höchstens ein Jahr alt), U: Überläuferbachen (älter als ein Jahr bis maximal zwei Jahre alt), B: reife Bachen (älter als 2 Jahre).

   a) Für eine Population gilt: Die jährliche Geburtenrate bei Frischlingen beträgt 0,13, bei Überläuferbachen 0,56 und bei reifen Bachen 1,64. Von den Frischlingen überleben jährlich 25 %, von den Überläuferbachen 56 % und von den reifen Bachen 58 %. Stellen Sie in einem Übergangsgraphen die Entwicklung dieser Population dar.

   b) Entscheiden Sie, welche der Matrizen **A**, **B**, **C** die in a) dargestellte Entwicklung des Scharzwildes beschreibt:

   $$\mathbf{A} = \begin{pmatrix} 0{,}25 & 0 & 0{,}13 \\ 0 & 0{,}56 & 0{,}56 \\ 0 & 0{,}58 & 1{,}64 \end{pmatrix}, \quad \mathbf{B} = \begin{pmatrix} 0{,}13 & 0{,}25 & 0 \\ 0{,}56 & 0 & 0{,}56 \\ 1{,}64 & 0 & 0{,}58 \end{pmatrix}, \quad \mathbf{C} = \begin{pmatrix} 0{,}13 & 0 & 0{,}25 \\ 0{,}56 & 0{,}56 & 0 \\ 1{,}64 & 0{,}58 & 0 \end{pmatrix}$$

   Begründen Sie auch für die anderen zwei Matrizen, warum sie zur Modellierung hier nicht geeignet sind.

   c) Berechnen Sie für die Wildschweinpopulation aus 60 Frischlingen, 23 Überläuferbachen und 17 reifen Bachen mithilfe der Populationsmatrix **B** die Population nach einem Jahr und nach zwei Jahren.

   (Teile aus einer Abituraufgabe Hamburg 2008.)

4. Beim Maikäfer vollzieht sich die Entwicklung in einem 4-jährigen Zyklus.
   Ein Maikäferweibchen legt 40 Eier und stirbt danach. Aus den Eiern entwickeln sich Engerlinge (Larven L_1). Nur ein Viertel der Engerlinge überlebt das folgende Jahr und entwickelt sich zur Larve L_2. Im zweiten Jahr beträgt die Überlebensrate 50 %. Im dritten Jahr verpuppen sich 20 % der Larven L_3 zu Maikäferweibchen, die wiederum 40 Eier legen.

   a) Zeichnen Sie ein Entwicklungsdiagramm und geben Sie die Übergangsmatrix an.

   b) Wie entwickelt sich eine Startpopulation von 2000 Larven L_1, 1500 Larven L_2, 800 Larven L_3 und 250 Maikäferweibchen (W) im Laufe eines 4-jährigen Zyklus?

   c) Wie entwickelt sich die Startpopulation aus b), wenn sich die Vermehrungsrate durch ein günstiges Klima auf 50 erhöht, die Überlebensrate aber gleich bleibt?

   d) Gibt es eine Population, die sich jährlich reproduziert? Wenn ja, geben Sie diese an.

Aufgaben zu stachastischen Matrizen

1. Drei Wochenzeitschriften Z_1, Z_2 und Z_3 beherrschen den Zeitschriftenmarkt einer Kleinstadt. Langjährige monatliche Beobachtungen haben ergeben, dass die Hälfte der Leser aller drei Zeitschriften Stammleser sind und bei ihrer Zeitschrift bleiben.
   30 % der Leser von Z_1 wechseln zu Z_2, 20 % der Leser von Z_2 wechseln zu Z_1 und 40 % der Leser von Z_3 wechseln zu Z_2.
   a) Erstellen Sie die Übergangsmatrix **A** für einen Monat und zeichnen Sie einen Übergangsgraphen.
   b) Eine aktuelle Markterhebung hat ergeben, dass sich die Marktanteile der drei Zeitschriften wie 1 : 1 : 3 verhalten. Berechnen Sie die voraussichtlichen Marktanteile der drei Zeitschriften nach 2 und nach 4 Monaten.
   Welche langfristige Verteilung lässt sich vermuten?
   c) Bestimmen Sie die langfristige Verteilung der Marktanteile.

2. Beim Vergleich zweier aufeinanderfolgender Landtagswahlen ergibt sich folgende prozentuale Wählerwanderung:

	an Partei A	an Partei B	an Nichtwähler
von Partei A	70 %	20 %	10 %
von Partei B	10 %	80 %	10 %
von Nichtwähler	40 %	20 %	40 %

   Diese Wählerwanderung bei zwei aufeinanderfolgenden Landtagswahlen wird für die folgenden Fragen als konstant vorausgesetzt.
   a) Bei einer Landtagswahl haben 45 % der Wahlberechtigten die Partei A und 35 % der Wahlberechtigten die Partei B gewählt. 20 % der Wahlberechtigten waren Nichtwähler. Wie viel Prozent der Wahlberechtigten werden bei der darauffolgenden Landtagswahl die Partei A bzw. die Partei B wählen?
   b) Es wird Folgendes angenommen: Bei zwei aufeinanderfolgenden Landtagswahlen ändert sich der Anteil der Nichtwähler an den Wahlberechtigten nicht, und auch das Wahlergebnis der beiden Parteien bleibt konstant.
   Wie viel Prozent der Wahlberechtigten wählen dann die Partei A bzw. die Partei B.
   Wie viel Prozent der Wahlberechtigten sind dann Nichtwähler?

3. Drei Autobauer A, B und C bringen aufgrund neuer Umweltvorschriften nahezu gleichzeitig einen neuen umweltfreundlichen Kleinwagen auf den Markt. Bisher waren die Marktanteile auf dem Kleinwagensektor wie folgt verteilt: A 40 %, B 30 % und C 30 %. Die Einführung der neuen Modelle bewirkt, dass 80 % der Käufer von A bei A bleiben, während 15 % der Käufer von A zu B und 5 % zu C wechseln. B behält 85 % seines Marktanteils, gibt aber an A 5 % und an C 10 % seines Marktanteils ab. C behält 60 % seines Marktanteils und gibt an A und an B jeweils 20 % seines Marktanteils ab.

   a) Geben Sie die Verkaufszahlen für den Monat vor der Einführung der neuen Modelle an, wenn insgesamt 1,2 Mio. neue Autos in diesem Monat am Markt verkauft wurden.
   b) Berechnen Sie die Verteilung der Marktanteile nach Einführung der neuen Modelle.
   c) Untersuchen Sie, ob sich eine Grenzverteilung der Marktanteile einstellt, wenn man langfristig ein gleiches Wechselverhalten der Autokäufer wie nach der Einführung der neuen Modelle unterstellt.

4. Der Bahnhofskiosk verkauft wöchentlich 75 Exemplare der zwei Nachrichtenmagazine S und F. Die Kunden kaufen wöchentlich ein Magazin.
   Dabei bleiben 70 % der S-Leser und 80 % der F-Leser ihrem Magazin treu.

   a) Zeichnen Sie einen Übergangsgraphen und bestimmen Sie die Übergangsmatrix.
   b) Bestimmen Sie die Verkaufszahlen in der folgenden Woche, wenn in der jetzigen Woche 40 S-Magazine und 35 F-Magazine verkauft werden.
      Wie viel Kunden kauften in der Vorwoche ein F-Magazin?
   c) Bestimmen Sie mithilfe der Matrizenmultiplikation die langfristigen Verkaufszahlen der beiden Nachrichtenmagazine.
      Bestätigen Sie ihre Vermutung durch Berechnung des Fixvektors mithilfe eines LGS.
   d) Ein Zeitschriftenverlag plant die Einführung eines dritten Nachrichtenmagazins T. Eine Marktanalyse ergab, dass je 10 % der Leser von S und F das neue Magazin bevorzugen, aber auch einige der Wechselleser das neue T-Magazin kaufen.
      Ergänzen Sie die fehlenden Elemente der neuen

      Übergangsmatrix $\mathbf{A}^* = \begin{pmatrix} 0,\ldots & 0,25 & 0,\ldots \\ 0,15 & 0,\ldots & 0,\ldots \\ 0,2 & 0,1 & 0,\ldots \end{pmatrix}$.

      Untersuchen Sie die Entwicklung in den 4 Wochen nach der Einführung, wenn die Anfangsverteilung $\overrightarrow{v_0} = \begin{pmatrix} 0,4 \\ 0,6 \\ 0 \end{pmatrix}$ gilt.

5. In den letzten Jahren mehren sich die Befürchtungen, dass die Bevölkerung in den neuen Bundesländern durch Abwanderung in die alten Bundesländer zu stark reduziert wird. Gegen Ende des Jahres 2005 lebten 65,7 Millionen Menschen in den westdeutschen Bundesländern. In den neuen Bundesländern (einschließlich Berlin) lebten 16,8 Millionen Menschen. Im Laufe des Jahres 2006 zogen 1,1 % (Abwanderungsrate) der Bevölkerung aus den neuen (N) in die alten (A) Bundesländer um. Umgekehrt siedelten nur 0,2 % (Zuwanderungsrate) der westdeutschen Bevölkerung in die neuen Bundesländer um.
Im Folgenden wird angenommen, dass die Gesamtbevölkerung in Deutschland konstant 82,5 Millionen Menschen beträgt. Die Bevölkerungsverteilung nach n Jahren (seit 2005) auf die alten bzw. neuen Bundesländer werde durch den Vektor $\vec{p}_n = \begin{pmatrix} N_n \\ A_n \end{pmatrix}$ dargestellt.
Dabei ist N_n bzw. A_n die Bevölkerungszahl nach n Jahren in den neuen bzw. den alten Bundesländern.
   a) Zeichnen Sie einen Übergangsgraphen. Bestimmen Sie eine geeignete Übergangsmatrix **M**.
   b) Bestimmen Sie mithilfe des Modells, ob und in welchem Jahr die Bevölkerungszahl der neuen Bundesländer unter 16 Millionen sinken würde (mit GTR bzw. CAS).
   c) Angenommen, die Bevölkerungszahl in den neuen Bundesländern ist auf 16 Millionen gesunken und die Bevölkerungszahl in den alten Bundesländern dementsprechend auf 66,5 Millionen gestiegen. Ermitteln Sie einen Wert für die Abwanderungsrate aus den neuen Bundesländern, sodass (bei gleichbleibender Zuwanderungsrate aus den alten Bundesländern) die Bevölkerungsverteilung stabil bleibt.
   (Teile aus einer Abituraufgabe Hamburg 2009.)

6. Eine Schildkrötenpopulation besteht aus Eiern (E), Jungschildkröten (J) und geschlechtsreifen weiblichen Schildkröten W. Die jährliche Entwicklung dieser Population wird durch die Matrix $\mathbf{M} = \begin{pmatrix} 0 & 0{,}05 & 0 \\ 0 & 0{,}89 & 0{,}0005 \\ 200 & 0 & 0{,}95 \end{pmatrix}$ beschrieben.
   a) Stellen Sie die Entwicklung in einem Übergangsgraphen dar. Beschreiben Sie, welche Annahmen diesem Modell zugrunde liegen. Gehen Sie dabei auf alle von null verschiedenen Elemente in der Matrix **M** ein.
   b) Bestätigen Sie, dass es unter den durch **M** beschriebenen Umweltbedingungen keinen Bestand geben kann, der sich reproduziert.
   (Teile aus einer Abituraufgabe Hamburg 2009.)

4 Lineare Optimierung

4.1 Grafische Lösung von linearen Ungleichungssystemen

Beispiele

1) Gegeben ist die Ungleichung $y \geq -\frac{3}{5}x + 3; x \in \mathbb{R}$,

sowie die Punkte A(2 | 1), B(1 | 3), C(5 | 0) und D(– 2 | 3).

a) Erfüllen die Koordinaten der Punkte A, B, C und D die Ungleichung?

b) Stellen Sie die Lösungsmenge der Ungleichung grafisch dar.

Lösung

a) Die Koordinaten des Punktes A(2 | 1) **erfüllen** die Ungleichung **nicht,**
da das Einsetzen $1 \geq -\frac{3}{5} \cdot 2 + 3 \Leftrightarrow 1 \geq \frac{9}{5}$ f. A.
eine **falsche Aussage** ergibt.
Die Koordinaten des Punktes B(1 | 3) **erfüllen** die Ungleichung,
da das Einsetzen $3 \geq -\frac{3}{5} \cdot 1 + 3 \Leftrightarrow 3 \geq \frac{12}{5}$ w. A.
eine **wahre Aussage** ist.
Ebenso: Die Koordinaten des Punktes C(5 | 0) **erfüllen** die Ungleichung.
Die Koordinaten des Punktes D(– 2 | 3) **erfüllen** die Ungleichung nicht.

b) Zeichnen der Geraden g
mit $y = \geq -\frac{3}{5}x + 3$

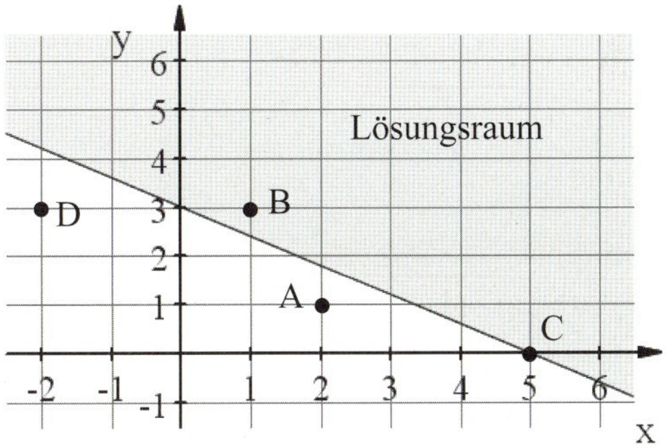

Die Gerade g unterteilt die Koordinatenebene in zwei Teilebenen.
Der **Lösungsraum** L besteht aus allen Punkten, deren Koordinaten
die Ungleichung $y \geq -\frac{3}{5}x + 3$ erfüllen, also oberhalb von g oder auf g liegen.

Bemerkung: $A(2 \mid 1) \notin L$, denn $1 \geq -\frac{3}{5} \cdot 2 + 3 = \frac{9}{5}$ f. A. (P liegt unterhalb von g.)

$B(1 \mid 3) \in L$, denn $3 \geq -\frac{3}{5} \cdot 1 + 3 = \frac{12}{5}$ w. A. (P liegt oberhalb von g.)

$C(5 \mid 0) \in L$, denn $0 \leq -\frac{3}{5} \cdot 5 + 3 = 0$ w. A. (P liegt auf g.)

2) Bestimmen Sie grafisch die Lösungsmenge L des linearen Ungleichungssystems

$x + 2y \leq 5 \wedge x \geq 0 \wedge y \geq 0$.

Lösung

Die Nichtnegativitätsbedingungen

$x \geq 0 \wedge y \geq 0$

besagen, dass nur Punkte im ersten Quadranten zum Lösungsraum gehören.

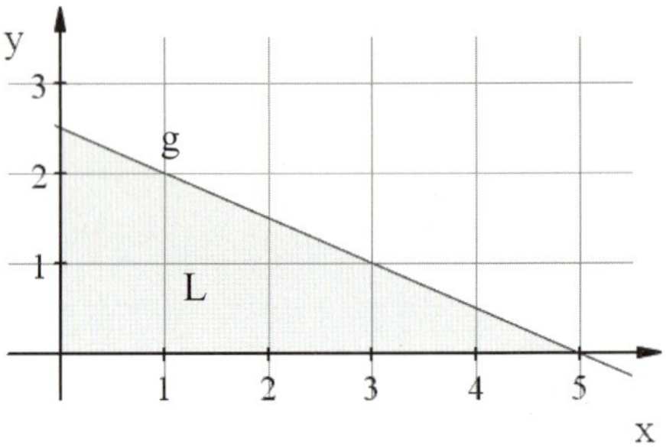

Umformung der Ungleichung:

$x + 2y \leq 5 \;\Leftrightarrow\; y \leq -\frac{1}{2}x + \frac{5}{2}$

Bemerkung:

Das eingefärbte Dreieck wird Simplex genannt und ist die Menge aller zulässigen Lösungen. Die Gerade g heißt **Randgerade.**

Beachten Sie: Die **Lösungsmenge eines linearen Ungleichungssystems** mit den Bedingungen $x \geq 0$ und $y \geq 0$ lässt sich als Punktmenge im 1. Quadranten darstellen.

3) Durch die Geraden g_1 und g_2 wird die Koordinatenebene in 4 Teilebenen M_1 bis M_4 zerlegt. Geben Sie für jede Teilebene ein Ungleichungssystem an. Die angrenzenden Geraden sollen jeweils zur Teilebene gehören.

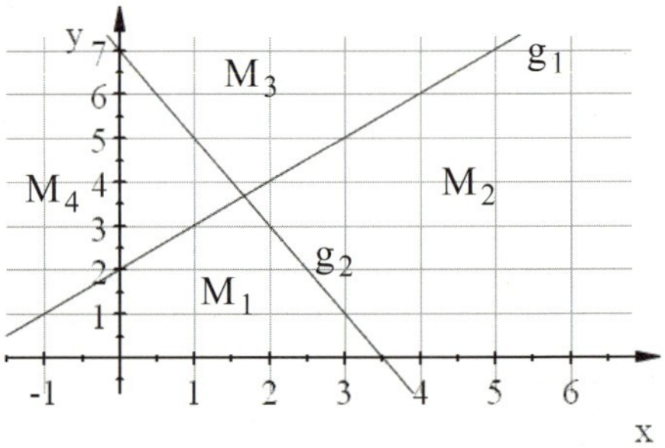

Lösung

Bestimmung der Geradengleichungen:

Gerade g_1 durch (0 | 2) mit Steigung m = 1: g_1: y = x + 2

Gerade g_2 durch (0 | 7) und (3,5 | 0): g_2: y = –2x + 7

Die **Teilebene M_1** wird links oben von g_1 und rechts oben von g_2 begrenzt:

Alle Punkte (x | y) erfüllen die Ungleichungen: $y \leq x + 2 \wedge y \leq -2x + 7$

Die **Teilebene M_2** wird oben von g_1 und unten von g_2 begrenzt: $y \leq x + 2 \wedge y \geq -2x + 7$

Die **Teilebene M_3** wird links unten von g_1 und rechts unten von g_2 begrenzt:

Für alle Punkte der Teilebene gilt: $y \geq x + 2 \wedge y \geq -2x + 7$

Die **Teilebene M_4** wird unten von g_1 und oben von g_2 begrenzt: $y \geq x + 2 \wedge y \leq -2x + 7$

4) Geben Sie zu den abgebildeten Lösungsvielecken jeweils ein Ungleichungssystem an.

Abb. 1

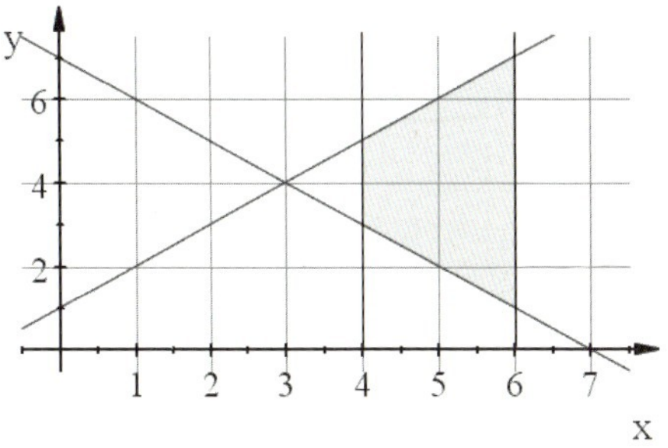

Abb. 2

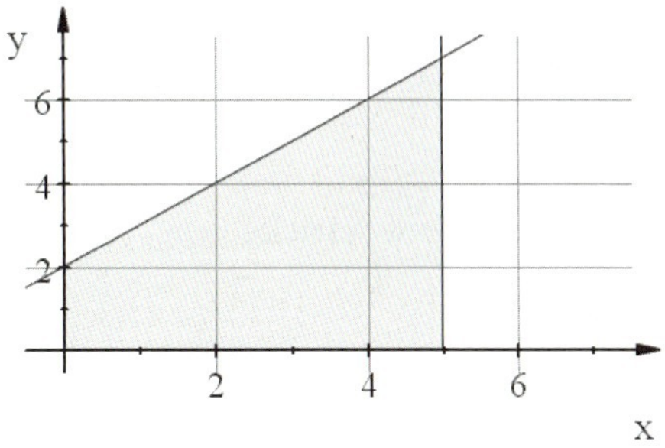

Lösung

Abb. 1

Die Teilebene wird oben von der Geraden mit der Gleichung $y = x + 1$,

unten von der Geraden mit der Gleichung $y = -x + 7$, links von der Geraden

mit der Gleichung $x = 4$ und rechts von der Geraden mit der Gleichung $x = 6$ begrenzt.

Daraus ergibt sich das **Ungleichungssystem:** $y \leq x + 1 \wedge y \geq -x + 7 \wedge x \geq 4 \wedge x \leq 6$

Abb. 2

Die Teilebene wird oben von der Geraden mit der Gleichung $y = x + 2$,

rechts von der Geraden mit der Gleichung $x = 5$, unten von der x-Achse ($y = 0$)

und links von der y-Achse ($x = 0$) begrenzt:

Daraus ergibt sich das **Ungleichungssystem:** $y \leq x + 2 \wedge x \leq 5 \wedge x \geq 0 \wedge y \geq 0$

Bemerkung:

Lösungsmenge: $L = \{(x \mid y) \mid y \leq x + 2 \wedge x \leq 5 \wedge x \geq 0 \wedge y \geq 0\}$

Beachten Sie:

Die Gerade g mit $y = mx + b$ ist eine **Randgerade.**

Für $y \leq mx + b$ liegen die Punkte, deren Koordinaten die Ungleichung erfüllen, unterhalb und auf der Geraden g.

Für $y \geq mx + b$ liegen die Punkte, deren Koordinaten die Ungleichung erfüllen, oberhalb und auf der Geraden g.

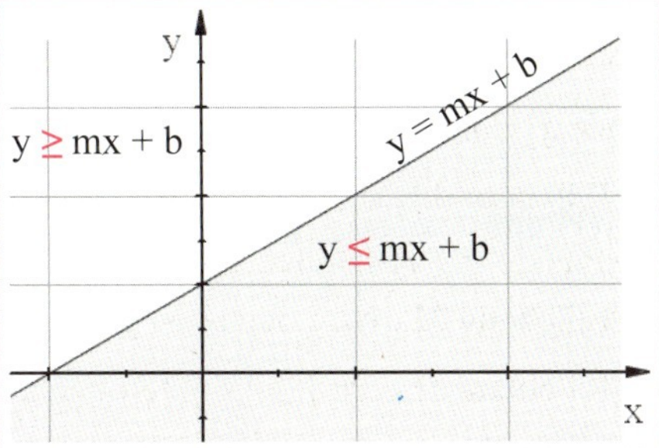

5) Bestimmen Sie grafisch die Lösungsmenge L des linearen Ungleichungssystems
$(x, y \in \mathbb{R})$: $y - x \leq 3 \wedge x + y \leq 9 \wedge 5x + 12y \geq 60$.
Wie ändert sich die Lösungsmenge, wenn die zusätzliche Bedingung $6y - 5x = 0$ erfüllt werden soll?

Lösung

Umformung der Ungleichungen			Randgerade:	
$y - x \leq 3$	$\Leftrightarrow$	$y \leq x + 3$	$y = x + 3$	(1)
$x + y \leq 9$	$\Leftrightarrow$	$y \leq - x + 9$	$y = - x + 9$	(2)
$5x + 12y \geq 60$	$\Leftrightarrow$	$y \geq - \frac{5}{12} x + 5$	$y = - \frac{5}{12} x + 5$	(3)

Grafische Darstellung des Lösungsraums:

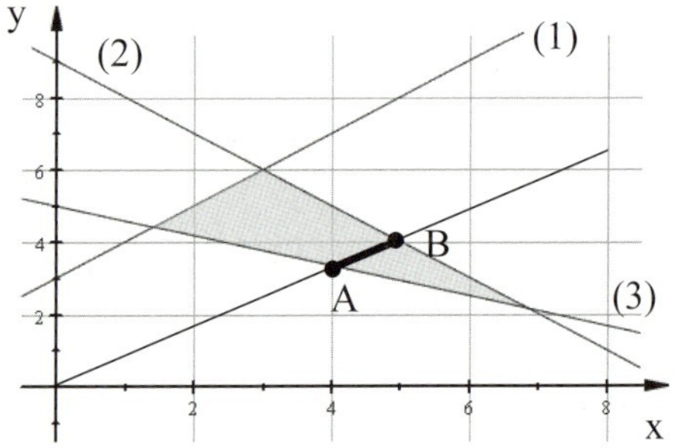

Die weitere Bedingung
$6y - 5x = 0 \Leftrightarrow y = \frac{5}{6} x$ ergibt die
neue Lösungsmenge:
Alle Punkte zwischen A und B.

6) Bestimmen Sie grafisch die Lösungsmenge L des linearen Ungleichungssystems

$(x, y \in \mathbb{R})$:

$x - y \leq 1$ (1)

$2y - x \geq 4$ (2)

$x + y \geq 6$ (3)

Lösung

Umformung der Ungleichungen

$x - y \leq 1 \Leftrightarrow y \geq x - 1$

$2y - x \geq 4 \Leftrightarrow y \geq \frac{1}{2} x + 2$

$x + y \geq 6 \Leftrightarrow y \geq - x + 6$

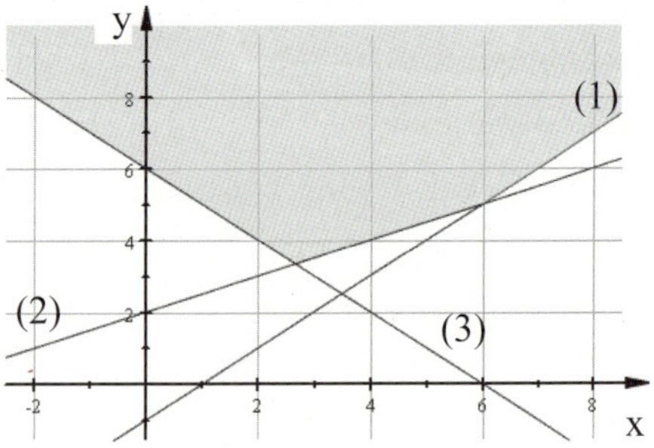

Bemerkung: $x - y \leq 1$

$\Leftrightarrow \quad - y \leq - x + 1 \quad | \cdot(-1)$

$\Leftrightarrow \quad y \geq x - 1$

Beachten Sie: Bei Multiplikation einer Ungleichung mit einer negativen Zahl dreht sich das **Ungleichheitszeichen um.**

7) a) Bestimmen Sie grafisch die Lösungsmenge des linearen Ungleichungssystems
$x + 5y \geq 350 \wedge 2x + y \geq 160 \wedge x \geq 0 \wedge y \geq 50$.

b) Geben Sie die Koordinaten der Eckpunkte des Lösungsraumes an.

c) Für welche Wahl von x und y wird die Summe $s = x + y$ minimal?

Lösung

a) Umformung der Ungleichungen $x + 5y \geq 350 \Leftrightarrow y \geq -\frac{1}{5}x + 70$

$2x + y \geq 160 \Leftrightarrow y \geq -2x + 160$

Die Geraden g und h mit den Gleichungen $y = -\frac{1}{5}x + 70$ bzw. $y = -2x + 160$, die Parallele zur x-Achse ($y = 50$) und die y-Achse ($x = 0$) begrenzen den Lösungsraum.

b) **Eckpunkte:**

A(0 | 160); B(50| 60); C(100| 50)

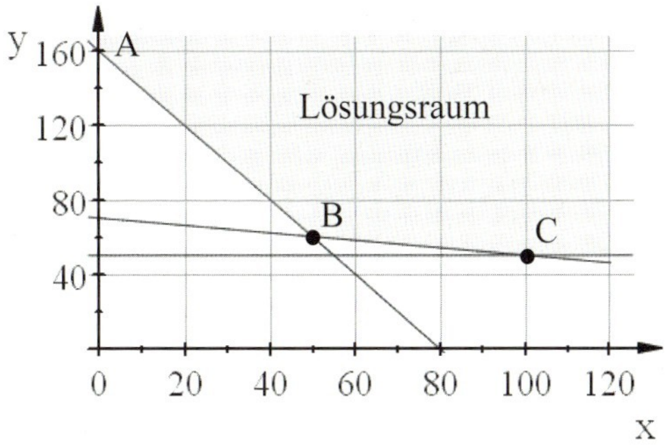

c) Die Geraden $t_S : x + y = s \Leftrightarrow y = -x + s$
sind **Parallelen mit der Steigung m = – 1** und dem **y-Achsenabschnitt s.**
Die Parallele **mit dem kleinsten y-Achsenabschnitt** verläuft durch den Punkt B des Lösungsraumes.
Man stellt fest: Nur der Eckpunkt B kommt als Lösung in Frage:
B(50| 60): $x_B + y_B = 110$
Minimale Summe $s = 110$
für $x = 50$ und $y = 60$.

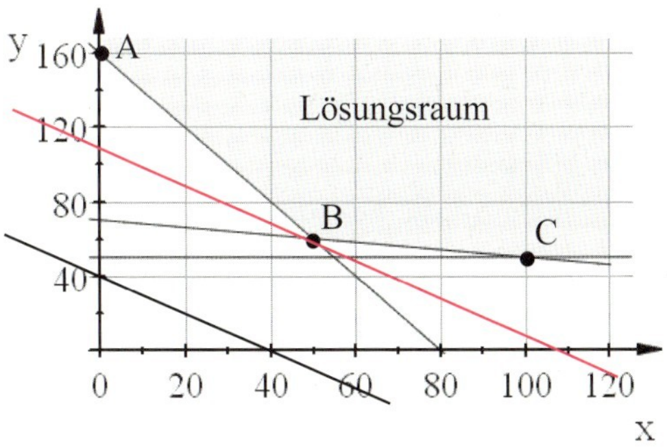

Aufgaben

1. Gegeben ist die lineare Funktion f mit $f(x) = 0{,}25x + 4$; $x \in \mathbb{R}$.
   Entscheiden Sie, ob die Punkte oberhalb, unterhalb oder auf der Geraden K von f liegen:
   $A(1 \mid 4)$, $B(-2 \mid 4{,}5)$, $C(10 \mid 6{,}5)$, $D(-10 \mid -1{,}5)$

2. Bestimmen Sie grafisch den Lösungsraum des linearen Ungleichungssystems ($x, y \in \mathbb{R}$).

   a) $x \geq 0$; $y \geq 0$; $2x + y \geq 8$; $x + y \geq 5$

   b) $x \geq 3$; $y \leq 8$; $x + 2y \leq 20$

   c) $x \geq 0$; $y \geq 0$; $5x + 3y \leq 5$; $3x + 4y \leq 4$

   d) $0 \leq x \leq 100$; $x + 3y \leq 900$; $2x + 4y \geq 400$

   e) $x \leq 5$; $x + 2y \geq 9$; $-2x + 6y \geq 12$

   f) $x \geq 0$; $y \geq 20$; $2x + 3y \leq 600$; $x + 4y \leq 400$

3. Bestimmen Sie die zulässigen Lösungen des folgenden Ungleichungssystems
   $2x + y \leq 1 \wedge -2x + 3y \leq 6 \wedge x \geq 0 \wedge y \geq 0$.
   Verändert sich der Lösungsraum, wenn die Nichtnegativitätsbedingungen weggelassen werden?

4. Durch die Geraden g_1 und g_2 wird die Koordinatenebene in 4 Teilebenen M_1 bis M_4 zerlegt.
   Geben Sie für jede Teilebene ein Ungleichungssystem an.
   Die angrenzenden Geraden sollen jeweils zur Teilebene gehören.

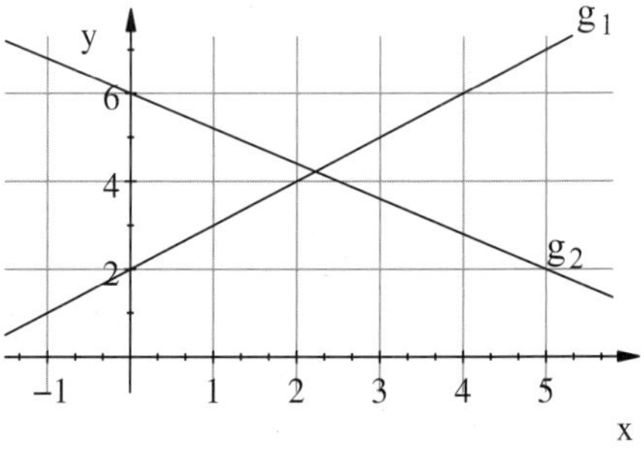

5. Bestimmen Sie die Eckpunkte des Lösungsraumes.
   Die Abbildung zeigt u. a. die Geraden mit der Gleichung
   $y = \frac{5000}{3} - \frac{4}{3}x$ bzw. $y = 600$.

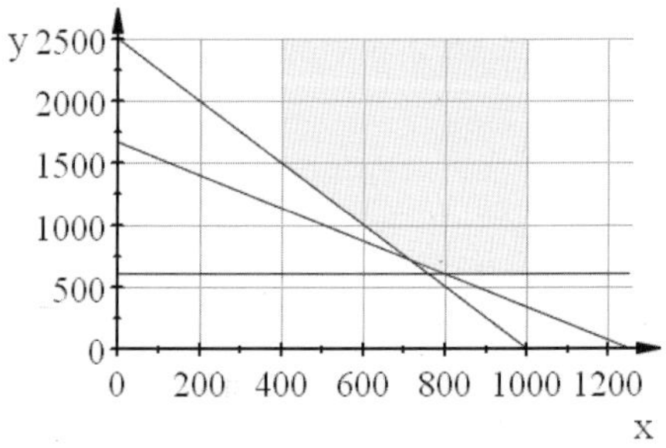

6. Geben Sie zu den abgebildeten Lösungsvielecken jeweils ein Ungleichungssystem an.

Abb. 1

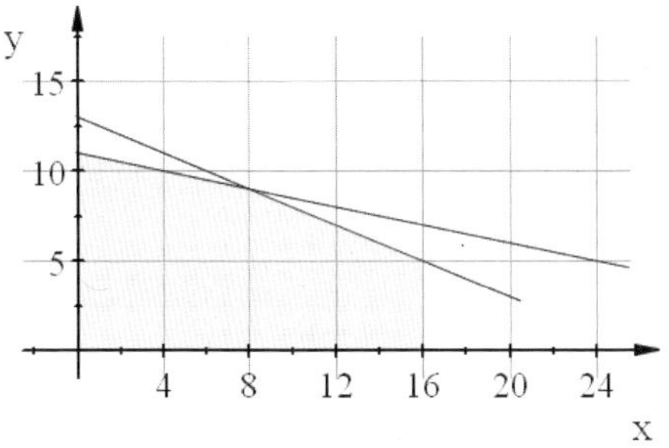

Abb. 2

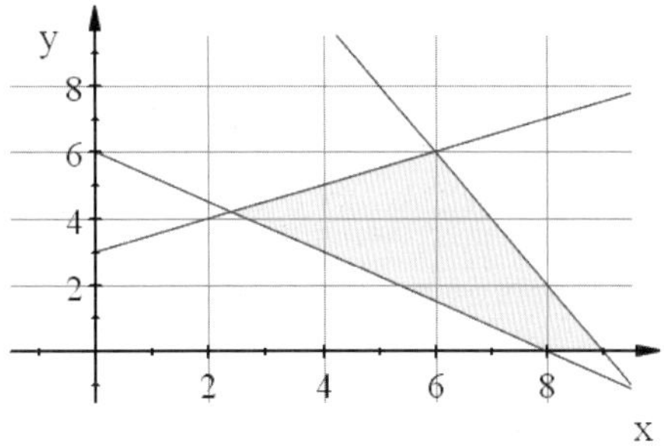

Abb. 3

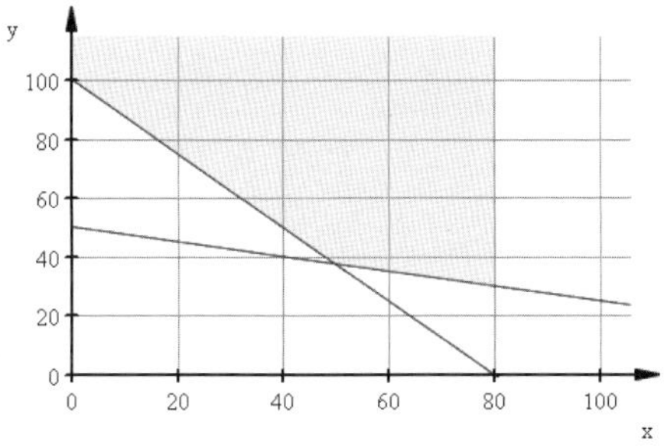

Abb. 4

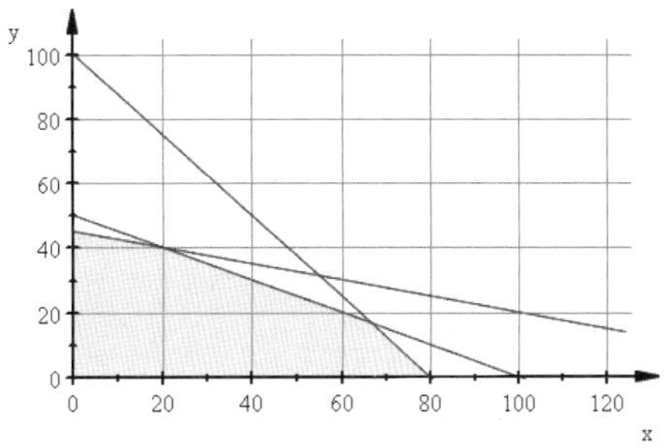

7. Bestimmen Sie zu der abgebildeten Lösungsmenge ein Ungleichungssystem.

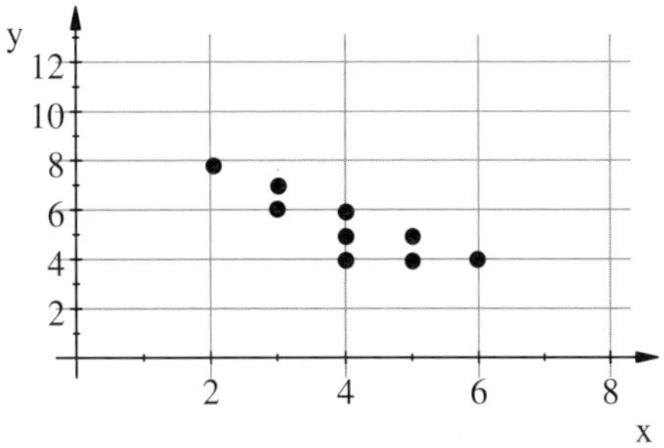

8. Bestimmen Sie grafisch den Lösungsraum des linearen Ungleichungssystems.
Geben Sie die Koordinaten der Eckpunkte des Lösungsraumes an.
Für welche Wahl von x und y wird die Summe $s = x + y$ minimal bzw. maximal?

a) $x \geq 0; x \leq 9$
$y \geq 0$
$x + 9y \leq 63$
$2x + 6y \leq 48$

b) $x \geq 0; y \geq 0$
$3x + 6y \leq 42$
$x + 5y \leq 20$
$4x + 2y \leq 50$

c) $x \geq 1; y \geq 1$
$-2x + 10y \geq 5$
$-2x + 2y \leq 3$

9. Bestimmen Sie die Lösungsmenge des linearen Systems:

$x \geq 1000;\ 0 \leq y \leq 1000;\ y \geq -\frac{1}{5}x + 800;\ y \leq -\frac{3}{10}x + 1600;\ y = \frac{3}{10}x - 200$

4.2 Lösungsverfahren für Optimierungsaufgaben

Die lineare Optimierung spielt in Wirtschaft, Verwaltung und Technik eine große Rolle. So können z. B. optimale Anbaupläne, optimale Futterpläne und optimale Transportpläne für die Landwirtschaft erstellt werden.
Die lineare Optimierung hat in den letzten Jahren erheblich an Bedeutung gewonnen, weil man immer komplexere Probleme mithilfe der EDV lösen kann.
Bei Optimierungsaufgaben handelt es sich darum, aus einer Vielzahl von Lösungen, die ganz bestimmten Bedingungen genügen müssen, den Wert einer Größe zu optimieren, z. B. den Erlös zu maximieren oder die Kosten zu minimieren. Zur Lösung einer Optimierungsaufgabe gibt es verschiedene Verfahren, darunter das grafische Lösungsverfahren, die Eckpunktberechnungsmethode und das Simplexverfahren.

4.2.1 Grafische Lösung von linearen Optimierungsaufgaben

Beispiele

1) In einem Betrieb werden auf zwei Maschinen zwei Produkte P_1 und P_2 hergestellt. Die Bearbeitungszeit von P_1, von P_2, die Maschinenlaufzeit und den Verkaufspreis je Produkt entnimmt man nachfolgender Tabelle:
(Zeitangaben in Minuten, Verkaufspreise in Euro)

	P_1	P_2	max. Maschinenlaufzeit
Maschine 1	15	30	450
Maschine 2	25	20	480
Verkaufspreis	40	60	

Wie viel Stück von P_1 und P_2 müssen produziert werden, damit der Erlös maximal wird?

Lösung

Festlegung der Variablen x und y

Von Produkt P_1 werden x Stück produziert und von Produkt P_2 y Stück.
Da die Anzahl der produzierten Stücke nicht negativ sein kann, gilt die **Nichtnegativitätsbedingung** $x \geq 0$ und $y \geq 0$

Einschränkungen (Restriktionen)

Da die Maschinen 1 und 2 täglich nur begrenzte Laufzeiten haben, können sie auch nur begrenzte Stückzahlen herstellen. Mathematisch wird dieser Zusammenhang durch zwei Ungleichungen dargestellt:

$$15x + 30\,y \leq 450$$
$$25x + 20\,y \leq 480$$

Planungsvieleck

Da die Lösung grafisch erfolgen soll, muss ein **Planungsvieleck** gezeichnen werden.

Dazu löst man die Ungleichungen nach y auf: $y \leq -\frac{1}{2}x + 15$

$y \leq -\frac{5}{4}x + 24$

Gleichungen der Randgeraden $y = -\frac{1}{2}x + 15$

$y = -\frac{5}{4}x + 24$

In dem markierten Bereich (einschließlich den Randstrecken) liegen alle Punkte mit den Koordinaten, die das folgende Ungleichungssystem erfüllen.

$$15x + 30y \leq 450$$
$$25x + 20y \leq 480$$
$$x \geq 0$$
$$y \geq 0$$

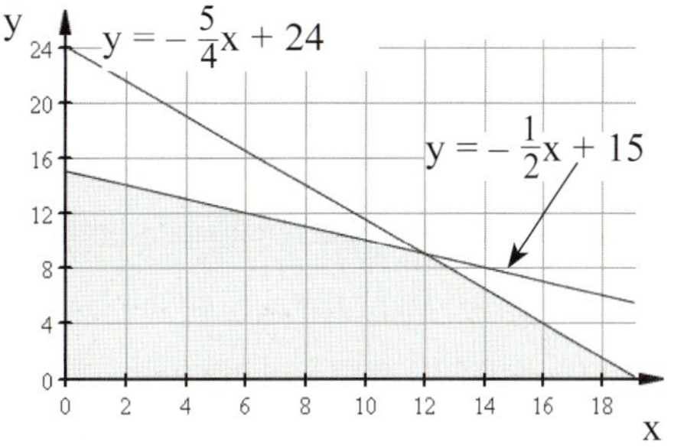

Bemerkung: Die Punkte P(x | y)

mit $x \geq 0$ und $y \geq 0$

liegen im 1. Quadranten.

Zielfunktion E bestimmen

Erlös für x Produkte P_1 und y Produkte P_2 $E = 40x + 60y$

Optimaler Erlös

Wird die Gleichung für den Erlös nach y aufgelöst, so erhält man: $y = -\frac{2}{3}x + \frac{E}{60}$

Das zugehörige Schaubild ist eine Gerade mit der Steigung $m = -\frac{2}{3}$

und dem y-Achsenabschnitt $b = \frac{E}{60}$.

Wird kein Erlös erzielt, verläuft die Gerade durch den Ursprung des Koordinatensystems. Steigt der Erlös, wird der y-Achsenabschnitt der zugehörigen Erlösgeraden immer größer.

Damit wandern die Erlösgeraden über den Lösungsraum hinweg bis zum Schnittpunkt P(12 | 9) der Begrenzungsgeraden. Die Gerade hat hier den größten y-Achsenabschnitt. Der Erlös ist dann **maximal.**

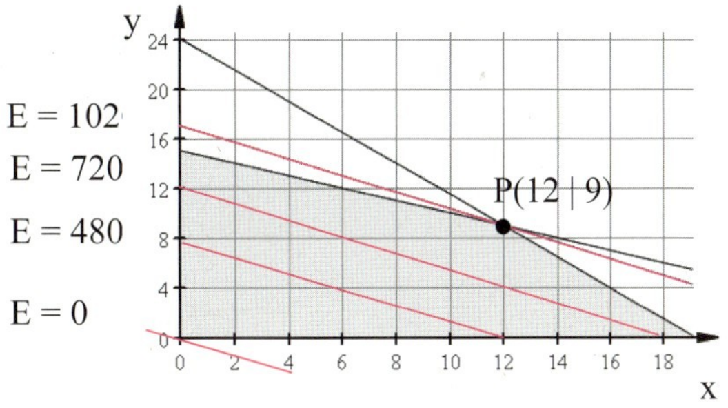

10 Bohner u.a. ISBN 978-3-8120-0452-7

Berechnung des maximalen Erlöses: $E = 40 \cdot 12 + 60 \cdot 9 = 1020$

Ergebnis:

Von Produkt P_1 müssen täglich 12 Stück und von Produkt P_2 täglich 9 Stück produziert werden, damit der Erlös E **maximal** wird. Er beträgt dann 1020 €.

Bemerkung: Die lineare Funktion E mit $E(x; y) = 40x + 60y$

ist unter den gegebenen Bedingungen **optimiert** worden.

2) Ein landwirtschaftlicher Betrieb hat zum Anbau von Weizen und Gemüse höchstens eine Fläche von 13 ha zur Verfügung. Auf dieser Fläche können maximal 10 ha Weizen bzw. 7 ha Gemüse angebaut werden.
Der jährliche Arbeitsaufwand pro Hektar Weizen beträgt 6 Tage, der pro Hektar Gemüse 16 Tage. Insgesamt stehen dem Betrieb im Jahr höchstens 128 Tage zur Bewirtschaftung der Fläche zur Verfügung.
Der Gewinn für 1 ha Weizen beträgt 200 €, für 1 ha Gemüse 320 €.
Wie viele ha Weizen und Gemüse müssen angebaut werden, um den größten Gewinn zu erzielen? Berechnen Sie diesen maximalen Gewinn.

Lösung

Festlegung der Variablen x und y.

Es werden x ha Weizen und y ha Gemüse angepflanzt.

Negative Werte für x und y sind sinnlos.

Nichtnegativitätsbedingungen: $x \geq 0 \wedge y \geq 0$

Der Betrieb muss gewisse einschränkende Bedingungen (Restriktionen) erfüllen.

Da der Betrieb höchstens 13 ha Fläche zur Verfügung hat, gilt die Ungleichung $x + y \leq 13$.

Anbau von höchstens 10 ha Weizen: $x \leq 10$

Anbau von höchstens 7 ha Gemüse: $y \leq 7$

Arbeitsaufwand für x ha Weizen und y ha Gemüse; höchstens 128 Tage: $6x + 16y \leq 128$

Planungsvieleck zeichnen

Für die grafische Darstellung löst man die Ungleichungen nach y auf.

Umgeformtes Ungleichungssystem (∗)

$x \geq 0 \wedge y \geq 0$

$y \leq -x + 13$

$x \leq 10$

$y \leq 7$

$y \leq -\frac{3}{8}x + 8$

Gleichungen der Randgeraden:

$x = 0;\ y = 0$

$y = -x + 13$

$x = 10$

$y = 7$

$y = -\frac{3}{8}x + 8$

Die Randgeraden werden in ein Koordinatensystem eingezeichnet.

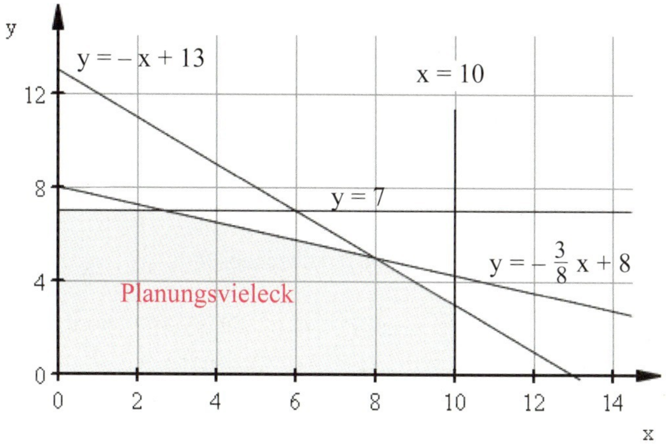

Bemerkung: Die Koordinaten eines beliebigen Punktes im markierten Vieleck mit Rand (Planungsvieleck) erfüllen das Ungleichungssystem (∗).

Zur Lösung der Optimierungsaufgabe kommen nur Punkte des Planungsvielecks in Frage.

Zielfunktion Z bestimmen

Gewinn Z für x ha Weizen und y ha Gemüse: $Z = 200x + 320y$

Gleichung für den Gewinn nach y auflösen. $y = -\frac{5}{8}x + \frac{Z}{320}$

Das Optimum (den maximalen Gewinn) bestimmen

Mit der Gleichung $y = -\frac{5}{8}x + \frac{Z}{320}$ wird eine Geradenschar beschrieben mit dem y-Achsenabschnitt $\frac{Z}{320}$ und der Steigung $-\frac{5}{8}$.

Da die Steigung konstant ist, handelt es sich um eine **Schar paralleler Geraden.** Wächst der y-Achsenabschnitt, wächst auch der Gewinn Z. Ziel ist es nun, denjenigen Punkt des Planungsvielecks zu bestimmen, welcher den maximalen y-Achsenabschnitt und damit den maximalen Gewinn festlegt.

Vorgehensweise zur grafischen Bestimmung der Lösung

Man zeichnet eine Gerade (z. B. für Z = 0 die Ursprungsgerade) mit der Steigung $-\frac{5}{8}$. Diese Gerade wird in y-Richtung bis zu dem Eckpunkt E(8 | 5) des Planungsvielecks verschoben.

Diese verschobene Gerade hat den größten y-Achsenabschnitt.

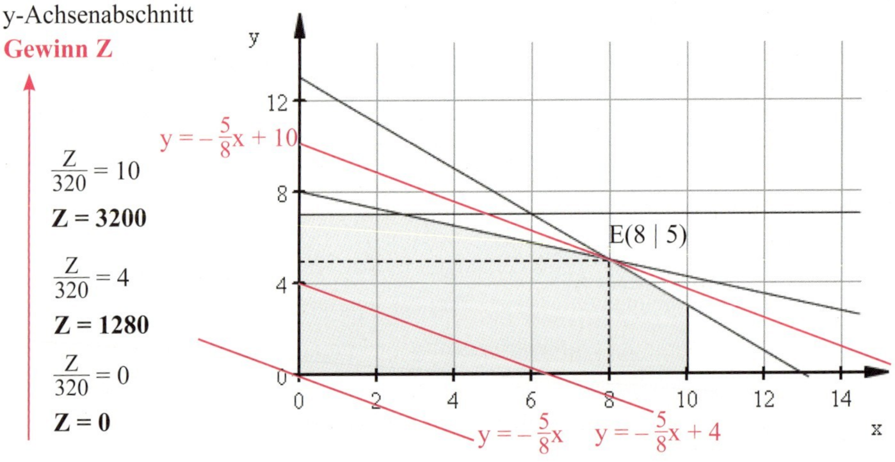

Die Koordinaten x = 8 und y = 5 des Punktes E führen zur Lösung dieser Optimierungsaufgabe.

Berechnung des Gewinns: $Z = 200 \cdot 8 + 320 \cdot 5 = 3200$

Ergebnis formulieren

Der landwirtschaftliche Betrieb muss 8 ha Weizen und 5 ha Gemüse anpflanzen, um den größten Gewinn zu erwirtschaften.

Der größte Gewinn beträgt 3200 €.

3) Ein Wanderer hat als Proviant Brot und Käse zur Verfügung. Er möchte damit während der Wanderung nicht nur seinen Hunger stillen, sondern auch seinen Mindestbedarf von 100 g Eiweiß, 45 g Fett und 200 g Kohlenhydrate decken. Das Brot enthält pro kg 50 g Eiweiß, 5 g Fett und 500 g Kohlenhydrate. Der Käse enthält pro kg 250 g Eiweiß und 150 g Fett. Wie viel Brot und wie viel Käse muss er mitnehmen, wenn das Gesamtgewicht seines Proviants möglichst gering sein soll?

Lösung

Festlegung der Variablen x und y.

Der Wanderer nimmt x kg Brot und y kg Käse mit.
Negative Werte für x und y sind sinnlos.
Nichtnegativitätsbedingungen: $x \geq 0 \wedge y \geq 0$

Einschränkungen (Restriktionen)

Da in 1 kg Brot 50 g Eiweiß und in 1 kg Käse 250 g Eiweiß enthalten sind, gilt die Ungleichung
für die Mindestmenge an Eiweiß $50x + 250y \geq 100$.
1 kg Brot enthält 5 g Fett und in 1 kg Käse enthält 150 g Fett.
Ungleichung für die Mindestmenge an Fett: $5x + 150y \geq 45$
1 kg Brot enthält 500 g Kohlenhydrate.
Ungleichung für die Mindestmenge an Kohlenhydraten: $500x \geq 200$

Planungsvieleck zeichnen

Die Ungleichungen werden, wenn möglich, nach y aufgelöst.

Umgeformtes Ungleichungssystem

$x \geq 0 \wedge y \geq 0$

$y \geq -\frac{1}{5}x + \frac{2}{5}$

$y \geq -\frac{1}{30}x + \frac{3}{10}$

$x \geq \frac{2}{5}$

Gleichungen der Randgeraden:

$x = 0;\ y = 0$

$g\colon y = -\frac{1}{5}x + \frac{2}{5}$

$h\colon y = -\frac{1}{30}x + \frac{3}{10}$

$x = \frac{2}{5}$

Zielfunktion Z bestimmen

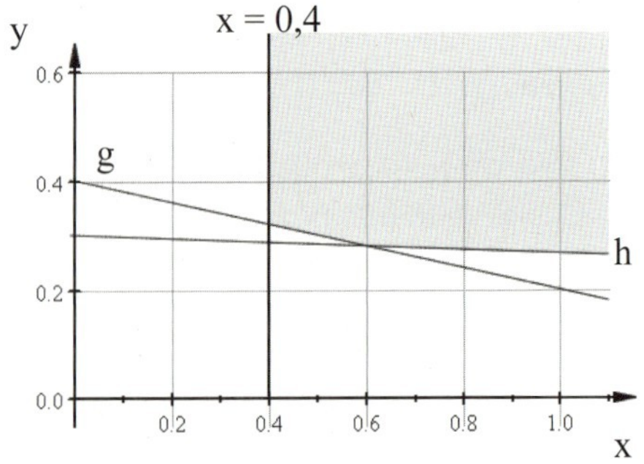

Gesamtgewicht Z für x kg Brot und y kg Käse: $Z = x + y$

Gleichung nach y auflösen:

$y = -x + Z$

Das Optimum (das minimale Gesamtgewicht) bestimmen

Das zugehörige Schaubild ist eine Gerade mit der Steigung $m = -1$ und dem y-Achsenabschnitt Z.

Wächst der y-Achsenabschnitt, wächst auch das Gesamtgewicht Z.

Ziel ist nun, denjenigen Punkt im Planungsvieleck zu bestimmen, welcher den kleinsten y-Achsenabschnitt und damit das kleinste Gesamtgewicht bestimmt.

Vorgehensweise zur grafischen Bestimmung der Lösung

Man zeichnet eine Gerade mit der Steigung –1. Diese Gerade wird so verschoben, dass sie das Planungsvieleck im Eckpunkt E(0,4 | 0,32) schneidet. Diese verschobene Gerade hat den kleinsten y-Achsenabschnitt.

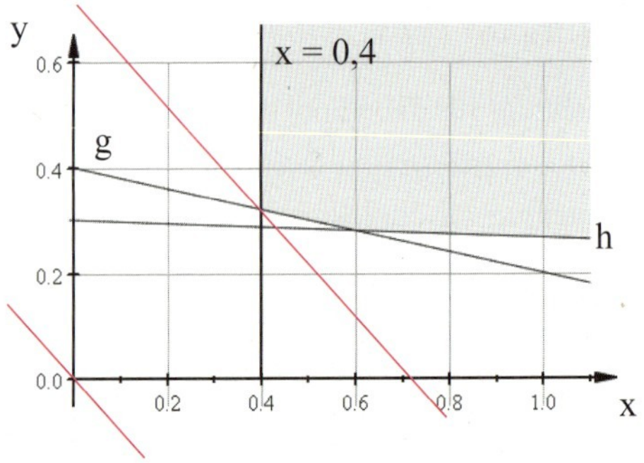

Berechnung des Gesamtgewichts:
$Z = 0,4 + 0,32 = 0,72$

Ergebnis formulieren

Der Wanderer muss 0,4 kg Brot und 0,32 kg Käse mitnehmen, um seinen Mindestbedarf zu decken. Das Gesamtgewicht seines Proviants beträgt dann 0,72 kg.

Vorgehensweise zur grafischen Lösung einer Optimierungsaufgabe

- **Variablen festlegen**
- **Einschränkungen (Restriktionen) durch ein System von Ungleichungen ausdrücken**
- **Planungsvieleck zeichnen**
- **Zielfunktion bestimmen**
- **Das Optimum (Maximum oder Minimum) bestimmen**
- **Ergebnis formulieren**

4.2.2 Die Optimierungsaufgabe hat eine eindeutige Lösung oder keine Lösung

Beispiele

1) Herr Maier möchte Geld in Aktien anlegen. Ihm stehen höchstens 20000 € zur Verfügung.
Er entscheidet sich für zwei Aktien. Die Aktie A eines Pharmaunternehmens kostet 75 € pro Anteil und die Aktie B eines Solarstromproduzenten kostet 50 € je Anteil. Die Jahresrendite der Aktie A beträgt 4 € je Anteil und die der Aktie B 2,80 € je Anteil.
Herr Maier ist der Meinung, dass sich die Aktie B sehr gut entwickeln wird und möchte daher mindestens 50 Anteile von B kaufen. Er will jedoch nicht zu viel riskieren und entscheidet sich, nicht mehr als 12500 € in Aktie B zu investieren.
   a) Wie viele Anteile von jeder Aktie soll Herr Maier kaufen, damit er unter diesen Bedingungen eine möglichst hohe Rendite erzielt?
   b) Die Rendite für Aktie A bleibt bei 4 €. Auf welchen Betrag könnte die Rendite für Aktie B sinken, damit die optimale Lösung von Aufgabenteil a) erhalten bleibt?

Lösung

a) **Festlegung der Variablen**

Herr Maier kauft x Anteile von Aktie A und y Anteile von Aktie B.

Nichtnegativitätsbedingungen: $x \geq 0 \wedge y \geq 0$

Restriktionen:

Höchstbetrag der Geldanlage: $75x + 50y \leq 20000$

Mindestanlage für Aktie B: $y \geq 50$

Höchstbetrag für Aktie B: $50\,y \leq 12500$

Planungsvieleck

Ungleichungen nach y auflösen:

$y \leq -\frac{3}{2}x + 400$

$y \geq 50$

$y \leq 250$

Planungsvieleck zeichnen

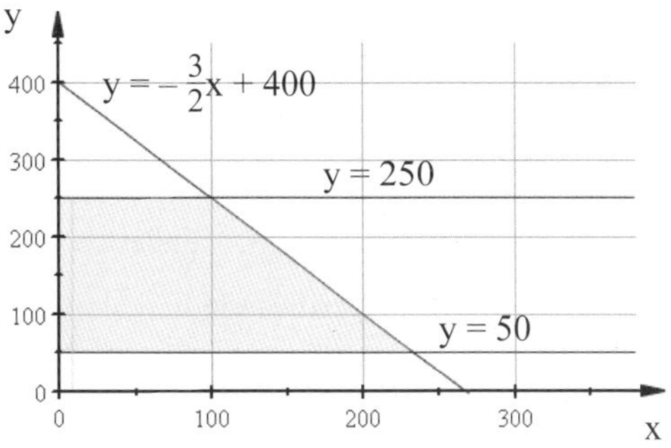

Zielfunktion

Die Rendite R beträgt: $R = 4x + 2{,}8y$

R ist zu maximieren.

Maximale Rendite

Gleichung nach y auflösen: $y = -\frac{10}{7}x + \frac{5R}{14}$

Zeichnerische Lösung: Ursprungsgerade mit der Steigung $-\frac{10}{7}$ einzeichnen und bis zum **optimalen Punkt** E(100 | 250) verschieben.

Berechnung der Rendite:

$R = 4 \cdot 100 + 2{,}8 \cdot 250 = 1100$

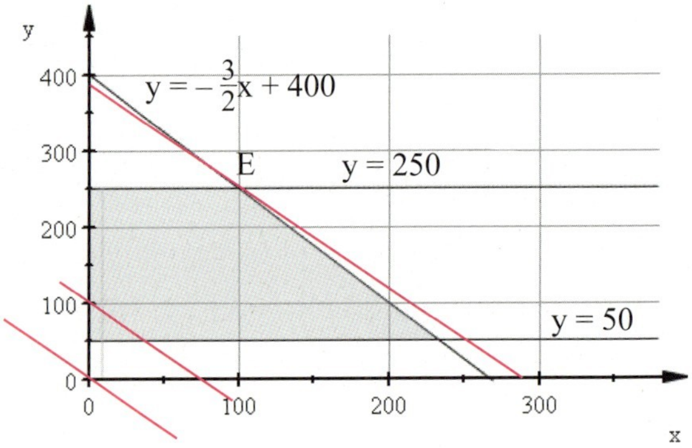

Ergebnis

Herr Maier soll 100 Anteile von Aktie A und 250 Anteile von Aktie B kaufen, damit er eine möglichst hohe Rendite erzielt. Die maximale Rendite beträgt 1100 €.

b) Rendite für Aktie B beträgt a €.

Damit ergibt sich eine **neue Zielfunktion** R* mit $R^* = 4x + ay$.

Gleichung nach y auflösen: $y = -\frac{4}{a}x + \frac{R^*}{a}$

Die Rendite von Aktie B wird kleiner, das bedeutet a wird kleiner als 2,8 und dadurch die Zielgerade steiler als die Zielgerade in Aufgabenteil a).

Damit der optimale Punkt E erhalten bleibt, darf die Zielgerade höchstens die gleiche Steigung wie die Randgerade mit der Gleichung $y = -\frac{3}{2}x + 400$ besitzen.

Daraus folgt: $-\frac{4}{a} \geq -\frac{3}{2} \Leftrightarrow a \geq \frac{8}{3}$

Die Rendite der Aktie B muss mindestes 2,67 € betragen, damit der optimale Punkt E erhalten bleibt.

2) Eine Firma stellt zwei Typen von Kühlschränken her. Die Abteilung, die die Kühlaggregate herstellt, kann pro Woche höchstens 40 Kühlaggregate für Typ 1 oder 60 Kühlaggregate für Typ 2 oder eine entsprechende Kombination herstellen. Die Montageabteilung für den Typ 1 kann pro Woche maximal 30 Geräte und die Montageabteilung für den Typ 2 kann pro Woche maximal 40 Geräte zusammenbauen.
Pro Woche können insgesamt höchstens 50 Geräte verkauft werden.
Der Gewinn pro Gerät beträgt 60 GE bei Typ 1 und 45 GE bei Typ 2.
   a) Wie viele Geräte von jedem Typ muss die Firma pro Woche herstellen, damit der Gewinn möglichst groß ist?
   b) Lesen Sie aus dem Schaubild ab, welche Abteilungen noch freie Kapazitäten haben und welche Abteilung ausgelastet ist.
   c) Die Nachfrage nach den Geräten der Firma steigt, sodass die Beschränkung auf 50 Geräte pro Woche entfällt. Wie viele Geräte von jedem Typ soll die Firma jetzt pro Woche herstellen, damit der Gewinn möglichst groß wird?

Lösung

Variable festlegen

Von Typ 1 werden x Stück und von Typ 2 werden y Stück pro Woche hergestellt.

Nichtnegativität: $x \geq 0 \wedge y \geq 0$

Restriktionen

Kühlaggregate: Der Abteilung steht 1 Zeiteinheit (ZE) zur Verfügung.
Für 1 Kühlaggregat für den Typ 1 wird $\frac{1}{40}$ ZE benötigt und
für 1 Kühlaggregat für den Typ 2 wird $\frac{1}{60}$ ZE benötigt: $\frac{1}{40}x + \frac{1}{60}y \leq 1$

Montageabteilung für Typ 1: $x \leq 30$
Montageabteilung für Typ 2: $y \leq 40$
Verkaufszahlen: $x + y \leq 50$

Planungsvieleck

Ungleichungen, wenn möglich, nach y auflösen: $y \leq -\frac{3}{2}x + 60$

$x \leq 30$

$y \leq 40$

$y \leq -x + 50$

Randgeraden

g_1: $y = -\frac{3}{2}x + 60$

g_2: $x = 30$

g_3: $y = 40$

g_4: $y = -x + 50$

Zielfunktion

Für den Gewinn Z gilt: $Z = 60x + 45y$

Z soll **maximiert** werden.

Maximaler Gewinn

Gleichung nach y auflösen: $y = -\frac{4}{3}x + \frac{Z}{45}$

Zeichnerische Lösung:

Ursprungsgerade mit der Steigung $-\frac{4}{3}$ in das Koordinatensystem einzeichnen und bis zum letzten Schnittpunkt der Randgeraden P(20 | 30) verschieben.

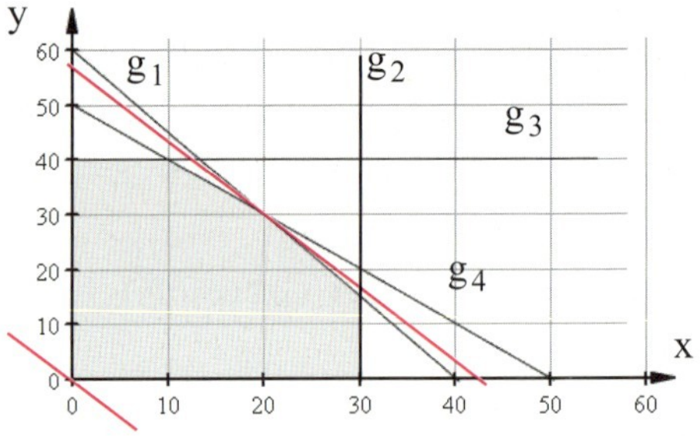

Ergebnis

Die Firma muss pro Woche 20 Geräte vom Typ 1 und 30 Geräte vom Typ 2 herstellen, damit der Gewinn maximal ist.

b) Im **optimalen Punkt** P(20 | 30) schneiden sich die Gerade g_1 (Kühlaggregate) und die Gerade g_4 (Verkaufszahlen).

Die Geraden g_3 (Montageabteilung für Typ 2) verläuft oberhalb von P und die Gerade g_2 (Montageabteilung für Typ 1) verläuft rechts von P.

Der **senkrechte bzw. waagrechte Abstand zu P** gibt die **freien Kapazitäten** an.

D. h., die Abteilung für die Kühlaggregate ist voll ausgelastet (ebenfalls die maximale Verkaufszahl).

Die beiden Montageabteilungen haben freie Kapazitäten von jeweils 10 Stück.

c) Die 4. Restriktion entfällt.

Es entsteht ein neues Planungsvieleck:

Jetzt ergibt sich der

optimale Punkt $Q(\frac{40}{3}|40)$

(Schnittpunkt von g_1 und g_2).

Da nur ganzzahlige Lösungen in Frage kommen und der entsprechende Punkt innerhalb des Planungsvielecks liegen muss, ergeben sich folgende Möglichkeiten:

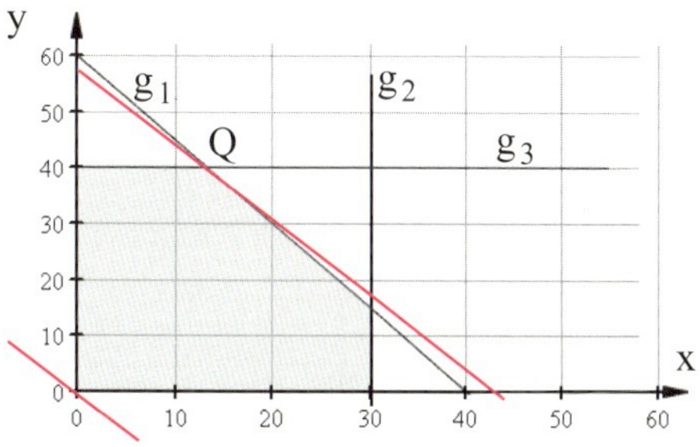

(x | y)	(13 | 40)	(14 | 39)
Gewinn Z	2580	2595

Der Gewinn wird jetzt am größten, wenn die Firma 14 Geräte vom Typ 1 und 39 Geräte vom Typ 2 herstellt.

3) Der Inhaber eines Kaffeegeschäftes möchte als Weihnachtspräsent für seine Kunden aus zwei Kaffeesorten eine Mischung herstellen.
Die Mischung soll in Packungen von mindestens 50 g und höchstens 70 g abgefüllt werden.
Aus geschmacklichen Gründen soll eine Packung maximal 30 g von der Sorte A enthalten.
Im Einkauf kostet die Sorte A 6 € je kg und die Sorte B 10 € je kg.
Der Geschäftsmann möchte für eine Packung höchstens 0,35 € ausgeben.
Wie viel Gramm jeder Sorte muss eine Packung enthalten, damit die Kosten möglichst gering sind?
Geben Sie dem Geschäftsinhaber eine Empfehlung.

Lösung

Festlegung der Variablen

Eine Packung enthält x g der Sorte A und y g der Sorte B.

Nichtnegativität: $x \geq 0 \wedge y \geq 0$

Restriktionen

Mindestgewicht pro Packung: $x + y \geq 50$

Höchstgewicht pro Packung: $x + y \leq 70$

Beschränkung von Sorte A: $x \leq 30$

Kosten für eine Packung: $0{,}006x + 0{,}01y \leq 0{,}35$

Planungsvieleck

Ungleichungen nach y auflösen:

$y \geq -x + 50$

$y \leq -x + 70$

$x \leq 30$

$y \leq -0{,}6x + 35$

Zeichnen der Randgeraden:

$y = -x + 50$

$y = -x + 70$

$x = 30$

$y = -0{,}6x + 35$

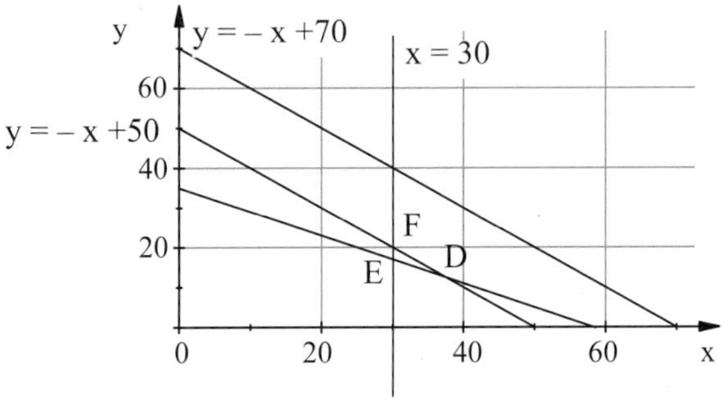

Es gibt **kein Planungsvieleck,**

da sich die Restriktionen widersprechen, d. h., die sich ergebenden Bereiche sind disjunkt. Verschiebt man die senkrechte Gerade mit x = 30 weiter nach rechts bis zum Punkt D(37,5| 12,5), besteht die Lösungsmenge nur aus dem Punkt D.

Oder:

Verschiebt man die Gerade mit der Gleichung y = – x + 50 nach unten durch den Punkt E(30 |17), besteht die Lösungsmenge nur aus dem Punkt E.

Empfehlung:

1. Wenn der Geschäftsinhaber einen Kompromiss in geschmacklicher Hinsicht eingeht und von der Sorte A pro Packung 37,5 g zulässt, kann er seine anderen Bedingungen erfüllen, wenn er pro Packung 37,5 g von Sorte A und 12,5 g von Sorte B nimmt. Eine Packung würde ihn dann genau 0,35 € kosten.
2. Möchte er jedoch den geschmacklichen Kompromiss nicht eingehen, muss er das Mindestgewicht pro Packung auf 47 g senken. Eine Packung enthält dann 30 g von Sorte A und 17 g von Sorte B. Eine Packung würde ihn dann ebenfalls 0,35 € kosten.
3. Eckpunkt F(30 | 20)

   Der Geschäftsinhaber stimmt den höheren Kosten von 0,38 €/Packung zu.

4) Zwei Kohlebergwerke B_1 und B_2 versorgen mit ihrer gesamten Tagesproduktion drei Kohlekraftwerke K_1, K_2 und K_3. Die tägliche Produktion der Bergwerke beträgt 110 t bei B_1 und 90 t bei B_2. Die Bergwerke liefern folgende Mengen an die Kohlekraftwerke: 70 t an K_1, 80 t an K_2 und 50 t an K_3.

Die Transportkosten in Euro pro Tonne Kohle ergeben sich aus der folgenden Tabelle:

→	K_1	K_2	K_3
B_1	40	30	30
B_2	50	20	60

Wie viele Tonnen muss jedes Bergwerk an jedes einzelne Kraftwerk liefern, um den Bedarf jedes Kraftwerkes zu decken und um die Transportkosten so niedrig wie möglich zu halten?

Lösung

Festlegung der Variablen x und y.

B_1 liefert x Tonnen Kohle an K_1, y Tonnen an K_2 und z Tonnen an K_3.

Nichtnegativitätsbedingungen: $x \geq 0 \wedge y \geq 0 \wedge z \geq 0$

Bedingungen (Restriktionen)

B_1 produziert täglich 110 Tonnen: $x + y + z = 110$

Da B_1 schon x Tonnen an K_1 und y Tonnen an K_2 liefert,
gilt für die Lieferung z von B_1 an K_3: $z = 110 - x - y$

Bemerkung: Mithilfe der Gleichung $x + y + z = 110$ wird die Variable z substituiert.

K_1 benötigt 70 Tonnen.
B_1 liefert an K_1 x Tonnen, dann muss B_2 noch $(70 - x)$ Tonnen liefern.

K_2 benötigt 80 Tonnen.
B_1 liefert an K_1 y Tonnen, dann muss B_2 noch $(80 - y)$ Tonnen liefern.

K_3 benötigt 50 Tonnen.
Lieferung von B_1 an K_3 $z = 110 - x - y$
Lieferung von B_2 an K_3: $50 - z = 50 - (110 - x - y)$
Umformung ergibt: $50 - (110 - x - y) = x + y - 60$

Übersichtliche Darstellung in Tabellenform (Angaben in Tonnen):

→	K_1	K_2	K_3
B_1	x	y	$110 - x - y$
B_2	$70 - x$	$80 - y$	$x + y - 60$

Die Anzahl der gelieferten Tonnen Kohle kann nicht negativ sein.

Es ergeben sich folgende **Ungleichungen:**

$70 - x \geq 0$
$80 - y \geq 0$
$110 - x - y \geq 0$
$x + y - 60 \geq 0$

Planungsvieleck zeichnen

Ungleichungssystem umformen: $x \leq 70;\ y \leq 80;\ y \geq -x + 60;\ y \leq -x + 110$

Gleichungen der Randgeraden:

$x = 0;\ y = 0$

$x = 70$ (1)

$y = 80$ (2)

$y = -x + 60$ (3)

$y = -x + 110$ (4)

Die Randgeraden werden in ein Koordinatensystem eingezeichnet und das Planungsvieleck wird markiert.

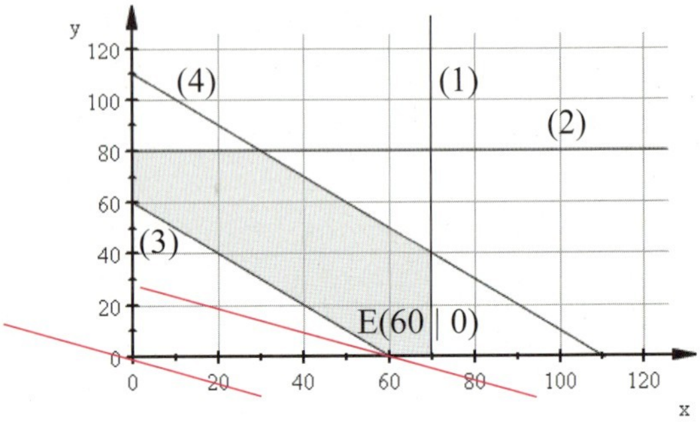

Zielfunktion bestimmen

Kosten Z (Berechnung mit Preis · Menge)

$$Z = 40x + 30y + 30(110 - x - y) + 50(70 - x) + 20(80 - y) + 60(x + y - 60)$$

Zusammenfassung ergibt: $Z = 20x + 40y + 4800$

Gleichung für die Kosten nach y auflösen. $y = -\frac{1}{2}x + \frac{Z - 4800}{40}$

Das Optimum (die minimalen Kosten) bestimmen

Minimale Kosten liegen vor, wenn der y-Achsenabschnitt $\frac{Z - 4800}{40}$ minimal ist.

Die Ursprungsgerade mit $y = -0{,}5x$ wird in das Koordinatensystem eingezeichnet. Parallelverschiebung dieser Ursprungsgeraden bis zu dem Eckpunkt E(60 | 0) führt zu einer Geraden mit dem kleinsten y-Achsenabschnitt.

Die Koordinaten x = 60 und y = 0 des Punktes E führen zur optimalen Lösung.

Ergebnis formulieren

Tabelle für die Lieferung von Kohle (in Tonnen). In diesem Fall sind die Transportkosten am niedrigsten.

	K_1	K_2	K_3
B_1	60	0	50
B_2	10	80	0

Beachten Sie: Lineare Optimierungsaufgaben lassen sich **grafisch lösen,** wenn bei den Restriktionen
- **zwei Variable** (z. B.: x, y) oder
- **drei Variable** (z. B.: x, y, z) **und eine Gleichung** vorkommen.

Vorgehensweise bei 3 Variablen und einer Gleichung:

Die Gleichung nach einer Variablen (z. B. z) auflösen und in den anderen Restriktionen die Variable substituieren. Die Variable muss in der entsprechenden Nichtnegativitätsbedingung ebenfalls substituiert werden. Dadurch entsteht eine neue Restriktion.

5) Ein Jungbauer möchte seinen landwirtschaftlichen Betrieb auf Fleischproduktion umstellen. Er möchte 100 Jungrinder so kostengünstig wie möglich anschaffen. Die jährlichen Futterkosten dürfen 35000 € nicht überschreiten. Es stehen drei Rassen A, B und C zur Verfügung. Dabei möchte er von der Rasse A mindestens 30 Stück und von Rasse B mindestens 20 Stück erwerben.
Der Stückpreis für ein Rind der Rasse A, B bzw. C beträgt 300 €, 150 € bzw. 200 €.
Die jährlichen Futterkosten für die Rassen A, B und C belaufen sich auf 200 €, 450 € bzw. 400 €.
Wie viele Rinder von jeder Rasse darf er unter den gegebenen Bedingungen anschaffen?

Lösung

Festlegung der Variablen x und y

Der Jungbauer kauft x Rinder der Rasse A, y Rinder der Rasse B bzw. z Rinder von C

	Rasse A	Rasse B	Rasse C
Anschaffungspreis in € pro Rind	300	150	200
Jährliche Futterkosten in € pro Rind	200	450	400
Anzahl der Rinder	x	y	$z = 100 - x - y$

Einschränkungen (Restriktionen)

Zahl der Rinder von Rasse A: $x \geq 30$

Zahl der Rinder von Rasse B: $y \geq 20$

Zahl der Rinder von Rasse C: $100 - x - y \geq 0 \Leftrightarrow x + y \leq 100$

Jährliche Futterkosten: $200\,x + 450\,y + (100 - x - y) \cdot 400 \leq 35000$

$\Leftrightarrow 20\,x - 5y \geq 500$

Planungsvieleck

Ungleichungen nach y auflösen:

$y \leq -x + 100$

$y \leq 4x - 100$

Gleichungen der Randgeraden:

g_1: $x = 30$

g_2: $y = 20$

g_3: $y = -x + 100$

g_4: $y = 4x - 100$

Zielfunktion

Die Anschaffungskosten Z für die anzuschaffenden Rinder ergeben sich aus: $Z = 300\,x + 150\,y + 200\,(100 - x - y)$

$\Rightarrow Z = 100\,x - 50\,y + 20000$

Gleichung für die Anschaffungskosten nach y auflösen: $y = 2x + 400 - \frac{Z}{50}$

Planungsvieleck

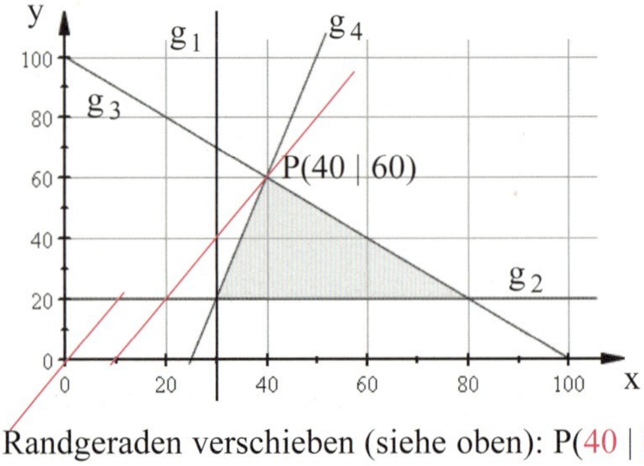

Minimale Kosten
Ursprungsgerade mit der Steigung m = 2 in das Koordinatensystem einzeichnen und bis zum ersten Schnittpunkt der Randgeraden verschieben (siehe oben): P(40 | 60)

Berechnung der minimalen Kosten: $Z = 100 \cdot 40 - 50 \cdot 60 + 20000$

$Z = 21000$

Bemerkung: Für jeden anderen Punkt des Planungsvielecks hat die Gerade mit der Gleichung $y = 2x + 400 - \frac{Z}{50}$ einen kleineren y-Achsenabschnitt, d. h., Z wird größer.

Ergebnis: Bei 40 Rindern der Rasse A und 60 Rindern der Rasse B sind die Investitionskosten **minimal.** Sie betragen 21000 €.

Mit $z = 100 - x - y$ erhält man durch Einsetzen: $z = 100 - 40 - 60$

Von der Rinderrasse C werden in diesem Fall keine Rinder angeschafft.

Bemerkung: Steigt der Preis der Rinderrasse B auf 175 €, steigen auch die Investitionskosten für x = 40 und y = 60 auf 22500 €. Dann sind die Randgerade $g_4: y = 4x - 100$ und die Gerade, die das Optimum liefert, identisch. In diesem Fall wird die lineare Optimierung instabil, die Optimierung ist mehrdeutig lösbar.

Aufgaben

1. Bestimmen Sie grafisch den Lösungsraum des linearen Optimierungsproblems. Untersuchen Sie grafisch, ob es Punkte des Lösungsraums gibt, die zum Optimum führen. Geben Sie gegebenenfalls den optimalen Wert von Z an.

a) $3 \le x \le 8;\ y \ge 0$
$2x + y \le 40$
$Z = 3x + 2y;\ Z \to \max.$

b) $x \ge 0;\ y \ge 0$
$2x + y \ge 8$
$x + y \ge 10$
$Z = 8x + 12y;\ Z \to \min.$

c) $0 \le x \le 200;\ y \ge 0$
$3x + 2y \le 660$
$x + 4y \le 720$
$Z = 1{,}2x + y;\ Z \to \max.$

d) $x \ge 0;\ y \ge 0$
$-x + y \le 4$
$-2x + y \le 2$
$x - 2y \le 4$
$Z = x + 2y;\ Z \to \max.$

e) $x \ge 0;\ y \ge 0$
$x + y \le 6$
$3x + y = 10$
$x + 5y \ge 10$
$Z_1 = 3x + 2y;\ Z_1 \to \min.$
$Z_2 = 8x + 2y;\ Z_2 \to \min.$

2. Auf zwei Produktionsanlagen sollen die zwei Produkte A und B in den Mengen x_1 und x_2 hergestellt werden. Die beiden Anlagen haben eine tägliche Kapazität von höchstens 18 bzw. 20 Stunden. Die Bearbeitungsdauer der Produkte A und B in Stunden kann der nebenstehenden Tabelle entnommen werden.
Der Deckungsbeitrag beträgt 4 € bei Produkt A und 5 € bei Produkt B. Wie hoch ist der größtmögliche Deckungsbeitrag und bei welcher Mengenkombination wird er erreicht?

	A	B
Anlage 1	0,5	1
Anlage 2	1,5	0,5

3. Auf einem brachliegenden Gelände sollen abzüglich Grünflächen und Verkehrsflächen höchstens 15000 m^2 bebaut werden. Der Platzbedarf für ein Reihenhaus wird mit 250 m^2, für ein freistehendes Einfamilienhaus mit 500 m^2 angesetzt.
In dieser Neubausiedlung sind höchstens 20 Einfamilienhäuser vorgesehen.
Der Bauträger rechnet für ein Einfamilienhaus mit Baukosten von 240000 €, für ein Reihenhaus mit 180000 €. Die gesamte Bausumme soll maximal 8,64 Mio. € betragen. Der Gewinn durch den Verkauf eines Einfamilienhauses wird mit 50000 €, bei einem Reihenhaus mit 30000 € veranschlagt.
   a) Wie viele Einfamilien- bzw. Reihenhäuser müssen gebaut werden, wenn der Gewinn möglichst groß sein soll?
   b) Aufgrund des großen Angebots an Reihenhäusern auf dem Wohnungsmarkt muss mit einer Minderung des Verkaufspreises und damit des Gewinns für ein Reihenhaus um 10000 € gerechnet werden. Wie hoch ist jetzt der maximale Gewinn und bei welchen Verkaufszahlen wird er erreicht?

4. Die zwei Gartenbaubetriebe G_1 und G_2 beliefern täglich die Markthallen M_1, M_2 und M_3 mit frischem Gemüse. G_1 erntet täglich 80 Kisten, G_2 64 Kisten mit Gemüse.
Die Markthallen haben einen täglichen Bedarf an 50, 60 bzw. 34 Kisten. Die kalkulierten Transportkosten pro Kiste vom Gartenbaubetrieb zur Markthalle können der nebenstehenden Tabelle entnommen werden.

→	M_1	M_2	M_3
G_1	6	4	2
G_2	5	4	3

Bestimmen Sie die Liefermengen von G_1 und G_2 so, dass die gesamten Transportkosten minimal werden. Dabei soll die Produktion verkauft und der Bedarf gedeckt werden.

5. In einer Möbelschreinerei werden für ein großes Möbelhaus Stühle in zwei Ausfertigungen hergestellt. Für einen Stuhl der Ausführung „Standard" werden 1 Zeiteinheit (ZE) und 20 Materialeinheiten (ME) benötigt. Der Gewinn pro Stuhl beträgt 7,5 GE.
Für einen Stuhl der Ausführung „Relax" werden 1,5 ZE und 50 ME benötigt. Der Gewinn pro Stuhl beträgt 10 GE. Pro Woche stehen höchstens 210 ZE zur Verfügung. Da dem Betrieb Lagermöglichkeiten fehlen, müssen pro Woche genau 5000 ME verarbeitet werden. Außerdem müssen vom Stuhl „Standard" mindestens 50 Stühle hergestellt werden.
Wie viel Stühle der jeweiligen Ausfertigung müssen pro Woche produziert werden, damit der Gewinn maximal wird?

11 Bohner u.a. ISBN 978-3-8120-0452-7

4.2.3 Die Optimierungsaufgabe hat eine mehrdeutige Lösung

Beispiele

1) In einem Betrieb werden auf zwei Maschinen die Produkte P_1 und P_2 hergestellt. Die Bearbeitungszeit von P_1 und P_2, die Maschinenlaufzeit und der Verkaufspreis je Stück und Produkt sind der folgenden Tabelle zu entnehmen. (Zeitangaben in Minuten, Verkaufspreis in €)

	P_1	P_2	Maximale Maschinenlaufzeit
Maschine 1	15	30	450
Maschine 2	25	20	480
Verkaufspreis	40	60	

a) Wie viel Stück von P_1 und P_2 müssen produziert und verkauft werden, damit der Erlös maximal wird. Wie groß ist die maximale Gesamtstückzahl, wenn die produzierte Stückzahl von P_1 viermal so groß ist wie die von P_2?

b) Wie ändert sich der maximale Erlös, wenn mindestens 10 Stück von P_2 hergestellt werden sollen? Sind dann alle Maschinen ausgelastet?

c) Der Verkaufspreis von Produkt P_1 wird aus Wettbewerbsgründen auf 30 € gesenkt. Wie ändern sich die Produktionszahlen, wenn der Erlös maximiert werden soll?

Lösung

a) Festlegung von x und y: Von P_1 werden x Stück, von P_2 werden y Stück produziert.

Nichtnegativität: $x \geq 0;\ y \geq 0$

Einschränkungen (Restriktionen)

Maschine 1: $15x + 30y \leq 450 \Leftrightarrow y \leq -\frac{1}{2}x + 15$ (1)

Maschine 2: $25x + 20y \leq 480 \Leftrightarrow y \leq -\frac{5}{4}x + 24$ (2)

Zielfunktion: $40x + 60y = E \Leftrightarrow y = -\frac{2}{3}x + \frac{E}{60}$

E wird maximiert.

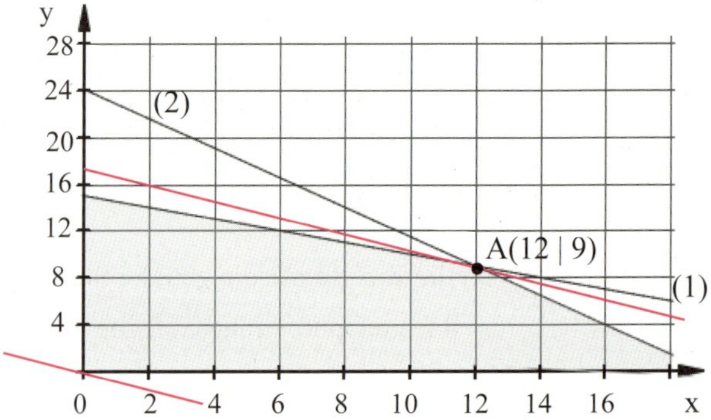

Eindeutige Lösung:
$x = 12;\ y = 9$

$E_{max} = 40 \cdot 12 + 60 \cdot 9$
$= 1020$

a) **Ergebnis:**

Von P_1 werden täglich 12 Stück produziert, von P_2 werden täglich 9 Stück produziert.

Der maximale Erlös beträgt dann 1020 €.

Die produzierte Stückzahl von P_1 ist viermal so groß ist wie die von P_2:

Die zugehörigen Punkte liegen im Lösungsraum: (4 | 1); (8 | 2); (12 | 3); (16 | 4)

Die maximale Gesamtstückzahl beträgt dann 20.

b) **Zusätzliche Restriktion:** $y \geq 10$

Randgerade: $y = 10$ (3)

Optimale Lösung: $x = 10;\ y = 10$

Maximaler Erlös:

$E_{max} = 40 \cdot 10 + 60 \cdot 10$

$= 1000$

Maschine 2 ist dann **nicht ausgelastet:**

$25 \cdot 10 + 20 \cdot 10 = 450 \leq 480$

Maschine 2 hat noch 30 Minuten freie Kapazität.

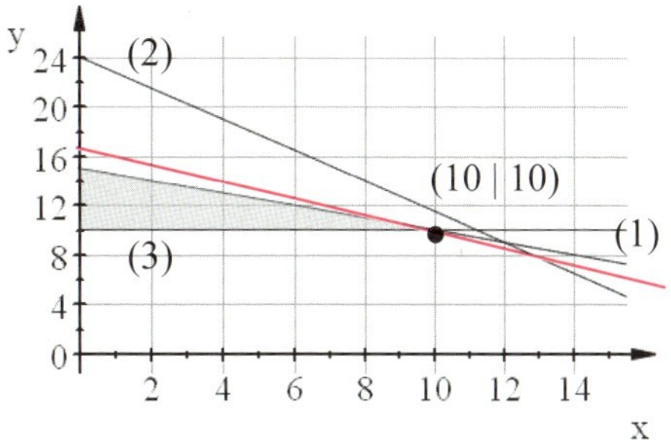

c) Neuer Verkaufspreis für ein Stück von P_1: 30 €

Neue **Zielfunktion:**

$30x + 60y = E \Leftrightarrow y = -\frac{1}{2}x + \frac{E}{60}$

Die Erlösgerade hat dieselbe Steigung wie die Randgerade (1).

Es gibt **mehrere Möglichkeiten,** den maximalen Erlös zu erzielen.

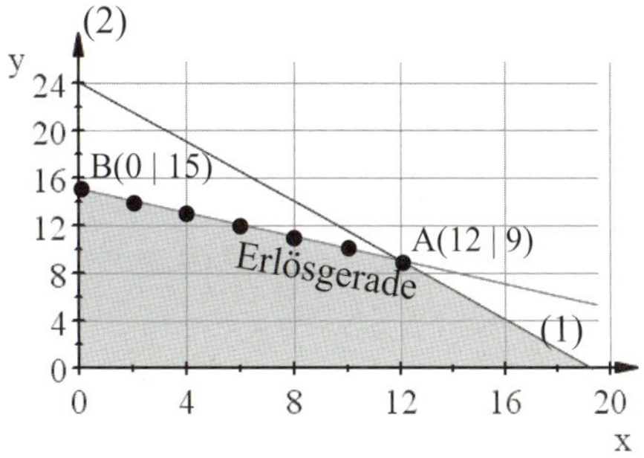

Für $0 \leq x \leq 12$ und $y = -\frac{1}{2}x + 15$ ergeben sich folgende Möglichkeiten:

x	0	2	4	6	8	10	12
y	15	14	13	12	11	10	9

Der maximale Erlös beträgt jeweils 900 €.

Beachten Sie: Hat die **Zielgerade** die **gleiche Steigung** wie eine **Randgerade, kann** die lineare Optimierungsaufgabe **mehrdeutig lösbar** sein.

2) Bestimmen Sie für das Optimierungsproblem grafisch die Werte für x und y, die zum Optimum führen. Geben Sie die optimalen Werte von Z an.
$x \geq 0; y \geq 0$
$x + 2y \geq 4$
$x - y \geq 0$
$2x + 3y \leq 24$
$Z = 2y + x; Z \rightarrow \max$ und $Z \rightarrow \min$

Lösung

$x \geq 0; y \geq 0$		Randgeraden:	
$x + 2y \geq 4$	$\Leftrightarrow\ y \geq -\frac{1}{2}x + 2$	$y = -\frac{1}{2}x + 2$	(1)
$x - y \geq 0$	$\Leftrightarrow\ y \leq x$	$y = x$	(2)
$2x + 3y \leq 24$	$\Leftrightarrow\ y \leq -\frac{2}{3}x + 8$	$y = -\frac{2}{3}x + 8$	(3)

Zielgerade: $Z = 2y + x \Leftrightarrow y = -\frac{1}{2}x + \frac{Z}{2}$

Die Zielgerade hat **dieselbe Steigung** wie die Randgerade (1).

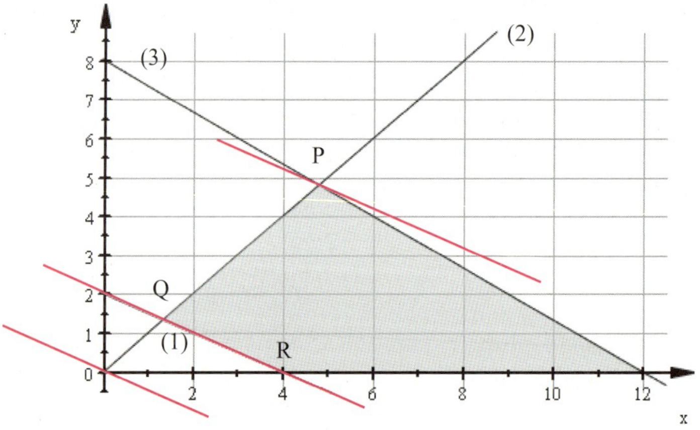

Z nimmt nur im Punkt P(4,8 | 4,8) ein **Maximum** an.

Für x = 4,8 und y = 4,8 wird Z maximal mit $Z_{max} = 2 \cdot 4{,}8 + 4{,}8 = 14{,}4$

Z nimmt in allen Punkten auf der Geraden (1) von Q bis R ein **Minimum** an.
Für $\frac{3}{4} \leq x \leq 4$ und $y = -\frac{1}{2}x + 2$ wird Z minimal mit $Z_{min} = 2 \cdot 0 + 4 = 8$.

Beachten Sie: Hat die Zielgerade mit dem Lösungsraum eine Strecke auf einer Randgeraden gemeinsam, ist das **Optimierungsproblem mehrdeutig lösbar.**
Alle Zahlenpaare der zugehörigen Punkte ergeben die optimale Lösung der Zielfunktion.
In diesem Fall sind die Steigung der Zielgeraden und die Steigung der entsprechenden Randgeraden gleich.

3) Ein landwirtschaftlicher Betrieb hat zum Anbau von Weizen und Gemüse höchstens eine Fläche von 13 Hektar zur Verfügung. Der jährliche Arbeitsaufwand pro Hektar Weizen beträgt 6 Tage, der pro Hektar Gemüse 18 Tage. Insgesamt stehen dem Betrieb im Jahr höchstens 162 Tage zur Bewirtschaftung der Fläche zur Verfügung. Der Ertrag für einen Hektar bepflanzt mit Weizen beträgt 3 Tonnen, bepflanzt mit Gemüse beträgt er 4 Tonnen. Die Genossenschaft nimmt dem Betrieb nicht mehr als insgesamt 44 Tonnen ab. Der Gewinn beträgt für 1 Tonne Weizen 100 € und für 1 Tonne Gemüse 150 €.

a) Bestimmen Sie den maximalen Gewinn.
Hat der Betrieb noch freie Kapazitäten bezüglich der Anbaufläche, der Arbeitszeit oder der Abnahme bei der Genossenschaft?

b) Um wie viele Tonnen müsste die Genossenschaft ihre Gesamtabnahme erhöhen, damit der Betrieb seine Kapazitäten voll ausnutzen kann?
Wie hoch wäre dann sein maximaler Gewinn?

c) In der nächsten Saison sinkt der Gewinn für eine Tonne Gemüse auf 100 € und die Genossenschaft nimmt weiterhin nur 44 Tonnen ab.
Wie muss der Betrieb die Anbaufläche aufteilen, damit er nun maximalen Gewinn erzielt?
Geben Sie dem Betrieb eine begründete Empfehlung.

Lösung

a) Anbaufläche in ha für Weizen: x   Anbaufläche in ha für Gemüse: y

Nichtnegativität: $x \geq 0; y \geq 0$

Einschränkungen (Restriktionen)

Fläche: $x + y \leq 13 \Leftrightarrow y \leq -x + 13$

Arbeitsaufwand: $6x + 18y \leq 162 \Leftrightarrow y \leq -\frac{1}{3}x + 9$

Abnahme: $3x + 4y \leq 44 \Leftrightarrow y \leq -\frac{3}{4}x + 11$

Zielfunktion: $G = 3 \cdot 100x + 4 \cdot 150y$

$G = 300x + 600y \quad \Leftrightarrow y = -\frac{1}{2}x + \frac{G}{600}$ (4)

G soll maximiert werden.

Randgeraden:

$y = -x + 13$ (1)

$y = -\frac{1}{3}x + 9$ (2)

$y = -\frac{3}{4}x + 11$ (3)

a) **Grafische Lösung:**

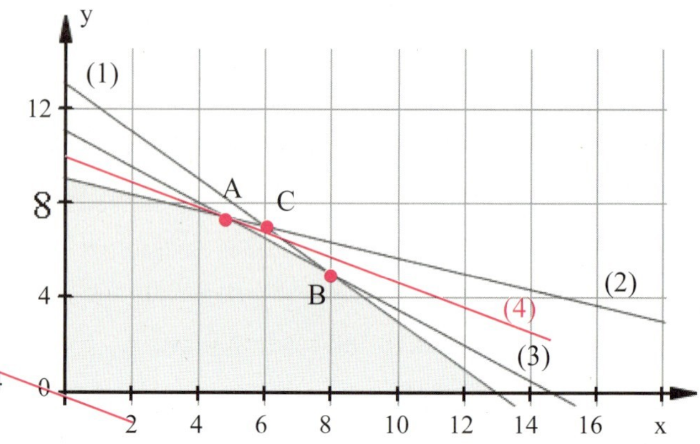

A(4,8 | 7,4)

$G_{max} = 300 \cdot 4{,}8 + 600 \cdot 7{,}4$

$G_{max} = 5880$

Es müssen auf 4,8 ha Weizen und auf 7,4 ha Gemüse angebaut werden, damit der Gewinn maximal wird. Der maximale Gewinn beträgt dann 5880 €.

Die Gerade (1) verläuft oberhalb von Punkt A, d. h., die **Anbaufläche** wird **nicht voll** ausgenutzt: 4,8 ha + 7,4 ha = 12,2 ha.

Eine **Restfläche** von 0,8 ha wird nicht ausgenutzt.

b) Damit alle Kapazitäten ausgenutzt werden, müssen die drei Randgeraden durch **einen Punkt verlaufen.** Die Gerade (3) muss also parallel durch den Punkt C(6 | 7) verschoben werden. C ist der Schnittpunkt der Geraden (1) und (2).
Neue Abnahme durch die Genossenschaft: $3 \cdot 6 + 4 \cdot 7 = 46$
Die Genossenschaft müsste 46 Tonnen abnehmen, damit der Bauer seine Kapazität voll ausnutzen kann. Sie müsste also ihre Gesamtabnahme um 2 t erhöhen.
Neuer maximaler Gewinn in €: $300 \cdot 6 + 600 \cdot 7 = 6000$
Der maximale Gewinn würde dann 6000 € betragen.

c) **Neue Zielfunktion G*:** $G^* = 300x + 400y \quad \Leftrightarrow \quad y = -\frac{3}{4}x + \frac{G^*}{400}$ (5)
Die neue Gewinngerade (5) hat die selbe Steigung wie die Randgerade (3).
Das **Planungsvieleck** wird zu einer **Planungsstrecke** AB auf der Randgeraden (3) für $4{,}8 \le x \le 8$.
Für den maximalen Gewinn gibt es **unendlich viele Möglichkeiten** zwischen den Punkten A und B.
Es können auf 4,8 bis 8 ha Weizen angebaut werden.
Die Anbaufläche für Gemüse ergibt sich aus der Gleichung $y = -\frac{3}{4}x + 11$.
Wenn der Landwirt auf 8 ha Weizen und auf 5 ha Gemüse anbaut, erzielt er den maximalen Gewinn, hat aber die höchste freie Kapazität bezüglich des Arbeitsaufwandes: $6 \cdot 8 + 18 \cdot 5 = 138$, das bedeutet 24 Tage freie Zeit.

Aufgaben

1. Bei der LUXIM AG, einem Unternehmen, das Geräte der Medizintechnik herstellt, werden zwei Zubehörteile ML-A und ML-B auf drei Automaten I, II und III gefertigt. In der nachfolgenden Tabelle ist angegeben, welche Zeit in Minuten jeder Automat zur Herstellung eines Teils benötigt. Täglich kann Automat I höchstens 600 Minuten, Automat II höchstens 800 Minuten und Automat III höchstens 400 Minuten eingesetzt werden. Der Gewinn je Stück beträgt für ML-A 2 € und für ML-B 3 €.
Das Unternehmen strebt maximalen Gewinn an.

	Benötigte Zeit in min/Stück	
	Teil ML-A	Teil ML-B
Automat I	6	4
Automat II	4	8
Automat III	0	5

a) Ermitteln Sie die Zielfunktionsgleichung und das System aller Nebenbedingungen. Zeichnen Sie das Planungsvieleck und bestimmen Sie den maximalen Gewinn.

b) Durch Preisänderungen steigt der Gewinn je Stück für ML-B auf 4 €. Bestimmen Sie die veränderte Zielfunktionsgleichung und ermitteln Sie den maximalen Gewinn. Interpretieren Sie die veränderte Gewinnsituation.
(Nach einer Prüfungsaufgabe FG Niedersachsen.)

2. Die Zweigwerke Z_1 und Z_2 produzieren ihre Güter aus drei Rohstoffen R_1, R_2 und R_3.
Der Rohstoffbedarf wird durch folgende Tabelle gegeben:
Bis zur nächsten Lieferung stehen 400 ME von R_1, 500 ME von R_2 und 450 ME von R_3 zur Verfügung. Der Verkaufspreis für eine ME des Gutes eines jedes Zweigwerks beträgt 320 GE.

	Z_1	Z_2
R_1	1	2
R_2	2	2
R_3	2	1

Wie viele ME muss jedes Zweigwerk produzieren, wenn aus den vorhandenen Rohstoffen ein maximaler Erlös erzielt werden soll?

3. Lösen Sie das folgende Minimierungs- bzw. Maximierungsproblem.
$x, y \geq 0 \wedge y \geq -\frac{3}{4}x + 3 \wedge y \leq 2x \wedge y \leq -\frac{4}{5}x + 10$
$Z = 3x + 4y$; Z soll minimiert werden. (Z soll maximiert werden.)

4. Ein Betrieb fertigt die Produkte I und II. Dabei werden die Maschinen A, B und C durchlaufen. Für die Fertigung einer Mengeneinheit (ME) des Produkts I werden 5 Stunden auf Maschine A, 4 Stunden auf Maschine B und 1 Stunde auf Maschine C benötigt. Für die Fertigung einer ME des Produkts II wird Maschine A 3 Stunden und Maschine B 5 Stunden eingesetzt.
   Maschine A kann maximal 195 Stunden, Maschine B maximal 260 Stunden und Maschine C maximal 24 Stunden belegt werden.
   Für eine abgesetzte ME von Produkt I erhält der Betrieb a € Gewinn, für eine ME von Produkt II b €.
   a) Wie groß sind die gewinnmaximalen Produktionsmengen des Produkts I und des Produkts II, wenn für jede erzeugte und abgesetzte Mengeneinheit 1 € Gewinn erzielt wird?
   b) Wählen Sie a und b so, dass bei einer Produktion von 24 ME von Produkt I und 25 ME von Produkt II der Gewinn maximal ist.
   c) Welche Beziehung muss zwischen a und b bestehen, sodass für die Produktionspaare (24 | 25) und (15 | 40) der Gewinn maximal ist?
      Bestimmen Sie a und b so, dass der maximale Gewinn 390 € beträgt.
      (Aus Pilotaufgaben, BW.)

5. Ein Hersteller produziert zwei Typen eines Holzregals.
   Für das Regal Typ A benötigt die Produktionsabteilung 15 Minuten (min) zum Zuschneiden, 40 min für die Lackierung und 68 min zum Zusammenbauen.
   Für das Regal Typ B müssen 45 min zum Zuschneiden, 40 min für die Lackierung und 34 min für das Zusammenbauen veranschlagt werden.
   Es stehen insgesamt nicht mehr als 450 min zum Zuschneiden, 480 min für die Lackierung und 476 min zum Zusammenbauen pro Tag zur Verfügung.
   Je Regal vom Typ A erzielt das Unternehmen einen Gewinn von 40 €, je Regal vom Typ B 30 €.
   Der Produzent stellt sich die Frage, wie viele Regale vom jeweiligen Typ täglich produziert werden müssen, um den Gewinn zu maximieren. Dabei sind nur vollständig hergestellte Regale von Interesse.
   a) Ermitteln Sie die Zielfunktionsgleichung und alle Nebenbedingungen, die sicherstellen, dass die Bedingungen des Produktionsprozesses eingehalten werden.
      Bestimmen Sie den maximalen Gewinn und erläutern Sie Ihren Lösungsweg.
   b) Das Unternehmen erzielt tatsächlich einen Gewinn von 330 €.
      Bestimmen Sie die Produktionszahlen, mit denen dieser Gewinn erzielt wird.
   (Nach einer Prüfungsaufgabe.)

4.3 Algebraische Verfahren zur Lösung von linearen Optimierungsaufgaben

4.3.1 Eckpunktberechnungsmethode

Bei einer **Optimierungsaufgabe** wird z. B. nach dem maximalen Gewinn gefragt.

Ein Planungsvieleck wird gezeichnet und es stellt sich die Frage:

Welche Punkte des Planungsvielecks führen zur Lösung dieser Optimierungsaufgabe?

Zur Beantwortung dieser Frage ist in untenstehender Abbildung ein Planungsvieleck gezeichnet.
Bei der grafischen Lösungsmethode wird der optimale Punkt dadurch festgelegt, dass man durch **Parallelverschiebung** die Gewinngerade mit dem größtem y-Achsenabschnitt bestimmt.
Mit diesem y-Achsenabschnitt kann man dann den größten Gewinn berechnen.

Erläuterung:
Geht man von der Geraden g aus, so führt der Eckpunkt A des Planungsvielecks zum größten y-Achsenabschnitt.
Bei der Geraden h führt der Eckpunkt B zum größten y-Achsenabschnitt.

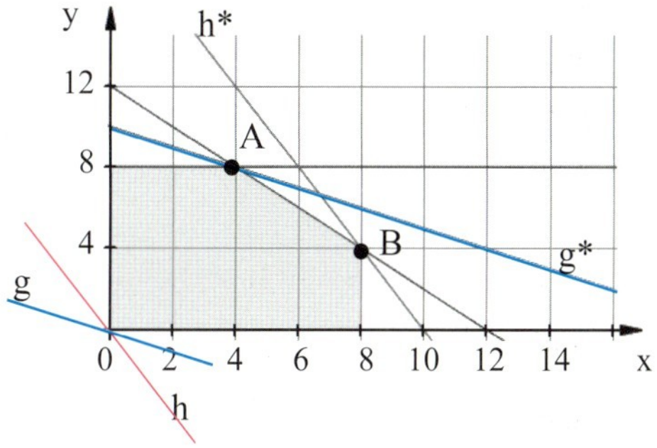

Je nachdem, welche Steigung die Ursprungsgerade hat, ergibt sich der eine oder andere **Eckpunkt des Planungsvielecks als Lösung.**

Es ist sogar möglich, dass nicht nur ein Eckpunkt, sondern **unendlich viele Punkte zur Lösung** führen.
Verläuft beispielsweise die Gerade k parallel zur Strecke AB, führen alle Punkte auf der Stecke AB des Planungsvielecks zum größten y-Achsenabschnitt. In diesem Fall gibt es unendlich viele (x | y) Zahlenpaare, die zum Optimum führen.

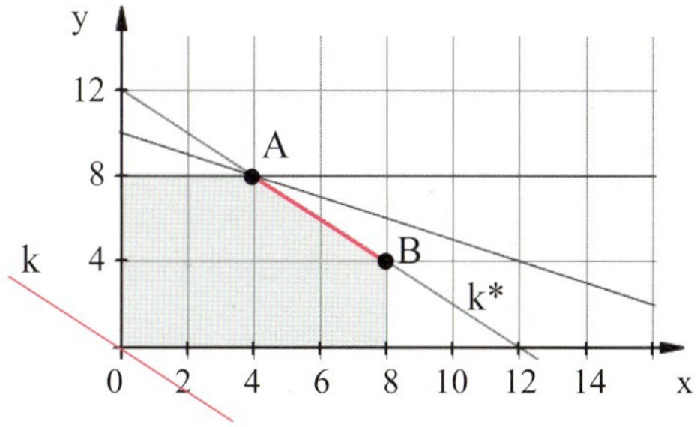

Die obigen Sachverhalte werden im **Hauptsatz der linearen Optimierung** zusammengefasst.

Hauptsatz der linearen Optimierung

Besitzt eine lineare Funktion Z: $(x, y) \rightarrow ax + by + c$ ein Optimum (Maximum oder Minimum), wird sie dieses Optimum wenigstens in einem Eckpunkt des Planungsvielecks annehmen.

Beispiele zur Eckpunktberechnungsmethode

1) Ein landwirtschaftlicher Betrieb hat zum Anbau von Weizen und Gemüse höchstens eine Fläche von 13 ha zur Verfügung. Auf dieser Fläche können maximal 10 ha Weizen bzw. 7 ha Gemüse angebaut werden.
Der jährliche Arbeitsaufwand pro Hektar Weizen beträgt 6 Tage, der pro Hektar Gemüse 16 Tage. Insgesamt stehen dem Betrieb im Jahr höchstens 128 Tage zur Bewirtschaftung der Fläche zur Verfügung.
Der Gewinn für 1 ha Weizen beträgt 200 €, für 1 ha Gemüse 320 €.

Wie viele ha Weizen und Gemüse müssen angebaut werden, um den größten Gewinn zu erzielen? Berechnen Sie diesen maximalen Gewinn. (Vgl. Seite 145.)

Lösung

Die Vorgehensweise ist die gleiche wie bei der grafischen Lösungsmethode, nur **das Optimum wird rechnerisch** bestimmt.

Variablen x und y festlegen.
Restriktionen durch ein System von Ungleichungen ausdrücken.

Planungsvieleck zeichnen:

Zielfunktion bestimmen:
Z = 200x + 320y

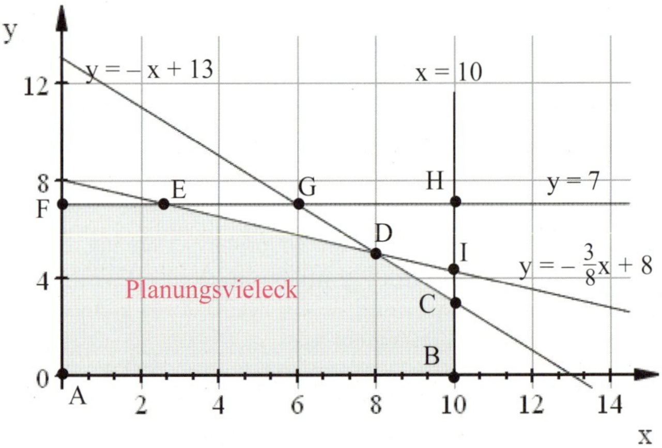

Das Optimum bestimmen, indem man alle (sechs) Eckpunkte des Planungsvielecks bestimmt.

Beachten Sie: Anhand des Planungsvielecks kann man erkennen, dass nicht jeder Schnittpunkt zweier Randgeraden zum Planungsvieleck gehören muss. Die Schnittpunkte G, H und I gehören nicht zum Planungsvieleck.

Die Randgeraden werden bezeichnet.
Gleichungen der Randgeraden (vgl. Kapitel 4.2.1 Beispiel 2, S. 146 f.):

g: $x = 0$	h: $y = 0$
i: $y = -x + 13$	j: $x = 10$
k: $y = 7$	l: $y = -\frac{3}{8}x + 8$

Schnitt zweier Geraden		Eckpunkt
$g \cap h$:	$x = 0 \wedge y = 0$	A(0 | 0)
$h \cap j$:	$y = 0 \wedge x = 10$	B(10 | 0)
$i \cap j$:	$y = -x + 13 \wedge x = 10$	
	$y = 3$	C(10 | 3)
$i \cap l$:	$y = -x + 13 \wedge y = -\frac{3}{8}x + 8$	
	$-x + 13 = -\frac{3}{8}x + 8$	
	$x = 8$	D(8 | 5)
$k \cap l$:	$y = 7 \wedge y = -\frac{3}{8}x + 8$	
	$7 = -\frac{3}{8}x + 8$	
	$x = \frac{8}{3}$	E($\frac{8}{3}$ | 7)
$g \cap k$:	$x = 0 \wedge y = 7$	F(0 | 7)

Bemerkung: Es müssen nur Schnittpunkte berechnet werden, die zum Planungsvieleck gehören. Die Eckpunktberechnungsmethode ist i. Allg. sehr aufwendig.

Nach dem **Hauptsatz der linearen Optimierung** führt wenigstens ein Eckpunkt zum Optimum (sofern ein Optimum existiert). Da man die Koordinaten aller Eckpunkte berechnet hat, kann man mithilfe der Zielfunktion den größten Gewinn bestimmen.

Eckpunkt	**Gewinn: Z = 200x + 320y**	
A(0 | 0)	$Z = 0$	
B(10 | 0)	$Z = 200 \cdot 10 + 320 \cdot 0 = 2000$	
C(10 | 3)	$Z = 200 \cdot 10 + 320 \cdot 3 = 2960$	
D(8 | 5)	$Z = 200 \cdot 8 + 320 \cdot 5 = 3200$	Optimum bei x = 8 und y = 5
E($\frac{8}{3}$ | 7)	$Z = 200 \cdot \frac{8}{3} + 320 \cdot 7 = \frac{8320}{3}$	
F(0 | 7)	$Z = 200 \cdot 0 + 320 \cdot 7 = 2240$	

Ergebnis formulieren:

Der landwirtschaftliche Betrieb muss 8 ha Weizen und 5 ha Gemüse anpflanzen, um den größten Gewinn zu erwirtschaften. Der größte Gewinn beträgt 3200 €.

2) Ein Firma, die Fertiggerichte herstellt, soll an einen Kunden ein Pilzgericht liefern. Der Kunde möchte, dass pro Gericht mindestens 80 g Pfifferlinge, 110 g Stockschwämmchen und 60 g Steinpilze enthalten sind. Die Firma hat zwei Sorten Mischpilze vorrätig, von denen jede Packung folgende Gewichtsanteile von jeder Pilzsorte enhält:

Pilzsorte	Mischpilzsorte M_1	Mischpilzsorte M_2
Pfifferlinge	20 g	10 g
Stockschwämmchen	10 g	40 g
Steinpilze	0 g	40 g

M_1 kostet 2 GE und M_2 kostet 4 GE je Packung. Wie viele Packungen müssen geliefert werden, damit die Kosten für ein Pilzgericht möglichst gering werden?

Lösung

Festlegung der Variablen x und y

Von der Sorte M_1 benötigt man x Packungen. Von der Sorte M_2 benötigt man y Packungen.

Nichtnegativitätsbedingungen: $x \geq 0$ und $y \geq 0$

Einschränkungen (Restriktionen)

Pfifferlinge: $20x + 10y \geq 80$

Stockschwämmchen $10x + 40y \geq 110$

Steinpilze $40y \geq 60$

Planungsvieleck

Ungleichungen nach y auflösen

$$y \geq -2x + 8$$
$$y \geq -\frac{1}{4}x + \frac{11}{4}$$
$$y \geq \frac{3}{2}$$

und die Randgeraden zeichnen.

$$y = -2x + 8 \qquad (1)$$
$$y = -\frac{1}{4}x + \frac{11}{4} \qquad (2)$$
$$y = \frac{3}{2} \qquad (3)$$

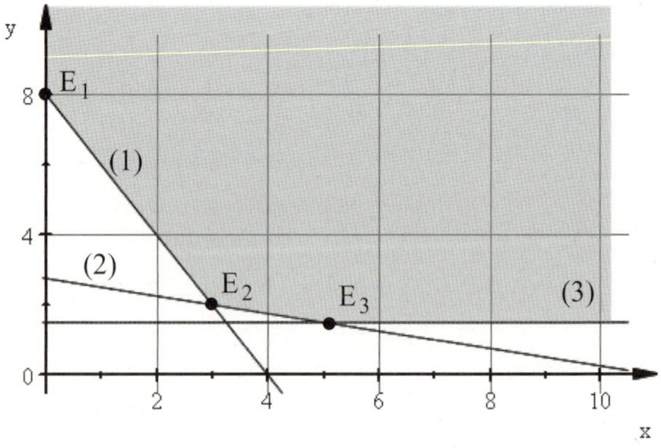

Zielfunktion

Kosten Z für x Packungen M_1 und y Packungen M_2: $Z = 2x + 4y$

Minimale Kosten

Besitzt die Kostenfunktion K ein Minimum, dann nimmt sie dieses Minimum nach dem Hauptsatz der linearen Optimierung in wenigstens einem Eckpunkt des Planungsvielecks an. Die Eckpunkte lassen sich aus den Schnittpunkten der Randgeraden berechnen.

Gleichungen der Randgeraden	Schnittpunkt (Eckpunkt)	Kosten im Eckpunkt
$y = -2x + 8 \wedge x = 0$	$E_1(0 \mid 8)$	$Z = 2 \cdot 0 + 4 \cdot 8 = 32$
$y = -2x + 8$ $\wedge\ y = -\frac{1}{4}x + \frac{11}{4}$	$E_2(3 \mid 2)$	$Z = 2 \cdot 3 + 4 \cdot 2 = 14$
$y = -\frac{1}{4}x + \frac{11}{4} \wedge y = \frac{3}{2}$	$E_3(5 \mid 1{,}5)$	$Z = 2 \cdot 5 + 4 \cdot 1{,}5 = 16$

Bemerkung: Alle anderen Schnittpunkte der Randgeraden erfüllen die vorgegebenen Restriktionen nicht.

Ergebnis

Der Eckpunkt $E_2(3 \mid 2)$ ist der Punkt, dessen Koordinaten die minimalen Kosten festlegen, d. h., ein Pilzgericht, das aus drei Packungen der Sorte M_1 und zwei Packungen der Sorte M_2 besteht, kostet 14 GE.

3) Die nachfolgende Abbildung zeigt das Planungsvieleck einer linearen Optimierungsaufgabe.

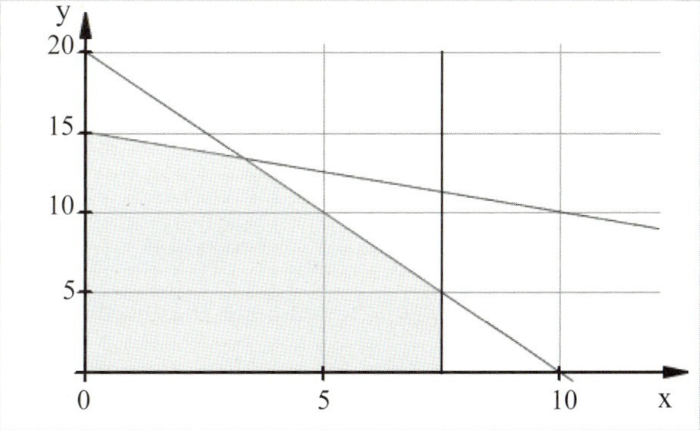

a) Bestimmen Sie die Restriktionen.

b) Geben Sie eine Zielfunktion Z an, sodass es für das Maximum von Z
   – genau eine Lösung
   – unendlich viele Lösungen gibt.

Lösung

a) **Restriktionen** (Ungleichungssystem)

$x \geq 0$ und $y \geq 0$

	Randgerade:	
$y \leq 20 - 2x$	$y = 20 - 2x$	(1)
$y \leq 15 - \frac{1}{2}x$	$y = 15 - \frac{1}{2}x$	(2)
$x \leq 7{,}5$	$x = 7{,}5$	(3)

Schnittpunkt von (1) und (2): $A(\frac{10}{3} \mid \frac{40}{3})$

Schnittpunkt von (1) und (3): $B(7{,}5 \mid 5)$

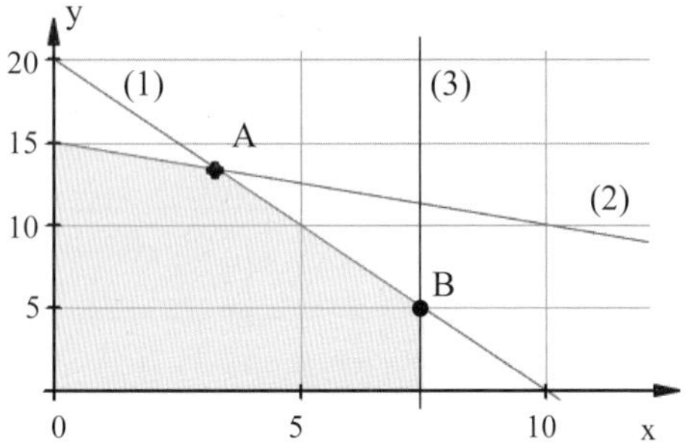

b) **Zielfunktion Z mit Z = ax + by, sodass es für das Maximum von Z genau eine Lösung gibt:**

Eine Zielfunktion nimmt in A ihr Maximum an, wenn die zugehörige Zielgerade eine Steigung zwischen $-\frac{1}{2}$ und -2 hat.

Beispiele: $Z = x + y$ oder $Z = 2x + 3y$

Bemerkung: Die Zielgerade $Z = x + y \Leftrightarrow y = -x + Z$ verläuft durch A für $Z = \frac{50}{3}$.
Das Maximum beträgt dann $\frac{50}{3}$.

Zielfunktion Z mit Z = ax + by, sodass es für das Maximum von Z unendlich viele Lösungen gibt:

Eine Zielgerade verläuft parallel zur Geraden (1), $y = -2x + \frac{Z}{b} \Leftrightarrow Z = 2bx + by$; $b \neq 0$,

oder sie hat die gleiche Steigung wie die Gerade (3), $y = -\frac{1}{2}x + \frac{Z}{b} \Leftrightarrow Z = \frac{1}{2}bx + by$

Bemerkung: Verschiebt man $Z = 2x + y \Leftrightarrow y = -2x + Z$ in A (und B), so erhält man:
Alle Kombinationen $(x \mid y)$ mit $\frac{10}{3} \leq x \leq \frac{15}{2}$ und $y = 20 - 2x$ sind Lösungen mit $Z_{max} = 20$.

Aufgaben

1. Lösen Sie die Aufgaben 2. bis 5. von Seite 161 mit der Eckpunktberechnungsmethode.

2. Ein Landwirt verkauft Hühner und Enten. Er kann monatlich von beiden Tierarten zusammen höchstens 30 Tiere verkaufen; von den Enten höchstens 15. Die Futtermittelkosten zur Aufzucht eines Huhnes betragen 1 €, für eine Ente 2 €.
Die Futtermittelkosten für die monatlich verkauften Tiere sollen höchstens 40 € betragen. Er verkauft ein Huhn für 12 € und eine Ente für 18 €.
Wie viele Hühner und Enten muss er monatlich verkaufen, damit er den höchsten Erlös erzielt?

3. Eine Motorenfabrik produziert die Modellreihen C und S.
Die Kapazitätsgrenze der Fabrik liegt bei 300 Stück. Von der Reihe C müssen mindestens 160 Stück produziert werden. Die Kosten pro Stück betragen für das Modell C 1000 GE und für das Modell S 1600 GE. Die Konzernleitung bestimmt, dass die Kosten für die produzierten Motoren höchstens 360 000 GE betragen dürfen. Der Gewinn pro Stück beträgt für das Modell C 300 GE und für das Modell S 400 GE. Bestimmen Sie die Anzahl der herzustellenden Motoren so, dass der Gewinn maximal ist.
4. In einem Betrieb werden die Produkte P_1 und P_2 auf den Maschinen A, B und C gefertigt. Die Fertigungszeit pro Stück in Stunden und die maximalen Laufzeiten der Maschinen pro Woche in Stunden sind der nachfolgenden Tabelle zu entnehmen.

	Fertigungszeit P_1	Fertigungszeit P_2	Maximale Laufzeit
Maschine A	2	1	120
Maschine B	1	1	70
Maschine C	1	3	150

Der Reingewinn für P_1 beträgt 10 € pro Stück, für P_2 15 € pro Stück.
a) Bestimmen Sie den maximalen Gewinn, wenn alle hergestellten Produkte verkauft werden. Begründen Sie, dass es nicht möglich ist, alle Maschinen voll auszulasten.
b) Gibt es Produktionsmengen, bei welchen die Maschinen A und C gleiche Laufzeiten haben und Maschine B vierzig Stunden weniger läuft als Maschine A?
(Aus einer Prüfungsaufgabe BW.)
5. Ein Landwirt baut die Weizensorten A und B an. Für jede geerntete Mengeneinheit (ME) der Sorte A müssen 12 Zeiteinheiten (ZE), für jede ME der Sorte B 24 ZE eingeplant werden. Es stehen höchstens 1200 ZE für den Weizenanbau zur Verfügung.
Es können höchstens 90 ME geerntet werden. Der Verkaufspreis der Sorte A beträgt 200 GE pro ME, der Verkaufspreis für die Sorte B 150 GE/ME. Der Landwirt plant, mindestens 10000 GE Erlöse für die gesamte Weizenernte zu erzielen.
a) Die Kosten für die Sorte A betragen 60 GE/ME, für die Sorte B 80 GE/ME.
Die Gesamtkosten sind zu minimieren.
Bestimmen Sie die Gleichung der Zielfunktion und die notwendigen Nebenbedingungen. Zeigen Sie grafisch, dass unter diesen Bedingungen nur Sorte A angebaut würde. Beschreiben Sie Ihren Lösungsweg. Berechnen Sie die minimalen Gesamtkosten.
b) Der Landwirt kann den Weizen der Sorte A weiterhin für 200 GE/ME verkaufen, die Sorte B aber nur noch für 125 GE/ME. Die Kosten für die Sorte A steigen auf 80 GE/ME, die Kosten für die Sorte B sinken auf 40 GE/ME. Die sonstigen Bedingungen bleiben unverändert. Bestimmen Sie die neue Gleichung der Zielfunktion sowie die Nebenbedingungen. Ermitteln Sie das kostenminimale Produktionsprogramm und die minimalen Gesamtkosten. (Nach einer Prüfungsaufgabe FG Niedersachsen.)

6. Nach einem Hochwasserschaden muss man in einem Bürokomplex die Bodenfläche von insgesamt 1600 m^2 neu belegen. Es stehen zwei Sorten Bodenbeläge A und B zur Verfügung. Bodenbelag A kostet 4 € je m^2 und Bodenbelag B kostet 12 € je m^2. Die jährlichen Reinigungskosten betragen 3 € für Sorte A und 18 € für Sorte B. Die gesamten Anschaffungskosten für die Bodenbeläge soll zwischen 9600 € und 13200 € liegen.
   Wie ist die Auswahl der Bodenbeläge zu treffen, wenn die jährlichen Gesamtreinigungskosten möglichst gering sein sollen?
7. Die nachfolgende Abbildung zeigt das Planungsvieleck einer linearen Optimierungsaufgabe.

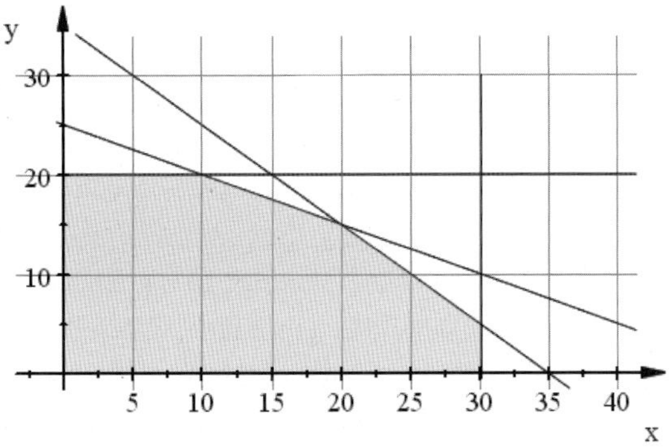

   a) Bestimmen Sie die Restriktionen.
   b) Geben Sie eine Zielfunktion Z an, sodass es für das Maximum von Z
      – genau eine Lösung
      – unendlich viele Lösungen gibt.

8. Die nachfolgende Abbildung zeigt die grafische Lösung eines Ungleichungssystems.

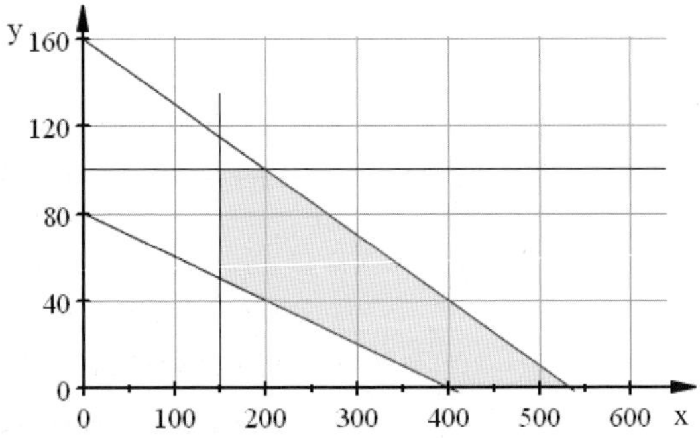

   a) Geben Sie ein passendes Ungleichungssystem an.
   b) Bestimmen Sie für das abgebildete Planungsvieleck
      – eine Zielfunktion so, dass es genau eine optimale Lösung gibt, die ein Maximum liefert und
      – eine Zielfunktion so, dass es genau eine optimale Lösung gibt, die ein Minimum liefert und
      – eine Zielfunktion so, dass es unendlich viele optimale Lösungen gibt, die ein Minimum liefern.

   Erläutern Sie jeweils Ihre Vorgehensweise.

9 Eine Firma produziert zwei Sorten Hundefutter.

Für Produktion und Verkauf gelten folgende Bedingungen:

	Sorte 1	Sorte 2	Einheit
Verkaufspreis	5,00	4,50	€/Packung
Rohstoffbedarf	3	2	kg/Packung
Verpackungskosten	0,25	0,50	€/Packung
Kosten für die Rohstoffverarbeitung	0,50	0,75	€/kg
Absatzhöchstmenge	4500	5000	Packungen/Monat
Produktionszeit	1	2	Minuten/Packung

Zur Produktion des Hundefutters stehen monatlich höchstens 10000 Minuten Produktionszeit zur Verfügung. Alle produzierten Einheiten werden verkauft, sofern die Absatzhöchstmengen nicht überschritten werden

Die Kosten für die Rohstoffe betragen 0,50 € je kg.
Zeigen Sie: Die Firma macht beim Verkauf der Sorte 1 einen Gewinn von 1,75 € pro Packung und bei Sorte 2 einen Gewinn von 1,50 € pro Packung.

9.1 Auf dem Markt können bis zu 15000 kg Rohstoffe erworben werden.

9.1.1 Stellen Sie den zulässigen Produktionsbereich grafisch dar.
Der monatliche Gewinn der Firma soll maximiert werden.
Bestimmen Sie die Zielfunktion, die optimalen Produktionsmengen sowie den dabei erzielten Gewinn.

9.1.2 Aufgrund einer Grippewelle muss das erkrankte Personal einen Monat lang durch ungelernte Hilfskräfte ersetzt werden. Dadurch verdoppeln sich die Produktionszeiten für beide Sorten Hundefutter.
Ergänzen Sie Ihre Grafik und bestimmen Sie die Gewinneinbuße, mit der in diesem Monat mindestens zu rechnen ist.

9.2 Die Grippewelle ist überstanden und es gelten wieder die üblichen Produktionszeiten. Auf dem Markt stehen die erforderlichen Rohstoffe zum unveränderten Preis von 0,50 € je kg nun unbegrenzt zur Verfügung.
Untersuchen Sie, ob die Firma ihren monatlichen Gewinn weiter steigern kann.
Berechnen Sie gegebenenfalls, welche Menge Rohstoff höchstens erworben werden sollte.
(Nach einer Prüfungsaufgabe BW.)

12 Bohner u.a. ISBN 978-3-8120-0452-7

10 Zur Herstellung zweier Produkte P_1 und P_2 stehen drei Automaten A_1, A_2 und A_3 zur Verfügung. In folgender Tabelle sind die Bearbeitungszeiten pro Mengeneinheit (ME) in Minuten und die maximalen Laufzeiten der Automaten in Minuten angegeben.

	Bearbeitungszeit für P_1	Bearbeitungszeit für P_2	Maximale Laufzeit
A_1	20	40	8000
A_2	15	10	3000
A_3	30	10	5400

10.1 Der Gewinn pro ME beträgt 90 Geldeinheiten (GE) bei P_1 und 120 GE bei P_2.
Wie viele ME sind von P_1 und P_2 herzustellen und zu verkaufen, damit der Gewinn möglichst groß wird?
Wie groß ist der maximale Gewinn?

10.2 Wie groß müsste die maximale Laufzeit von A_2 sein, um alle drei Automaten voll auszulasten?

10.3 Aufgrund schwankender Rohstoffpreise für die Produkte P_1 und P_2 hängt der Gewinn von einem Parameter t ab.
Der Gewinn G berechnet sich für x ME von P_1 und y ME von P_2 durch
$G = 90(1 + t) \cdot x + 129(1 - 0{,}25t) \cdot y;\ 0 \leq t \leq 4.$
Zeigen Sie, dass es einen Wert von t gibt, sodass der Gewinn für $100 \leq x \leq 160$ immer gleich groß und maximal ist.
Wie groß ist dieser Gewinn?

(Nach einer Prüfungsaufgabe BW.)

4.3.2 Das reguläre Simplexverfahren

4.3.2.1 Simplexverfahren für die Normalform des Maximumproblems

Das grafische Verfahren ist nur anwendbar bei zwei (höchstens drei) Variablen. Wegen der zeichnerischen Ungenauigkeit kann man evtl. die Lösung nicht exakt angeben.

Das **Simplexverfahren** ist dagegen ein rechnerisches Verfahren zur Lösung von linearen Optimierungsaufgaben mit beliebig vielen Variablen. Es gilt für Maximierungsaufgaben in Normalform, d. h., die Restriktionen haben die Form $a_1x_1 + a_2x_2 + a_3x_3 \leq b$ mit $b \geq 0$.

In diesem Fall spricht man vom regulären Simplexverfahren.

Beispiele

1) In einem Betrieb werden auf zwei Maschinen zwei Produkte P_1 und P_2 hergestellt. Die Bearbeitungszeit von P_1 und von P_2, die maximale Maschinenlaufzeit und den Verkaufspreis je Produkt entnimmt man nachfolgender Tabelle:
(Zeitangaben in Minuten, Verkaufspreise in €)

	P_1	P_2	maximale Maschinenlaufzeit
Maschine 1	15	30	450
Maschine 2	25	20	480
Verkaufspreis	40	60	

Wie viel Stück von P_1 und P_2 müssen produziert werden, damit der Erlös maximal wird?

Lösung

Bemerkung: Die **Lösungsvariablen** werden mit $x_1, x_2, \ldots x_n$ bezeichnet.

Von Produkt P_1 werden x_1 Stück und von Produkt P_2 werden x_2 Stück produziert.

Aus den Restriktionen ergibt sich folgendes **Ungleichungssystem** (vgl. Kapitel 4.2.3 Beispiel 1), Seite 162 f.)

$$15x_1 + 30x_2 \leq 450$$
$$25x_1 + 20x_2 \leq 480$$

Vorüberlegung

Die Ungleichung $15x_1 + 30x_2 \leq 450 \quad (*)$ kann als Gleichung geschrieben werden, indem man eine zusätzliche Variable u_1 einfügt.

$$15x_1 + 30x_2 + u_1 = 450$$

Diese Variable $\mathbf{u_1}$ heißt **Schlupfvariable.**

Für sie soll gelten: $u_1 \geq 0$

Wenn der linke Teil der Ungleichung (∗) kleiner ist als der rechte, übernimmt die Schlupfvariable den Wert der Differenz $(450 - (15x_1 + 30x_2))$.

Im Beispiel ist u_1 der Wert der noch freien Kapazität der Maschine 1.

Vorgehensweise

Das **Ungleichungssystem** wird mithilfe der **Schlupfvariablen** u_1 und u_2 als **Gleichungssystem** geschrieben. Die **Anzahl der Schlupfvariablen** entspricht der **Anzahl der Restriktionen.**

$15x_1 + 30x_2 \leq 450$
$25x_1 + 20x_2 \leq 480$

$15x_1 + 30x_2 + u_1 = 450$
$25x_1 + 20x_2 + u_2 = 480$

Gleichung für den Erlös Z:

$40x_1 + 60x_2 = Z$

Man erhält ein LGS mit 3 Gleichungen und 4 Variablen. Darstellung des LGS in der sogenannten **Simplextabelle.** Aus den zwei Restriktionsgleichungen kann man genau 2 Variablen in Abhängigkeit von den beiden anderen bestimmen.

x_1	x_2	u_1	u_2	
15	30	1	0	450
25	20	0	1	480
40	60	0	0	Z

Eine einfache Lösung des LGS ist

$x_1 = 0;\ x_2 = 0;\ u_1 = 450;\ u_2 = 480$

Die Variablen, die gleich null gesetzt werden, bezeichnet man als **Nichtbasisvariablen,** die anderen als **Basisvariablen (BV).**

Erlös Z:

$Z = 40 \cdot 0 + 60 \cdot 0 + 0 \cdot 450 + 0 \cdot 480$
$Z = 0$

Dies ist für den Erlös Z sicherlich eine „schlechte Lösung“. Hier sind u_1 und u_2 **Basisvariable,** x_1 und x_2 sind **Nichtbasisvariable.** Die erste Basislösung lautet:

$u_1 = 450;\ u_2 = 480$

Wie findet man eine bessere Lösung?

Der Wert von Z steigt um 40 GE, wenn x_1 um 1 ME steigt; er steigt um 60 GE, wenn x_2 um 1 ME steigt. Der Wert von Z pro ME kann **am stärksten gesteigert** werden, wenn sich x_2 ändert. Man geht von der 2. Spalte aus, die als **Pivot-Spalte** bezeichnet wird.

15	**30**	1	0	450
25	**20**	0	1	480
40	**60**	0	0	Z
	↑			

Pivot-Spalte

Bessere Lösung:

$x_1 = 0$; x_2 möglichst groß wählen,
d. h., x_2 wird **Basisvariable.**

$30x_2 \leq 450 \Rightarrow x_2 \leq 15$ **Einschränkung**
$20x_2 \leq 480 \Rightarrow x_2 \leq 24$

Die stärkste Einschränkung (der **Engpass)** wird durch die Maschine 1 (1. Zeile) verursacht.
d. h., x_2 wird in der Basis gegen u_1 **ausgetauscht.**
(u_1 wird **Nichtbasisvariable.**)

15	**30**	1	0	450
25	**20**	0	1	480
40	**60**	0	0	Z

← **Pivot-Zeile**

↑ **Pivot-Spalte**

Die Zeile, die die größte Einschränkung beschreibt, heißt **Pivot-Zeile.**
Das Element in der Pivot-Zeile und in der Pivot-Spalte nennt man **Pivot-Element.**

Berechnung
Die erste Simplextabelle **(1. Tableau)** wird nach dem **Gauß'schen Eliminationsverfahren** so umgeformt, dass **alle Elemente der Pivot-Spalte (2. Spalte)** außer dem Pivot-Element null werden.

BV	x_1	x_2	u_1	u_2	
u_1	15	**30**	1	0	450
u_2	25	20	0	1	480
	40	60	0	0	Z

Man erhält die zweite Tabelle **(2. Tableau).** Da das Pivot-Element in der 1. Zeile und der 2. Spalte steht, wird die Basisvariable u_1 durch x_2 ersetzt.

x_2	15	**30**	1	0	450
u_2	45	0	–2	3	540
	10	0	– 2	0	Z – 900

2. Basislösung

$30x_2 = 450 \Rightarrow x_2 = 15$

$3u_2 = 540 \Rightarrow u_2 = 180$

Daraus ergibt sich: $Z = 900$

Aus der dritten Zeile kann man ablesen: $10x_1 + 0x_2 - 2u_1 + 0u_2 = Z - 900$

Der Erlös kann noch gesteigert werden, indem man x_1 erhöht.

Die erste Spalte ist jetzt die Pivot-Spalte.

Ermittlung des Pivot-Elementes: $15x_1 \leq 450 \quad \Rightarrow x_1 \leq 30$

Die **stärkste Einschränkung** **(Engpass)** liegt bei Maschine 2: $45x_1 \leq 540 \quad \Rightarrow x_1 \leq 12$

Das Pivot-Element ist 45.

x_1 wird in die Basis aufgenommen und gegen u_2 ausgetauscht.

Die zweite Simplex-Tabelle wird so umgeformt, dass alle Elemente der Pivot-Spalte (1. Spalte) außer dem Pivot-Element null werden.

x_2	15	30	1	0	450
u_2	**45**	0	−2	3	540
	10	0	− 2	0	Z − 900

Man erhält die **dritte Tabelle (3. Tableau).**

x_2	0	−90	−5	3	−810
x_1	**45**	0	−2	3	540
	0	0	− 7	− 3	4,5Z − 4590

3. Basislösung

$-90x_2 = -810 \quad \Rightarrow x_2 = 9$

$45x_1 = 540 \quad \Rightarrow x_1 = 12$

Ziel: In der Zielfunktionszeile (3. Zeile) sind die Koeffizienten der **Basisvariablen** x_1 und x_2 **null** und die Koeffizienten der **Nichtbasisvariablen** u_1 und u_2 sind **negativ.**

Bemerkung: In diesem Fall ist **das Optimierungsproblem eindeutig lösbar.**

Die entsprechende Gleichung lautet: $0x_1 + 0x_2 - 7u_1 - 3u_2 = 4{,}5Z - 4590$

Die optimale Lösung erhält man für $u_1 = u_2 = 0$; denn sind u_1 oder u_2 größer als null, verringert sich der Gewinn Z wegen der negativen Koeffizienten – 7 und – 3.

Optimale Lösung:

$u_1 = 0;\ u_2 = 0$

$45x_1 = 540 \quad \Rightarrow x_1 = 12$

$-90x_2 = -810 \quad \Rightarrow x_2 = 9$

Maximaler Erlös:

$4{,}5Z - 4590 = 0 \Rightarrow Z = 1020$

bzw. $Z = 40 \cdot 12 + 60 \cdot 9 = 1020$

Ergebnis: Von Produkt P_1 müssen täglich 12 Stück und von Produkt P_2 täglich 9 Stück produziert werden, damit der Erlös maximal wird.
Der maximale Erlös ist 1020 €.

Vorgehensweise bei der Umformung einer Simplex-Tabelle

BV heißt Basisvariable; EB heißt einschränkende Bedingung.
Mit der einschränkenden Bedingung wird die **Engpasssituation** bestimmt.

1. Tableau
   Pivot-Spalte ermitteln
   Pivot-Zeile ermitteln
   Pivot-Element bestimmen
   Tabelle umformen

BV	x_1	x_2	u_1	u_2		EB
u_1	15	**30**	1	0	450	450 : 30 = 15
u_2	25	20	0	1	480	480 : 20 = 24
	40	60	0	0	Z	

   Bei den Basisvariablen wird u_1 durch x_2 ersetzt.

2. Tableau
   Pivot-Spalte ermitteln
   Pivot-Zeile ermitteln
   Pivot-Element bestimmen
   Tabelle umformen

x_2	15	30	1	0	450	450 : 15 = 30
u_2	**45**	0	–2	3	540	540 : 45 = 12
	10	0	– 2	0	Z – 900	

   Bei den Basisvariablen wird u_2 durch x_1 ersetzt.

3. Tableau
   Das Verfahren kann beendet werden, wenn in der Zielfunktionszeile die **Koeffzienten der Basisvariablen null** und die **Koeffizienten der Nichtbasisvariablen negativ** sind und die „Erlöszeile“ bei keiner Umformung mit einer negativen Zahl multipliziert wurde.

x_2	0	–90	–5	3	–810
x_1	45	0	–2	3	540
	0	0	– 7	– 3	4,5Z – 4590

Zusamenfassende Rechnung (Simplextableau)

BV	x_1	x_2	u_1	u_2	b_i	EB
u_1	15	**30**	1	0	450	15
u_2	25	20	0	1	480	24
Z_1	40	60	0	0	Z	
x_2	15	30	1	0	450	30
u_2	**45**	0	– 2	3	540	12
Z_2	10	0	– 2	0	Z – 900	
x_2	0	–90	– 5	3	– 810	
x_1	45	0	– 2	3	540	
Z_3	0	0	–7	–3	4,5Z – 4590	

BV: **Basisvariable**

EB: **Einschränkende Bedingung**

2) Für ein Gartenfest sollen Festwürste gekauft werden. Die zuständige Metzgerei beabsichtigt, dafür drei Wurstsorten W1, W2 und W3 herzustellen. Es stehen vier Zutaten zur Verfügung: Leber (L), Speck (Sp), Fleisch (F) und Innereien (I). Nebenstehende Tabelle zeigt die Zusammensetzung je Wurst in Gramm.

	W1	W2	W3
Leber (L)	30	60	10
Speck (Sp)	40	40	20
Fleisch (F)	60	30	40
Innereien (I)	20	30	40

Es stehen maximal 25 kg Leber, 36 kg Speck, 24 kg Fleisch und 16 kg Innereien zur Verfügung. Man rechnet pro Wurst mit einem Gewinn von 2,50 € für W1, 2,00 € für W2 und 3,00 € für W3.

Wie viel Würste sollten von den einzelnen Sorten hergestellt werden, damit der Gewinn möglichst groß ist?

Lösung

Festlegung der Variablen

Von der Sorte W1 werden x, von W2 werden y und von W3 werden z Stück hergestellt.

Nichtnegativitätsbedingung: $x, y, z \geq 0$

Einschränkungen (Restriktionen):

Leber: $30x + 60y + 10z \leq 25000$

Speck: $40x + 40y + 20z \leq 36000$

Fleisch: $60x + 30y + 40z \leq 24000$

Innereien: $20x + 30y + 40z \leq 16000$

Zielgleichung:

Zu maximierender Gewinn Z: $Z = 2{,}5x + 2y + 3z$

Gleichungssystem aufstellen

LGS mit Schlupfvariablen u_1, u_2, u_3, u_4:

Leber:	$30x + 60y + 10z + u_1$	$= 25000$
Speck:	$40x + 40y + 20z \quad + u_2$	$= 36000$
Fleisch:	$60x + 30y + 40z \quad + u_3$	$= 24000$
Innereien:	$20x + 30y + 40z \quad + u_4$	$= 16000$
Zielfunktionsgleichung:	$2{,}5x + 20y + 3z$	$= G$

1. Tableau

Bestimmung der Pivot-Spalte und Pivot-Zeile:
Der Wert von Z nimmt am stärksten zu, wenn z erhöht wird. Die dritte Spalte wird damit zur Pivot-Spalte. Die größte Einschränkung für z mit $4z \leq 1600$ liegt in der 4. Zeile, also ist diese die Pivot-Zeile.

x	y	z	u_1	u_2	u_3	u_4	
30	60	10	1	0	0	0	25000
40	40	20	0	1	0	0	36000
60	30	40	0	0	1	0	24000
20	30	40	0	0	0	1	16000
2,5	2	3	0	0	0	0	G

1. Basislösung: $u_1 = 25000$; $u_2 = 36000$; $u_3 = 24000$; $u_4 = 16000$

2. Tableau

Durch geeignete Umformung mithilfe des Gaußschen Eliminationsverfahrens lassen sich alle Elemente außer dem Pivot-Element in der Pivot-Spalte zu null machen.
Neue Pivot-Spalte und Pivot-Zeile festlegen:

x	y	z	u_1	u_2	u_3	u_4	
100	210	0	4	0	0	– 1	84000
60	50	0	0	2	0	– 1	56000
40	0	0	0	0	1	–1	8000
20	30	40	0	0	0	1	16000
40	–10	0	0	0	0	– 3	40G–48000

2. Basislösung: $z = 400$; $u_1 = 21000$; $u_2 = 28000$; $u_3 = 8000$

3. Tableau

Durch erneute Umformung mit Hilfe des Gaußschen Eliminationsverfahrens lassen sich wieder alle Elemente außer dem Pivot-Element in der Pivot-Spalte zu Null machen. In der Zielzeile stehen nur noch negative Zahlen, d. h., eine weitere Umformung ist unnötig.
Man erhält die optimale Lösung für die Nichtbasisvariablen: $y = 0$, $u_3 = 0$ und $u_4 = 0$

x	y	z	u_1	u_2	u_3	u_4	
0	210	0	4	0	–2,5	1,5	64000
0	100	0	0	4	–3	1	88000
40	0	0	0	0	1	–1	8000
0	–60	–80	0	0	1	– 3	– 24000
0	–10	0	0	0	–1	–2	40G–56000

4. Ergebnis

Der Gewinn ist maximal, wenn 200 Stück von der Wurstsorte W1 und 300 Stück von der Wurstsorte W3 hergestellt werden.

$$40x = 8000 \Rightarrow x = 200$$
$$-80z = -24000 \Rightarrow z = 300$$

Von der Leber sind dann noch 16 kg übrig (aus der 1. Zeile: $u_1 = 16000$).
Vom Speck sind dann noch 22 kg übrig (aus der 2. Zeile: $u_2 = 22000$).
Der maximale Gewinn beträgt dann: $40G - 56000 = 0 \Rightarrow G = 1400$

Zusammenfassende Rechnung

BV	x	y	z	u_1	u_2	u_3	u_4	b_i	EB
u_1	30	60	10	1	0	0	0	25000	2500
u_2	40	40	20	0	1	0	0	36000	1800
u_3	60	30	40	0	0	1	0	24000	600
u_4	20	30	**40**	0	0	0	1	16000	400
G_1	2,5	2	3	0	0	0	0	G	
u_1	100	210	0	4	0	0	– 1	84000	840
u_2	60	50	0	0	2	0	– 1	56000	933,3
u_3	**40**	0	0	0	0	1	– 1	8000	200
z	20	30	40	0	0	0	1	16000	800
G_2	40	– 10	0	0	0	0	–3	40G – 48000	
u_1	0	210	0	4	0	–2,5	1,5	64000	
u_2	0	100	0	0	4	–3	1	88000	
x	40	0	0	0	0	1	–1	8000	
z	0	–60	–80	0	0	1	–3	–24000	
G_3	0	–10	0	0	0	–1	–2	40G – 56000	

Optimale Lösung:

Nichtbasisvariablen sind y, u_3 und u_4: $y = 0, u_3 = 0; u_4 = 0$

Einsetzen ergibt: $4u_1 = 64000 \Rightarrow u_1 = 16000$ (1. Zeile); $4u_2 = 88000 \Rightarrow u_2 = 22000$ (2. Zeile)

$40x = 8000 \Rightarrow x = 200$ (3. Zeile); $-80z = -24000 \Rightarrow z = 300$ (4. Zeile)

Der **maximale Gewinn** beträgt dann: $40G - 56000 = 0 \Rightarrow G = 1400$

Um den maximalen Gewinn von 1400 € zu erzielen, werden 200 Stück von der Sorte W1, 300 Stück von der Sorte W3 und 0 Stück von der Sorte W2 hergestellt.

Von der Zutat Leber sind noch 16000 g = 16 kg übrig.

Von der Zutat Speck sind noch 22000 g = 22 kg übrig.

Bemerkung: Lösung mit dem GTR ergibt folgendes Schlusstableau:

u_1	0	$\frac{21}{4}$	0	1	0	$-\frac{5}{8}$	$\frac{3}{8}$	1600
u_2	0	$\frac{5}{2}$	0	0	1	$-\frac{3}{4}$	$\frac{1}{4}$	2200
x	1	0	0	0	0	$\frac{1}{4}$	$-\frac{1}{4}$	200
z	0	$\frac{3}{4}$	1	0	0	$-\frac{1}{8}$	$\frac{3}{8}$	300
G_3	0	$-\frac{1}{4}$	0	0	0	$-\frac{1}{4}$	$-\frac{1}{2}$	G – 1400

3) Lösen Sie das lineare Optimierungsproblem mithilfe des Simplexverfahrens:

$$y + z \leq 30$$
$$5x + 10y + 10z \leq 500$$
$$10x + 6y + 7z \leq 510$$

Der Gewinn pro Einheit beträgt 7 € für x, 8 € für y und 10 € für z.
Berechnen Sie den maximal möglichen Gewinn.

Lösung

Schlupfvariable: u, v, w

Nichtnegativität: $x, y, z, u, v, w \geq 0$

Gleichungssystem:

$$\begin{aligned} y + z + u &= 30 \\ 5x + 10y + 10z + v &= 500 \\ 10x + 6y + 7z + w &= 510 \end{aligned}$$

Zielfunktion: $G = 7x + 8y + 10z$;
G muss maximiert werden.

Bemerkung: Die 1. Spalte beschreibt, welche Variablen zur entsprechenden Basislösung gehören (Basisvariablen).
Die letzte Spalte enthält die Einschränkungen (Engpässe).

BV	x	y	z	u	v	w	b_i	EB
u	0	1	**1**	1	0	0	30	30
v	5	10	10	0	1	0	500	50
w	10	6	7	0	0	1	510	72,9
G_1	7	8	10	0	0	0	G	
z	0	1	1	1	0	0	30	-
v	5	0	0	–10	1	0	200	40
w	**10**	–1	0	–7	0	1	300	30
G_2	7	–2	0	–10	0	0	G –300	
z	0	1	1	1	0	0	30	
v	0	1	0	–13	2	–1	100	
x	10	–1	0	–7	0	1	300	
G_3	0	–13	0	–51	0	–7	10G – 5100	

Ergebnis: $y = u = w = 0$; $z = 30$; $x = 30$
$10G - 5100 = 0 \Rightarrow G = 510$
Der maximale Gewinn von 510 € wird erreicht für x = 30 und z = 30.

4) Ein Unternehmen produziert aus drei Komponenten R_1, R_2 und R_3 zwei Endprodukte E_1 und E_2.
Der Verbrauch je ME ist in der nebenstehenden Tabelle dargestellt:

	E_1	E_2
R_1	6	3
R_2	4	4
R_3	4	12

Für einen Produktionszeitraum stehen 60 ME R_1, 44 ME R_2 und 84 ME R_3 zur Verfügung. Der Gewinn pro ME E_1 beträgt 200 € und pro ME E_2 300 €.
Das letzte Tableau des zugehörigen Simplexverfahrens lautet:

BV	x	y	u	v	w	b_i
u	0	0	8	–15	3	72
x	8	0	0	3	–1	48
y	0	24	0	–3	3	120
G	0	0	0	–300	–100	8G – 21600

Geben Sie die optimale Basislösung an. Interpretieren Sie die Gewinnfunktionszeile.

Lösung

Schlupfvariable: u, v, w Nichtnegativität: $x, y, z, u, v, w \geq 0$

Gleichungssystem: $6x + 3y + u = 60 \wedge 4x + 4y + v = 44 \wedge 4x + 12y + w = 84$

Zielfunktion: $G = 200x + 300y$ G muss maximiert werden.

Optimale Basislösung: $x = 6$; $y = 5$; $u = 9$; $(v = w = 0)$

Es müssen 6 ME von E_1 und 5 ME von E_2 produziert werden, damit der Gewinn maximal wird. Bei dieser Produktion bleiben 9 ME R_1 übrig, R_2 und R_3 werden vollständig aufgebraucht.

Interpretation der Gewinnfunktionszeile:

Gleichung der Zielfunktion, die sich aus dem letzten Tableau ergibt, lautet:

$$-300v - 100w = 8G - 21600 \Leftrightarrow G = -\frac{300}{8}v - \frac{100}{8}w + 2700$$

Bei der optimalen Lösung sind die Nichtbasisvariablen $v = 0$ und $w = 0$.

Der **maximale Gewinn** beträgt in diesem Fall 2700 €.

Der Gewinn **verringert** sich um $\frac{300}{8}$ €, wenn man bei sonst gleichen Bedingungen den Wert der Schlupfvariablen v von 0 auf 1 erhöht, also von R_2 eine ME weniger verarbeitet.
(Umgekehrt würde sich der Gewinn um $\frac{300}{8}$ € erhöhen, wenn von R_2 eine ME zusätzlich zur Verfügung stehen würde.)

Der Gewinn verringert sich um $\frac{100}{8}$ €, wenn man bei sonst gleichen Bedingungen den Wert der Schlupfvariablen w von 0 auf 1 erhöht, also von R_3 eine ME weniger verarbeitet.

Bemerkung: Die 1. Spalte im letzten Tableau zeigt die Variablen an, deren Lösung abgelesen werden kann. Die anderen Variablen haben den Wert Null.

Beachten Sie: Die **optimale Basislösung** gibt die optimalen Werte für die Basisvariablen in den jeweiligen Einheiten an.
Positive Werte der Schlupfvariablen bedeuten noch **freie Kapazitäten.**

5) Lösen Sie das lineare Optimierungsproblem mithilfe des Simplexverfahrens:
Nichtnegativität: $x, y \geq 0$
Restriktionen: $-x + 2y \leq 12 \;\wedge\; x - 4y \leq 4 \;\wedge\; x - 3y \leq 5$
Zielfunktionsgleichung: $2x + y = Z$, Z soll maximiert werden.

Lösung

Schlupfvariablen: $u, v, w \geq 0$

Restriktionsgleichungen: $-x + 2y + u = 12 \wedge x - 4y + v = 4 \wedge x - 3y + w = 5$

Zielfunktionsgleichung: $2x + y = Z$, Z soll maximiert werden.

BV	x	y	u	v	w	b_i	EB
u	–1	2	1	0	0	12	-
v	1	–4	0	1	0	4	4
w	1	–3	0	0	1	5	5
Z_1	2	1	0	0	0	Z	
u	0	–2	1	1	0	16	-
x	1	– 4	0	1	0	4	-
w	0	1	0	–1	1	1	1
Z_2	0	9	0	–2	0	Z – 8	
u	0	0	1	–1	2	18	-
x	1	0	0	–3	4	8	-
w	0	1	0	–1	1	1	-
Z_3	0	0	0	7	–9	Z – 17	

Im letzten Tableau ist noch ein Koeffizient in der Zielfunktionszeile positiv.

Da es jedoch bei den einschränkenden Bedingungen (EB) keinen positiven Quotienten gibt, kann kein Pivot-Element gewählt werden.

Das bedeutet, es gibt **keine optimale Lösung,** da **kein Engpass** berechnet werden kann.

Beachten Sie: Wenn die **einschränkende Bedingung** negativ wird oder bei der Division durch null, gibt es **keinen Engpass.** Somit entfällt die einschränkende Bedingung.
Wenn zwei **einschränkende Bedingungen gleich** sind, kann man die Pivot-Zeile frei wählen.

Aufgaben

1. Berechnen Sie den optimalen Wert für Z (Z soll maximiert werden).

a) $Z = 2x_1 + 3x_2$

$x_1 \geq 0; x_2 \geq 0$

$2x_1 + 2x_2 \leq 60$

$5x_1 + 10x_2 \leq 170$

b) $Z = 4x + 4y + 3z$

$x, y, z \geq 0$

$3x + y + 5z \leq 87$

$4x + 10y + 3z \leq 73$

$6x + 10y + 4z \leq 102$

2. Gegeben ist das Ausgangstableau einer linearen Optimierungsaufgabe. Berechnen Sie das Endtableau und eine optimale Lösung. Ergänzen Sie die BV- und die EB-Spalte.

a)

x	y	z	u	v	w	b_i
1	2	4	1	0	0	600
5	6	10	0	1	0	1300
1	1	1	0	0	1	200
40	65	90	0	0	0	Z

b)

x	y	z	u	v	w	b_i
2	4	4	1	0	0	200
0	1	1	0	1	0	30
10	6	7	0	0	1	510
12	18	20	0	0	0	Z

3. Eine Fabrik stellt zwei verschiedene Produkte I und II her.

Für die Herstellung benötigt man die drei Produktionsmittel A, B und C.

Die nebenstehende Tabelle enthält die entsprechenden Vorgaben. Der Gewinn ist in GE (Geldeinheiten) pro Stück angegeben.

	Produkt I	Produkt II	Kapazität
A	2	10	70
B	6	6	66
C	10	5	90
Gewinn	15	10	

Bestimmen Sie mit dem Simplex-Verfahren die Anzahl der herzustellenden Produkte I und II so, dass der Gewinn möglichst groß wird.

4. Aus drei Sorten Steinen A, B und C mit unterschiedlichen Größen werden drei Steinmischungen M_1, M_2 und M_3 hergestellt.

Die Zusammensetzungen der einzelnen Mischungen, die Vorräte und die Gewinne sind in der nebenstehenden Tabelle angegeben.

Der Gewinn in GE bezieht sich auf eine Tonne Steine der jeweiligen Mischung.

Sorte	M_1	M_2	M_3	Vorrat
A	1	1	1	400
B	2	3	1	800
C	1	1	0	260
Gewinn	2	1	1	

Wie viele Tonnen der Mischungen M_1, M_2 und M_3 müssen hergestellt werden, damit der Gewinn möglichst groß ist?

5. Ein Unternehmen kann aus den vier Grundstoffen G_1, G_2, G_3, G_4 drei verschiedene Granulatmischungen M_1, M_2, M_3 herstellen. Das Granulat M_1 kann am Markt zu 3 GE/ME, das Granulat M_2 zu 5 GE/ME und das Granulat M_3 zu 4 GE/ME abgesetzt werden. Nebenstehende Tabelle zeigt den Lagerbestand an Grundstoffen und gibt an, wie viel ME der Grundstoffe für je 1 ME der Granulatmischungen benötigt werden.

	M_1	M_2	M_3	Lagervorrat in ME
G_1	3	6	1	3150
G_2	4	4	2	2710
G_3	6	3	4	3000
G_4	2	3	4	2275

Das Unternehmen strebt eine Erlösmaximierung an. Bestimmen Sie die Gleichung der Zielfunktion und die notwendigen Nebenbedingungen. Erstellen Sie das Ausgangstableau und berechnen Sie mithilfe des Simplexverfahrens das nächste Tableau. Interpretieren Sie die Werte der Zielfunktionszeile dieses Tableaus. Entscheiden Sie anhand dieses Tableaus, welche Mischung zusätzlich in das Absatzprogramm aufgenommen werden sollte. Leiten Sie die maximale Änderung des Zielfunktionswertes bei Aufnahme dieser Mischung her. (Aus einer Prüfungsaufgabe FG Niedersachsen.)

6. Aus vier Rohstoffen 1, 2, 3 und 4 werden zwei Güter A und B in den Mengen x und y (in ME) produziert. Der Gewinn G (in €) soll maximiert werden. Interpretieren Sie das nachfolgende optimale Endtableau.

BV	x	y	u	v	w	z	b_i
u	0	0	1	1	0	0	0
x	1	0	0	0,02	1	0	40
y	0	1	0	– 0,03	–1	0	60
z	0	0	0	– 0,02	–1	1	20
G	0	0	0	– 0,6	– 40	0	G – 3600

Wie verändert sich der Gewinn, wenn man 1 ME weniger vom Rohstoff 2 einsetzt?

7. Auf drei Maschinen werden vier Produkte in den Mengen x_1, x_2, x_3 und x_4 (in ME) hergestellt. Wegen der beschränkten Maschinenlaufzeiten (in ZE) ergeben sich Engpässe. Der Gewinn G (in GE) soll maximiert werden. Interpretieren Sie das folgende Tableau.

BV	x_1	x_2	x_3	x_4	u	v	w	b_i
x_1	2	4	0	1	1	0	0	20
x_3	0	– 2	10	1	– 1	2	0	40
w	0	12	0	9	1	– 2	10	60
G	0	– 24	0	– 3	– 7	– 6	0	10G – 320

4.3.2.2 Simplexverfahren und mehrdeutige Lösung

Beispiele

1) In einem Betrieb werden auf zwei Maschinen zwei Produkte P_1 und P_2 hergestellt. Die Bearbeitungszeit von P_1, von P_2, die maximale Maschinenlaufzeit und der Verkaufspreis je Produkt sind der nachfolgenden Tabelle zu entnehmen. (Zeitangaben in Minuten, Verkaufspreise in €).

	P_1	P_2	maximale Maschinenlaufzeit
Maschine 1	15	30	450
Maschine 2	25	20	480
Verkaufspreis	30	60	

Wie viel Stück von P_1 und P_2 müssen produziert werden, damit der Erlös maximal wird (vgl. Kapitel 4.2.1 Beispiel 1), Seite 144 ff.)?

Lösung
Festlegung der Variablen

Von Produkt P_1 werden x Stück und von Produkt P_2 werden y Stück produziert.

Nichtnegativitätsbedingung: $x, y \geq 0$

Aus den **Einschränkungen** (Restriktionen) ergibt sich folgendes **Ungleichungssystem**

$$15x + 30y \leq 450$$
$$25x + 20y \leq 480$$

Zu maximierender Erlös E **(Zielgleichung)**: $E = 30x + 60y$

Gleichungssystem aufstellen: LGS mit den Schlupfvariablen $u, v \geq 0$

Maschine 1: $15x + 30y + u = 450$

Maschine 2: $25x + 20y + v = 480$

Zielfunktionsgleichung $30x + 60y = E$

Ausgangstableau

BV	x	y	u	v	b_i	EB
u	15	30	1	0	450	15
v	25	20	0	1	480	50
E_1	30	60	0	0	E	
y	15	30	1	0	450	
v	45	0	– 2	3	540	
E_2	0	0	– 2	0	E – 900	

Erste optimale Lösung: $x_1 = 0$; $y_1 = 15$; $u_1 = 0$; $v_1 = 180$ mit $E_{max} = 900$

Bemerkung: Die Lösung (0 15) entspricht dem Punkt B (0 | 15) in der grafischen Darstellung auf Seite 145 bzw. Seite 163.

Von den beiden Nichtbasisvariablen u und x ist der Koeffizient von x in der Zielfunktionsgleichung null. Nimmt man x in die Basis auf, bleibt der Wert der Zielfunktion E unverändert. Vom letzten Tableau ausgehend ergibt sich folgende Rechnung:

BV	x	y	u	v	b_i	EB
y	15	30	1	0	450	30
v	45	0	– 2	3	540	12
E_2	0	0	– 2	0	E – 900	
y	0	90	5	– 3	810	
x	45	0	– 2	3	540	
E_3	0	0	– 2	0	E – 900	

Zweite optimale Lösung: $x_2 = 12$; $y_2 = 9$; $u_2 = 0$; $v_2 = 0$ mit $E_{max} = 900$

Bemerkung: Die Lösung (12 9) entspricht dem Punkt A (12 | 9) in der grafischen Darstellung auf Seite 162.

Weitere optimale Lösungen können mit dem Simplexverfahren nicht berechnet werden. Würde man die Nichtbasisvariable u in die Basis aufnehmen, würde sich der Wert der Zielfunktion verschlechtern, da der Koeffizient von u in der Zielfunktionszeile negativ ist.

Aus den zwei optimalen Lösungen kann man durch **Linearkombination** mit der Koeffizientensumme 1 „beliebig viele" weitere Lösungen berechnen:

$x_n = k \cdot x_1 + (1 - k) \cdot x_2$ bzw. $y_n = k \cdot y_1 + (1 - k) \cdot y_2$ mit $0 \le k \le 1$

Bemerkung: Die Summe der Koeffizienten k und (1 – k) ist 1.

Für dieses Beispiel 1) gilt: $(x_1 \quad y_1) = (0 \quad 15)$ bzw. $(x_2 \quad y_2) = (12 \quad 9)$

Damit erhält man **weitere Lösungen (x_n y_n)** mit $x_n = k \cdot 0 + (1 - k) \cdot 12 = 12 - 12k$
und $y_n = k \cdot 15 + (1 - k) \cdot 9 = 6k + 9$

also $(x_n \mid y_n) = (12 - 12k \quad 6k + 9)$ mit $0 \le k \le 1$.

Einsetzen ergibt die folgenden **ganzzahligen Lösungen:**

Mit $k = 1$: $x_1 = 0$; $y_1 = 15$ Lösung: (0 15) $k = 0$: $x_2 = 12$; $y_2 = 9$ Lösung: (12 9)

$k = \frac{1}{6}$: $x_3 = 10$; $y_3 = 10$ Lösung: (10 10) $k = \frac{2}{6}$: $x_4 = 8$; $y_4 = 11$ Lösung: (8 11)

$k = \frac{3}{6}$: $x_5 = 6$; $y_5 = 12$ Lösung: (6 12) $k = \frac{4}{6}$: $x_6 = 4$; $y_6 = 13$ Lösung: (4 13)

$k = \frac{5}{6}$: $x_7 = 2$; $y_7 = 14$ Lösung: (2 14)

13 Bohner u.a. ISBN 978-3-8120-0452-7

Ergebnis: Der Betrieb hat folgende Möglichkeiten, den maximalen Erlös von 900 €

zu erzielen:

Stückzahl von P_1	0	2	4	6	8	10	12
Stückzahl von P_2	15	14	13	12	11	10	9

Lösungsalternative:

Ist das Optimierungsproblem mehrdeutig lösbar, lassen sich alle Lösungen mithilfe des **ersten optimalen Endtableaus** bestimmen.

BV	x	y	u	v	b_i	EB
y	15	30	1	0	450	
v	45	0	– 2	3	540	
E_2	0	0	– 2	0	E – 900	

Die Basisvariablen sind y und v. In der Zielfunktionszeile ist der Koeffizient der Nichtbasisvariablen x ebenfalls null. Daher kann x in die Basis aufgenommen werden, ohne dass sich der Wert der Zielfunktion E ändert. Setzt man für die andere Nichtbasisvariable u den Wert 0 ein, ist das LGS für x, y und v mehrdeutig lösbar.

Lösung des LGS $\left(\begin{array}{ccc|c} 15 & 30 & 0 & 450 \\ 45 & 0 & 3 & 540 \end{array}\right) \sim \left(\begin{array}{ccc|c} 1 & 0 & \frac{1}{15} & 12 \\ 0 & 1 & -\frac{1}{30} & 9 \end{array}\right)$

Mit v = r erhält man durch Einsetzen: $x = 12 - \frac{1}{15}r$; $y = 9 + \frac{1}{30}r$

Aus der Nichtnegativität aller Variablen folgt: $r \geq 0 \wedge \; 12 - \frac{1}{15}r \geq 0 \wedge \; 9 + \frac{1}{30}r \geq 0$

$\Leftrightarrow \quad r \geq 0 \wedge \; r \leq 180 \wedge \; r \geq -270$

$\Leftrightarrow \quad 0 \leq r \leq 180$

Für $r \in \{0; 30; 60; 90; 120; 150; 180\}$ ergeben sich ganzzahlige Lösungen (siehe obiges Ergebnis). Bei allen Lösungen wird ein Erlös von 900 € erzielt.

Beachten Sie: Wird eine **lineare Optimierungsaufgabe** mit dem **Simplexverfahren** gelöst, so ist die **lineare Optimierungsaufgabe**

a) **eindeutig lösbar,** wenn im Schlusstableau in der Zielfunktionszeile die **Koeffizienten aller Basisvariablen null** sind und die **Koeffizienten aller Nichtbasisvariablen negativ** sind bzw.

b) **mehrdeutig lösbar,** wenn in einem Schlusstableau in der Zielfunktionszeile die **Koeffizienten aller Basisvariablen null** sind und **mindestens ein Koeffizient einer Nichtbasisvariablen null** ist und **alle anderen Koeffizienten der Nichtbasisvariablen negativ** sind.

2) Lösen Sie die lineare Optimierungsaufgabe mit dem Simplexverfahren.

$$x + y + z \le 100$$
$$2x + 3y + 4z \le 320$$
$$z \le 50$$

Der Gewinn pro Stück beträgt 4 € für x, 5 € für y und 6 € für z.
Berechnen Sie den maximalen Gewinn.
Geben Sie mindestens 4 ganzzahlige Lösungen an.

Lösung

Schlupfvariable: u, v, w

Nichtnegativität: $x, y, z, u, v, w \ge 0$

Gleichungssystem:

$$x + y + z + u = 100$$
$$2x + 3y + 4z + v = 320$$
$$z + w = 50$$

Zielfunktion: $G = 4x + 5y + 6z$;
G muss maximiert werden.

BV	x	y	z	u	v	w	b_i	EB
u	1	1	1	1	0	0	100	100
v	2	3	4	0	1	0	320	80
w	0	0	**1**	0	0	1	50	50
G_1	4	5	6	0	0	0	G	
u	1	1	0	1	0	−1	50	50
v	2	**3**	0	0	1	−4	120	40
z	0	0	1	0	0	1	50	-
G_2	4	5	0	0	0	−6	G − 300	
u	**1**	0	0	3	−1	1	30	30
y	2	3	0	0	1	−4	120	60
z	0	0	1	0	0	1	50	-
G_3	2	0	0	0	−5	2	3G − 1500	
x	1	0	0	3	−1	**1**	30	30
y	0	3	0	−6	3	−6	60	-
z	0	0	1	0	0	1	50	50
G_4	0	0	0	−6	−3	0	3G − 1560	

Das Optimierungsproblem ist mehrdeutig lösbar. Alle Lösungen lassen sich mithilfe des **ersten optimalen Endtableaus** bestimmen.

BV	x	y	z	u	v	w	b_i	EB
x	1	0	0	3	−1	**1**	30	30
y	0	3	0	−6	3	−6	60	-
z	0	0	1	0	0	1	50	50
G_4	0	0	0	−6	−3	0	3G − 1560	

Die Basisvariablen sind x, y und z.

In der Zielfunktionszeile ist der Koeffizient der Nichtbasisvariablen w ebenfalls null. Daher kann w in die Basis aufgenommen werden, ohne dass sich der Wert der Zielfunktion G ändert. Setzt man für die anderen Nichtbasisvariablen u und v den Wert 0 ein, ergibt sich das folgende, mehrdeutig lösbare LGS:

$$\left(\begin{array}{cccc|c} 1 & 0 & 0 & 1 & 30 \\ 0 & 3 & 0 & -6 & 60 \\ 0 & 0 & 1 & 1 & 50 \end{array}\right) \sim \left(\begin{array}{cccc|c} 1 & 0 & 0 & 1 & 30 \\ 0 & 1 & 0 & -2 & 20 \\ 0 & 0 & 1 & 1 & 50 \end{array}\right)$$

Lösung des LGS:

Mit w = r ergeben sich durch Einsetzen: x = 30 – r; y = 20 + 2r; z = 50 – r

Aus der Nichtnegativität aller Variablen folgt:

$$r \geq 0 \wedge 30 - r \geq 0 \wedge 20 + 2r \geq 0 \wedge 50 - r \geq 0$$

$$\Leftrightarrow \quad r \geq 0 \wedge r \leq 30 \wedge r \geq -10 \wedge r \leq 50$$

$$\Leftrightarrow \quad 0 \leq r \leq 30$$

Durch Einsetzen geeigneter Werte für r ergeben sich z. B. folgende ganzzahlige Lösungen:

r = 0: x = 30; y = 20; z = 50; w = 0 Lösung: (30 20 50)

r = 10: x = 20; y = 40; z = 40; w = 10 Lösung: (20 40 40)

r = 15: x = 15; y = 50; z = 35; w = 15 Lösung: (15 50 35)

r = 20: x = 10; y = 60; z = 30; w = 20 Lösung: (10 60 30)

r = 30: x = 0; y = 80; z = 20; w = 30 Lösung: (0 80 20)

Bei allen Lösungen wird ein Gewinn von 520 € erzielt.

3) Aus vier Rohstoffen R_1, R_2, R_3 und R_4 werden zwei Produkte A und B in den Mengen x und y (in ME) produziert. Der Gewinn G (in €) soll maximiert werden. Bei der Berechnung der optimalen Produktionszahlen mit dem Simplexverfahren ergab sich folgendes Tableau:

BV	x	y	u	v	w	z	b_i
x	2	0	2	0	0	–3	60
v	0	0	–2	2	0	–1	20
w	0	0	–2	0	2	3	120
y	0	1	0	0	0	1	70
G	0	0	–4	0	0	0	2G – 540

Interpretieren Sie das Tableau bezüglich des maximalen Gewinns und der optimalen Produktionszahlen. Welche Möglichkeiten hat das Unternehmen, den maximalen Gewinn zu erzielen?

Lösung

Bei diesem Tableau handelt es sich um ein optimales Endtableau, da in der Zielfunktionszeile (letzte Zeile) nur Koeffizienten vorkommen, die negativ oder null sind.

$2G - 540 = 0 \Rightarrow G = G_{max} = 270$

Basisvariablen sind x, v, w und y und somit sind u und z Nichtbasisvariablen.
Der Koeffizient für die Nichtbasisvariable z in der Zielfunktionszeile ist null, d. h., das lineare Optimierungsproblem ist **mehrdeutig lösbar,** da z in die Basis aufgenommen werden kann, ohne dass sich der Wert der Zielfunktion ändert.

Mit u = 0 ergibt sich ein LGS für die Variablen x, y, v, w und z:

$$\left(\begin{array}{ccccc|c} 2 & 0 & 0 & 0 & -3 & 60 \\ 0 & 0 & 2 & 0 & -1 & 20 \\ 0 & 0 & 0 & 2 & 3 & 120 \\ 0 & 1 & 0 & 0 & 1 & 70 \end{array}\right) \sim \left(\begin{array}{ccccc|c} 1 & 0 & 0 & 0 & -1{,}5 & 30 \\ 0 & 1 & 0 & 0 & 1 & 70 \\ 0 & 0 & 1 & 0 & -0{,}5 & 10 \\ 0 & 0 & 0 & 1 & 1{,}5 & 60 \end{array}\right) \text{ hat die Lösung } \begin{pmatrix} 30 + 1{,}5r \\ 70 - r \\ 10 + 0{,}5r \\ 60 - 1{,}5r \\ r \end{pmatrix}.$$

Aus x, y, v, w, z ≥ 0 folgt: $30 + 1{,}5r \geq 0 \wedge 70 - r \geq 0 \wedge 10 + 0{,}5r \geq 0 \wedge 60 - 1{,}5r \geq 0 \wedge r \geq 0$

$\Leftrightarrow \quad r \geq -20 \wedge r \leq 70 \wedge r \geq -20 \wedge r \leq 40 \wedge r \geq 0$

Alle Bedingungen sind erfüllt für $0 \leq r \leq 40$.

Beispiele für Lösungen: für r = 0: x = 30; y = 70; für r = 10: x = 45; y = 60

Ergebnis: Das Unternehmen hat mehrere Möglichkeiten, den maximalen Gewinn von 270 € zu erzielen. Die optimale Produktionsmenge beträgt für das Produkt A (30 + 1,5r) ME und für das Produkt B (70 – r) ME mit $0 \leq r \leq 40$.

Kaffee ist ein Naturprodukt und damit Schwankungen unterworfen. Seine Eigenschaften hängen somit von mehreren Faktoren ab, allen voran von der Sorte und den Wachstumsbedingungen. Um ein bestimmtes Aroma und einen bestimmten Geschmack zu erlangen, werden einzelne Sorten gezielt miteinander gemischt. Eine Kaffee-Mischung besteht aus 5 bis 25 Rohkaffee-Provenienzen. Ein sehr wichtiger Raum in einer Rösterei ist die Probenküche. Hier werden kleine Mengen frisch gebrannter und gebrühter Kaffeebohnen verkostet, um die Qualität zu kosten und auch um festzustellen, wie gerade diese Bohne später im industriellen Maßstab verarbeitet wird und in welcher Menge sie in der fertigen Mischung enthalten ist. Bei vergleichbarer Qualität der Mischungen stellt sich aus betriebswirtschaftlicher Sicht die Frage: Wie viele Packungen der einzelnen Mischungen kann man aus dem gegebenen Lagerbestand herstellen, um den Gewinn zu maximieren?

4) Aus vier Kaffeesorten K_1, K_2, K_3 und K_4 sollen fünf Mischungen M_1, M_2, M_3, M_4 und M_5 hergestellt werden. Die nachfolgende Tabelle gibt an, welche Mengen der Kaffeesorten (in kg) in einer Packung der fertigen Mischung enthalten ist.

	M_1	M_2	M_3	M_4	M_5	Lagerbestand (in kg)
K_1	3	1	4	1	2	1500
K_2	2	3	3	0	1	1900
K_3	1	1	1	2	3	1300
K_4	4	1	2	0	1	1300

Der Gewinn beim Verkauf der Mischungen beträgt pro kg 3 € für M_1, 4 € für M_2, 3,5 € für M_3, 2 € für M_4 und 2,5 € für M_5.
Berechnen Sie den maximal möglichen Gewinn.

Lösung

Festlegung der Variablen

Die Anzahl der Packungen der Mischungen sind x_1, x_2, x_3, x_4 und x_5.

Nichtnegativitätsbedingung: $x_1, x_2, x_3, x_4, x_5 \geq 0$

Einschränkungen (Restriktionen)

K_1: $3x_1 + x_2 + 4x_3 + x_4 + 2x_5 \leq 1500$

K_2: $2x_1 + 3x_2 + 3x_3 + x_5 \leq 1900$

K_3: $x_1 + x_2 + x_3 + 2x_4 + 3x_5 \leq 1300$

K_4: $4x_1 + x_2 + 2x_3 + x_5 \leq 1300$

Zielfunktion

Zu maximierender Gewinn G: $G = 3x_1 + 4x_2 + 3{,}5x_3 + 2x_4 + 2{,}5x_5$

Gleichungssystem aufstellen

LGS mit Schlupfvariablen:

K_1: $3x_1 + x_2 + 4x_3 + x_4 + 2x_5 + u_1 = 1500$

K_2: $2x_1 + 3x_2 + 3x_3 + x_5 + u_2 = 1900$

K_3: $x_1 + x_2 + x_3 + 2x_4 + 3x_5 + u_3 = 1300$

K_4: $4x_1 + x_2 + 2x_3 + x_5 + u_4 = 1300$

Zielgleichung: $3x_1 + 4x_2 + 3{,}5x_3 + 2x_4 + 2{,}5x_5 = Z$

Lösung mit CAS

```
> restart:with(simplex):
  a: maximize(3*x1+4*x2+3.5*x3+2*x4+2.5*x5,
  {3*x1+1*x2+4*x3+1*x4+2*x5<=1500,2*x1+3*x2+3*x3+0*x4+1*x5<=1900,
  1*x1+ 1*x2+1*x3+2*x4+3*x5<=1300, 4*x1+ 1*x2+ 2*x3+0*x4+1*x5<=1300},
  NONNEGATIVE); assign(a);
  x1,x2,x3,x4,x5:  Z(x1,x2,x3,x4,x5)=3*x1+4*x2+3.5*x3+2*x4+2.5*x5;
  a := {x3 = 0, x5 = 0, x2 = 500, x1 = 200, x4 = 300} ;

  Z(200, 500, 0, 300, 0) = 3200.
```

Ergebnis: Es müssen 200 Packungen der Mischung M_1, 500 Packungen der Mischung und M_2, 300 Packungen der Mischung M_4 hergestellt werden, um einen maximalen Gewinn von 3200 € zu erzielen.

Bemerkung: Das Optimierungsproblem ist mehrdeutig lösbar.
Das obige CAS gibt aber nur eine Lösung an.

Aufgaben

1. Ein Betrieb fertigt x ME des Produktes I und y ME des Produktes II.
   Dabei entsteht folgendes Optimierungsproblem:

   $$\begin{aligned} 5x + 3y &\leq 195 \\ 4x + 5y &\leq 260 \quad \text{und die Zielfunktion } 10x + 6y = G. \\ x &\leq 24 \end{aligned}$$

   a) Zeichnen Sie den Planungsbereich in ein geeignetes Koordinatensystem.

   b) Bestimmen Sie mit dem Simplex-Algorithmus alle optimalen Basislösungen des linearen Optimierungsproblems.

2. Das neue Lager eines Holzschnitzel-Heizwerks soll mit Holzschnitzeln der Holzsorten Nadelholz, Laubmischholz und Buche befüllt werden.
   Die Holzsorten unterscheiden sich sowohl in ihrem Heizwert als auch in ihrem Preis.
   Der Heizwert beträgt pro Volumeneinheit für Nadelholz 4 Einheiten, für Laubmischholz 5 Einheiten und für Buchenholz 6 Einheiten.
   Bei einem Händler kostet eine Volumeneinheit Nadelholz 1 Geldeinheit, Laubmischholz 1,5 Geldeinheiten und Buchenholz 2 Geldeinheiten.
   Das Lager fasst nicht mehr als 2000 Volumeneinheiten und die Gesamtkosten für die Holzschnitzel dürfen 3200 Geldeinheiten nicht überschreiten.
   Die Mischung der drei Holzsorten soll einen möglichst hohen Heizwert haben.

   Berechnen Sie mithilfe des Simplex-Verfahrens die optimalen Mischungen der drei Holzsorten, wenn vom Buchenholz höchstens 1000 Volumeneinheiten gekauft werden. Geben Sie den Heizwert dieser Mischungen an.

3. Die drei Abteilungen eines Unternehmens können höchstens 150 ME, 275 ME bzw. 350 ME produzieren und liefern jeweils ein Produkt in der Menge x, y und z (in ME) an den Markt. Der Marktpreis für eine ME des jeweiligen Produktes beträgt 4 GE, 4 GE und 6 GE.

   Die Restriktionen sind gegeben durch

   $$\begin{aligned} 5x + 2y + 3z &\leq 150 \\ 5x + 5y + 5z &\leq 275 \\ 2{,}5x + 1{,}5y + 3{,}5z &\leq 350. \end{aligned}$$

   Berechnen Sie mithilfe des Simplex-Algorithmus, welcher maximale Erlös am Markt erzielt werden kann. Wie viel geben die Abteilungen dabei an den Markt ab?
   Berechnen Sie aus dem Wert der Schlupfvariablen bei der Maximallösung, wie viel die einzelnen Abteilungen produzieren.

   Gibt es eine weitere Möglichkeit, den maximalen Erlös zu erzielen?

4. Anlässlich einer Schulfeier wird eine Klasse eine kleine Eisdiele betreiben. Die Klasse plant zwei verschiedene Eisbecher anzubieten, die sie mit „Java“ und „Bali“ benennt.
Ein Becher „Java“ enthält zwei Kugeln Vanilleeis, eine Kugel Schokoladeneis und eine Kugel Erdbeereis. Ein Becher „Bali“ enthält eine Kugel Vanilleeis, zwei Kugeln Schokoladeneis und eine Kugel Erdbeereis.

Der Vorschlag der Klasse wird als zu einseitig betrachtet.
Der Festausschuss regt an, mehr als drei Eissorten zu verwenden und mehr als nur zwei Eisbecher anzubieten. Die Klasse geht darauf ein.
Die Schüler möchten einen möglichst hohen Gewinn erzielen und benutzen bei der Planung das Simplexverfahren.
Das Schlusstableau sieht wie folgt aus, wobei die Schüler leider die Spalten nicht beschriftet und die Basisvariablen (BV) weggelassen haben.

BV										
	4	0	9	0	0	−1	0	−3	2	192
	0	12	2	3	0	1	0	0	−1	102
	0	3	1	0	0	−1	8	3	0	320
	0	5	10	0	6	−1	0	0	−2	162
	0	0	−3	0	0	−6	0	−8	−5	10G − 2425

Mit wie vielen Eissorten und mit wie vielen Eisbechern haben die Schüler geplant?
Begründen Sie Ihre Antwort.
Welche optimale Lösung ergibt sich aus diesem Schlusstableau?
Welche Eissorten werden bei dieser Lösung komplett aufgebraucht und wie viele Kugeln sind noch übrig?
Welchen maximalen Gewinn können die Schüler erwarten?
Gibt es noch andere Möglichkeiten, diesen maximalen Gewinn zu erzielen?
Wenn ja, geben Sie eine weitere Möglichkeit an.
(Nach einer Abituraufgabe.)

4.4 Aufgaben zur Abiturvorbereitung

Aufgabe 1

1.1 Ein Fertigungsbetrieb für Frottierartikel stellt unter anderem Handtücher und Badetücher her. Diese werden auf drei Maschinen hergestellt. Aus der Beschränkung der Maschinenlaufzeiten ergeben sich folgende Ungleichungen:

$$\begin{aligned} 2x + 2y &\leq 1400 \\ 6x + 8y &\leq 4400 \\ x + 2y &\leq 1000 \end{aligned}$$

Dabei ist x die Anzahl der Handtücher und y die Anzahl der Badetücher.
Ein Handtuch wird für 12 €, ein Badetuch für 15 € verkauft.

1.1.1 Bestimmen Sie grafisch, bei wie vielen Handtüchern und bei wie vielen Badetüchern der Umsatz maximal wird.
Wie groß ist der maximale Umsatz?

1.1.2 Die Planungsabteilung kalkuliert, dass ein Badetuch das 2,5-Fache eines Handtuches kosten sollte.
Für welche Produktionszahlen ist nun der Umsatz maximal?

1.2 Ein anderes Maximierungsproblem in diesem Fertigungsbetrieb führt zu folgendem Tableau:

BV	x	y	z	u	v	w	b_i
u	2	2	1	1	0	0	1400
v	6	8	2	0	1	0	4400
w	1	2	1	0	0	1	1000
U_1	12	15	5	0	0	0	U

Entnehmen Sie dem Tableau die zugrunde liegenden Restriktionen und geben Sie eine Gleichung der Zielfunktion an.
Beschreiben Sie ein zugehöriges Optimierungsproblem in Worten.
Berechnen Sie die optimale Lösung mithilfe des Simplex-Algorithmus.
(Abitur 2008, BW)

Aufgabe 2

2.1 Gegeben ist die grafische Lösung eines Ungleichungssystems:

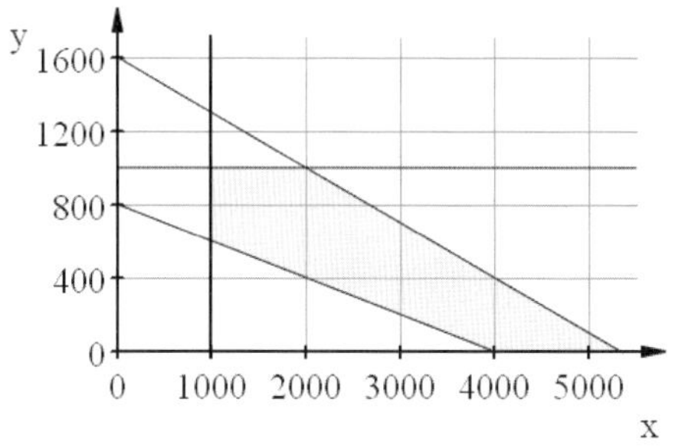

Geben Sie ein passendes Ungleichungssystem an.

Bestimmen Sie für das abgebildete Planungsvieleck

- eine Zielfunktion so, dass es genau eine optimale Lösung gibt, die ein Maximum liefert und
- eine Zielfunktion so, dass es unendlich viele optimale Lösungen gibt, die ein Minimum liefern.

Erläutern Sie jeweils Ihre Vorgehensweise.

2.2 Ein Kaffeehändler hat von einer Kaffeesorte A 185 kg, von der Kaffeesorte B 260 kg und von der Kaffeesorte C 90 kg auf Lager.

Aus den drei Sorten stellt er drei Mischungen her.

Die Mischung 1 besteht zu 20 % aus Sorte A und zu 80 % aus Sorte B.

Die Mischung 2 besteht zu 60 % aus Sorte A und zu 40 % aus Sorte C.

Die Mischung 3 besteht zu 30 % aus Sorte A, zu 40 % aus Sorte B und zu 30 % aus Sorte C.

Beim Verkauf erzielt er für Mischung 1 einen Gewinn von 2,00 € je kg, für Mischung 2 einen Gewinn von 2,50 € je kg und für Mischung 3 einen Gewinn von 3,00 € je kg.

Bestimmen Sie, wie viel er von jeder Mischung herstellen und verkaufen muss, damit der Gewinn möglichst groß wird.

Werden dabei alle Vorräte aufgebraucht?

(Abitur 2008, BW)

Aufgabe 3

Eine Buchdruckerei und Buchbinderei benötigt für die Herstellung ihrer Produkte „Wirtschaftslexikon“, „Betriebswirtschaftslehre und Controlling“ und „Grundlagen der Volkswirtschaft“ die Maschinen A, B und C. Auf Maschine A werden die Seiten gedruckt, auf Maschine B werden die Seiten gebunden, auf Maschine C wird der Einband befestigt. Das „Wirtschaftslexikon“ wird 2 Zeiteinheiten (ZE) auf Maschine A, 1 ZE auf Maschine B und 1 ZE auf Maschine C bearbeitet. Das Buch „Betriebswirtschaftslehre mit Controlling“ wird 3 ZE auf Maschine A, 2 ZE auf Maschine Maschine B und 1 ZE auf Maschine C gefertigt. Für das Buch „Grundlagen der Volkswirtschaft“ benötigt man 4 ZE auf Maschine A, 4 ZE auf Maschine B und 1 ZE auf Maschine C. Maschine A hat eine Kapazität von maximal 60 ZE. Die Maximalkapazität der Maschine B beträgt 40 ZE. Maschine C ist maximal 30 ZE einsetzbar. Der Preis pro „Wirtschaftslexikon“ beträgt 2 Geldeinheiten (GE). Das Buch „Betriebswirtschaftslehre und Controlling“ kann für 1 GE pro Buch, das Werk „Grundlagen der Volkswirtschaft“ kann für 4 GE pro Buch verkauft werden.

a) Das Unternehmen strebt eine Umsatzmaximierung an. Bestimmen Sie die Zielfunktion und die notwendigen Nebenbedingungen. Erstellen Sie das Ausgangstableau und berechnen Sie mithilfe des Simplex-Algorithmus ein umsatzmaximales Produktionsprogramm.

b) Das Unternehmen kann das Werk „Wirtschaftslexikon“ nicht mehr am Markt absetzen und nimmt es aus dem Produktionsprogramm. Maschine A wird durch eine neue Maschine ersetzt, die maximal 32 ZE produzieren kann. Maschine C kann nur noch mit maximal 50 % der ursprünglichen Kapazität genutzt werden. Weiterhin wird der Preis pro Buch „Betriebswirtschaftslehre und Controlling“ auf 2 GE erhöht sowie der Preis für das Produkt „Grundlagen der Volkswirtschaft“ um 1 GE gesenkt.
Erstellen Sie das zugehörige Ausgangstableau.
Beschreiben Sie die Vorgehensweise zur Bestimmung der ersten Engpasssituation und ermitteln Sie diese.

(Nach einer Prüfungsaufgabe FG Niedersachsen.)

Aufgabe 4

Ein Teeimportunternehmen stellt aus den Teesorten Assam (A), Darjeeling (D) und Ceylon (C) drei Mischungen M_1, M_2 und M_3 zusammen. Dabei stehen von Assam 500 Mengeneinheiten (ME), von Darjeeling 800 ME und von Ceylon 380 ME zur Verfügung.

Die Mischungsverhältnisse sind in der folgenden Tabelle angegeben:

	A	D	C
M_1	1	2	2
M_2	4	5	1
M_3	1	2	1

Beim Verkauf der drei Mischungen werden Gewinne erzielt in Höhe von 12 Geldeinheiten pro Mengeneinheit (GE/ME) für M_1. Für M_2 beträgt der Gewinn 10 GE/ME und für M_3 5 GE/ME. Das Unternehmen strebt eine Maximierung des Gewinns an.

a) Erstellen Sie das Bedingungssystem und die Zielfunktion und ermitteln Sie das Ausgangstableau des Simplexverfahrens.
Berechnen Sie mithilfe des Simplex-Algorithmus das nächste Tableau und interpretieren Sie die Werte in der Zielfunktionszeile.

b) Wegen eines durch Missernten verursachten Lieferengpasses für Tee der Sorte Ceylon lässt sich Mischung M_1 nicht mehr herstellen.
Bei den übrigen Mischungen ersetzt das Unternehmen die fehlende Sorte durch zusätzliche Mengen Darjeeling.
Aufgrund der neuen Marktsituation sinkt der Gewinn pro ME für die Mischung M_3 auf 40 % des ursprünglichen Wertes.
Bestimmen Sie für die veränderte Situation das Ausgangstableau und ermitteln Sie mithilfe des Simplexverfahrens das nächste Tableau.
Interpretieren Sie die erhaltenen Werte.

(Nach einer Prüfungsaufgabe FG Niedersachsen.)

Aufgabe 5

Ein Unternehmer stellt seine Produkte auf den Maschinen M1, M2 und M3 her.
Zurzeit fertigt der Unternehmer zwei Produkte A und B.
Die folgende Tabelle zeigt für jede Maschine die Einsatzzeiten pro ME in Minuten und die maximale Betriebsdauer der einzelnen Maschinen pro Tag in Minuten.

Maschine	Benötigte Zeit für eine ME		Maximale
	von Produkt A	von Produkt B	Betriebsdauer
M1	3	1	120
M2	4	2	180
M3	3	9	720

Für eine ME von Produkt A beträgt der Gewinn 2,40 € und für eine ME von Produkt B beträgt der Gewinn 1,60 €.

a) Zeichnen Sie das Planungsvieleck.

Bestimmen Sie, wie viele ME der einzelnen Produkte A und B der Unternehmer täglich herstellen und verkaufen muss, damit sein Gewinn maximal wird.

b) Untersuchen Sie anhand Ihres Planungsvielecks, wie sich der Gesamtgewinn ändert, wenn mindestens 10 ME von Produkt A hergestellt und verkauft werden.

c) Der Unternehmer nimmt zusätzlich ein neues Produkt C in sein Angebot auf.
Die Herstellung einer ME von Produkt C benötigt 1 Minute auf Maschine M1, 4 Minuten auf Maschine M2 und 8 Minuten auf Maschine M3.
Der Gewinn pro ME für Produkt C beträgt 3,00 €.

Zeigen Sie mithilfe des Simplexverfahrens, dass es sich bei gleich bleibender maximaler Betriebsdauer der einzelnen Maschinen nicht lohnt, weiterhin das Produkt A herzustellen, wenn der Gewinn maximal sein soll.

Machen Sie eine Aussage über die Auslastung der einzelnen Maschinen.

Stichwortverzeichnis